KIRSTEN JUNG

RÜCKEN TRAINING AN DER LONGE

Für einen gesunden Bewegungsapparat

MIT KOSMOS MEHR ENTDECKEN

Fehlhaltungen reduzieren

Tragkraft aufbauen

SEIT 1822

KOSMOS

Inhalt

DIE VORTEILE EINES GEZIELTEN KÖRPERLICHEN AUFBAUS AN DER LONGE

Beim Menschen weiß man seit vielen Jahrzehnten: Möchte man den Bewegungsapparat gesund erhalten oder einen geschädigten Bewegungsapparat wieder regenerieren, muss die Körperhaltung korrigiert werden. Denn solange man sich in Fehlhaltungen bewegt, trainiert man falsche Muskeln, was unter anderem auch dazu führt, dass Gelenke in unphysiologischen Haltungen arbeiten müssen. Damit ist vorzeitiger Verschleiß vorprogrammiert.

Genau dasselbe gilt für den Pferdekörper: Bewegt sich ein Pferd in einer Fehlhaltung, werden falsche Muskeln benutzt. Die richtigen verkümmern und die Gelenke verschleißen, weil auch sie dadurch falsch genutzt werden. Deshalb sollte es eigentlich logisch sein, dass man bei auftretenden Problemen in der Gesundheit, der Rittigkeit und im Verhalten als Erstes einen Blick auf die Körperhaltung eines Pferdes wirft. Denn die physiotherapeutische Behandlung kann nur akute Verspannungen und falsche Spannungszustände der Muskulatur lösen. **Den Körper in eine bessere Haltung bringen und langfristig in dieser halten muss die entsprechend umtrainierte Muskulatur.**

Aus diesem Grund mutet es seltsam an, dass in Reiterkreisen so wenig über diese Zusammenhänge bekannt ist. Besonders, wenn es um Rehapferde geht, wird gerne an den verschiedensten Punkten angesetzt. Hufe, Sattel,

Dieses moderne Reitpony zeigt dreijährig viele statische Schwächen, die den Schwerpunkt nach vorne verschieben. Die rückständige Haltung der Vorderbeine zeigt, dass das Skelett bereits „gekippt“ ist.

Gebiss, Fütterung, Reitweise etc. Dass das „Gesamtpaket" stimmen muss, sollte in der heutigen Zeit eigentlich selbstverständlich sein. Aber all diese Puzzleteile können nur dann zum nachhaltigen Erfolg führen, wenn sich das Pferd in einer physiologischen Körperhaltung bewegt. Ansonsten bleibt dem Sattler nichts anderes übrig, als den Sattel immer wieder dem verstärkten Abbau des Pferderückens anzupassen. Der Hufbearbeiter feilt gegen die sich durch den falschen Druck von oben ständig weiter verformenden Hufe an und der Physiotherapeut versucht verzweifelt, die immer gleichen Verspannungen zu lösen. Und wenn das Pferd beginnt, diffuse Lahmheiten zu zeigen, beginnen selbst erfahrene Tierärzte, sich über deren Ursachen zu widersprechen. So bekommen verzweifelte Pferdebesitzer oft verschiedenste Diagnosen, welche ihnen im Endeffekt aber nicht weiterhelfen, das eigentliche Problem zu lösen. Dass die vielen einzelnen Baustellen gar nicht erst entstehen würden, wenn das Pferd in einer gesunden Körperhaltung trainiert würde, scheint bei der Problemlösung meist unbeachtet zu bleiben. Möchte man also „Ruhe" haben und seinem Pferd (und seiner Brieftasche) nachhaltig helfen, ist ein guter Anfang, sich zunächst einmal ganz intensiv mit den Zusammenhängen zwischen der Körperhaltung und der Gesundheit eines Pferdes auseinanderzusetzen. Dabei kommen Sie nicht umhin, sich mit der Statik zu beschäftigen sowie – bei unseren modernen Pferden – mit den Folgen der züchterischen Veränderungen der vergangenen Jahrzehnte. Erwarten Sie sich vom Rückentraining an der Longe also mehr, als nur Ihr Pferd zu bewegen, sind Sie hier richtig. Ein Training, welches die Körperhaltung Ihres Pferdes verbessert, baut automatisch die richtigen Muskeln im Körper auf. Nämlich die Tragemuskeln. Dadurch verbessern sich die Bewegungsmuster und viele gesundheitliche Belastungen werden reduziert.

Versteht man nicht nur die biomechanischen Zusammenhänge, sondern auch die statischen Schwächen eines jeden Pferdekörpers, so wird es möglich, durch gezieltes Umtraining von Bewegungsabläufen und Körperhaltungen

Nach mehrjährigem Umtraininieren hat sich die Körperhaltung des Pferdes stark verbessert. Dadurch hat sich auch die Schulter flacher hingestellt und die Vorderbeine stehen besser im Lot.

Fehlbelastungen zu reduzieren, welche sonst zu vorzeitigem Verschleiß führen würden. Da dieses Training nicht nur die statischen Schwächen eines jeden Pferdes berücksichtigt, sondern diese durch die gezielte Umdehnung von Muskeln reduziert, kommt es ganz besonders auch vorgeschädigten Pferden zugute. Selbst bei alten, kranken Pferden kann man oft verblüffende Verbesserungen erreichen. Besser wäre natürlich,

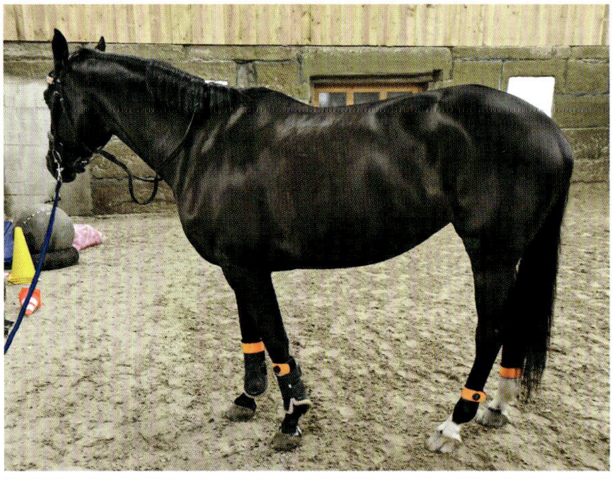

Diese moderne Dressurstute ist in der Oberlinie stark verkürzt, muskulär abgebaut und im Skelett „gekippt". Die Schulter steht extrem steil und das Pferd geht seit längerem immer wieder lahm.

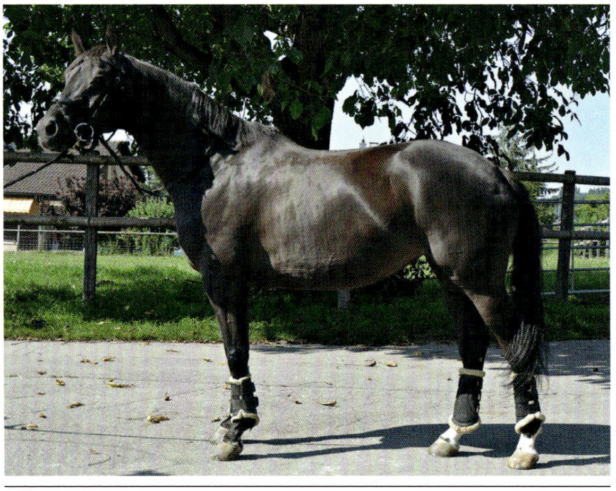

Nach acht Monaten Umtrainieren ist die Oberlinie deutlich runder geworden. Die Schulter steht bereits sichtbar flacher, sodass das Pferd schon sehr viel ausbalancierter steht. Lahm war es seither nicht mehr.

bereits in der Aufzucht entstandene Fehlhaltungen von Anfang an zu minimieren, damit diese gar nicht erst zu Schäden führen. Als ich 2007 mit der Arbeit an „Rückentraining mit dem Kappzaum" begonnen habe, hatten wir es vor allem mit Pferden zu tun, welche Exterieurmängel mitbrachten und in ihren Wirbelsäulen sehr steif waren. Auch diese Pferde waren stark vorderlastig und schief; dies war jedoch kein Vergleich mit den Pferden, mit denen wir es heute, im Jahr 2021, zu tun haben. Dies ist der Grund für die vorliegende Neubearbeitung meines Buches „Rückentraining mit dem Kappzaum". Denn die moderne Pferdzucht zeichnet sich durch schubstarke, elastische Pferde mit raumgreifenden Bewegungen aus. Was früher durch langwierige Gymnastik erarbeitet werden musste, bringt das moderne Pferd von Haus aus mit. Das klingt erst einmal toll. Doch mit dieser Erleichterung für die Reiter ging – zunächst ganz schleichend – auch eine große Veränderung der Statik und der Strukturen einher, welche uns aktuell große Probleme bereitet. Denn elastische, raumgreifende Bewegungen zeigen Pferde, welche einen bestimmten Körperbau mitbringen. Außerdem erfordern solche Bewegungen dehnfähige Muskeln und ebensolches Bindegewebe. Das klingt zunächst noch nicht besorgniserregend. Doch was passiert, wenn man zwei Pferde miteinander verpaart, welche genau diese Eigenschaften mitbringen? Richtig! Diese Eigenschaften potenzieren sich. Und wenn man das nun ein paar Generationen weiter denkt, findet man 2021 vornehmlich Pferde mit überlangen Hälsen, kurzen Rücken, überlangen Hinterbeinen und daraus resultierend einer von hinten nach vorne stark abwärts weisenden Wirbelsäule. Diese Pferde stehen zu 100 Prozent in der Schubkraft. Und als ob ihr Körperbau ihnen nicht schon genug Probleme bereiten würde, haben sie auch noch extrem dehnfähige Muskeln und Bindegewebe, welches lose bleibt, solange sie in der Schub-

Die Oberlinie dieses modernen 10-jährigen Pferdes ist nicht nur verkürzt und abgebaut, sondern zeigt auch einen starken Knick in der Wirbelsäulenaufhängung. Durch die Schultersteilstellung steht auch dieses Pferd auf der linken Seite in der „Bergziege“. Das Pferd geht mit dem linken Hinterbein im Schritt und Trab stark hahnentrittig.

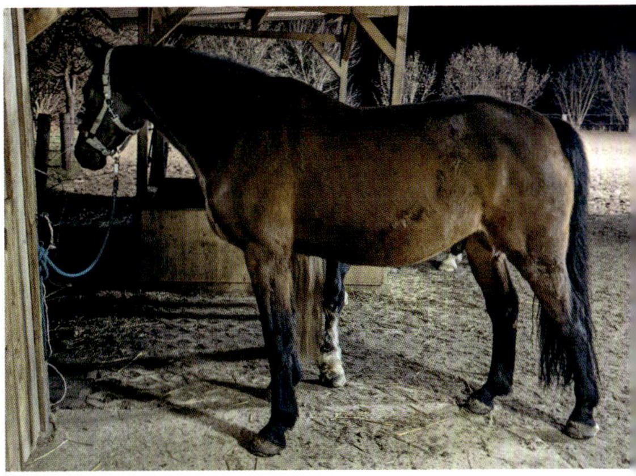

Nach neun Monaten Umtrainieren hat sich die Oberlinie gedehnt und muskulär aufgebaut. Die Schulter steht flacher, sodass das Pferd ausbalancierter steht. Die Wirbelsäulenaufhängung muss jedoch noch ein Stück weiter angehoben werden.

kraft laufen, also keine Tragemuskeln nutzen. Sie sind also überbeweglich, was gerne dazu führt, dass ihre Wirbelsäule lose im Körper schwingt. Paradoxerweise neigt genau bei diesen muskulär losen Pferden die Tiefenmuskulatur zu starken Verspannungen; irgendein Muskel muss das Skelett ja schließlich stabilisieren. Damit fehlt solchen Pferden jede natürliche Tragfähigkeit. Betroffen sind heute nahezu alle Rassen.
Um diesen teils gravierenden Unterschieden Rechnung zu tragen, finden Sie in diesem Buch nicht nur neue Fotos, sondern bewusst auch viele alte Bilder von Pferden aus dem letzten Jahrhundert. Denn nur, wer versteht, was sich züchterisch verändert hat, wird auch verstehen können, wie man diese züchterisch veränderten Pferde sinnvoll umtrainieren kann.
Und damit sind wir beim Thema: Pferde ohne natürliche Tragfähigkeit benötigen einen ganz gezielten Aufbau der Tragemuskulatur, um sie in die Lage zu versetzen, sich selbst und einen Reiter ohne vorzeitigen Verschleiß tragen zu können. Dazu müssen Muskeln so umgedehnt werden, dass die Pferde eine bessere Körperhaltung einnehmen und damit in der Tragkraft geschult werden. Nur so können die Folgen ungünstiger Körperproportionen abgeschwächt werden.
2021 ist die Reitsportindustrie eine Rehaindustrie geworden. Gesunde, leistungsfähige Pferde sind nur noch wenige zu finden. Dafür finden wir unzählige Pferde, welche oft lange vor ihrem 10. Lebensjahr diffuse Lahmheiten zeigen. Die Ursache ist meist schnell gefunden, wenn man sich die Statik genauer ansieht. Die Pferde nehmen aufgrund ihrer angezüchteten körperlichen Mängel Fehlhaltungen ein, welche ihre Strukturen über die Maßen belasten. Nicht weniger verbreitet leiden betroffene Pferde an Stoffwechselstörungen, Atemwegserkrankungen oder verhalten sich auffällig. Nervöses Verhalten zeigt, dass sich ein Pferd in seinem Körper nicht wohlfühlt. Und wenn Pferde ihrem Stress gelegentlich durch explosive Reaktionen Luft verschaffen, kann das auch für den Reiter schnell gefährlich werden. Abhilfe kann man schaffen, wenn man sich mit den Zusammenhängen zwischen Biomechanik, statischen Schwächen, Gesundheit und Verhalten eines Pferdes auseinandersetzt.

DIE STATIK IM WANDEL DER ZEIT

WAS BEDEUTET STATIK

Den Begriff Statik haben Sie bislang bestimmt eher mit der Stabilität von Gebäuden in Verbindung gebracht. Um Stabilität geht es auch, wenn in Bezug auf den Körperbau von Pferden von der Statik gesprochen wird. Pferde hatten schon immer ein mehr oder weniger gutes Exterieur. Ein Pferd mit schlechtem Exterieur, welches aber in sich stabil ist, kann trotzdem tragfähig sein. Tragfähig bedeutet in diesem Kontext, dass ein Pferd sowohl sein Eigengewicht als auch ein Zusatzgewicht in Form einer Last oder eines Reiters langfristig verschleißarm tragen kann. Ein solches Pferd wird vermutlich keine sportlichen Höchstleistungen vollbringen und auch wenig Reitkomfort bieten. Aber als Lastenträger kann es vielleicht jahrzehntelang einen Reiter durchs Gelände befördern. Solche Pferde gab es früher zuhauf.

Um die Reitqualitäten und Leistungsfähigkeit zu verbessern, hat man immer mehr züchterischen Einfluss auf das Gebäude von Pferden genommen. Zunächst wurden, zumindest in der Warmblutzucht, stabile, leistungsfähige Pferde mit für Reitzwecke geeignetem Exterieur angestrebt. Die besten Reitpferde, welche auch am längsten gesund und leistungsfähig blieben, gab es in der Zeit, wo man noch größten Wert auf ein einwandfreies Exterieur bei passendem Bewegungsablauf legte.

Später verlangte der Sport nach Pferden, welche nicht nur leichtrittiger sein, sondern auch immer spektakulärere Bewegungen und mehr Springvermögen mitbringen sollten. Stabile Pferde musste man langjährig gymnastizieren, um ihre Bewegungen geschmeidig zu machen. Die „modernen" Pferde sollten von Haus aus elastische, möglichst raumgreifende Bewegungen mitbringen. Auch Freizeitreiter profitierten gerne von diesem „Gummi", waren solche beweglichen Pferde doch leichter auszubilden und angenehmer zu reiten. Also züchtete man Pferde mit angeborenem Raumgriff und elastischen, schwungvollen Bewegungen. Solche Pferde benötigen dehnfähigere Muskeln und ein dehnfähigeres Bindegewebe als stabile, eher unbewegliche Pferde. Brachte ein solch bewegliches Pferd noch genügend Stabilität und einen guten Schwerpunkt mit, konnte es ein Spitzenpferd werden. Doch verpaart man solche Pferde miteinander, wird aus der Elastizität nur allzu gerne eine Überbeweglichkeit. Insbesondere dann, wenn man, wie geschehen, über Jahrzehnte mit solchen hochelastischen Pferden züchtet. Sind Muskeln und Bindegewebe zu dehnfähig, können sie das Skelett nicht mehr richtig stützen. Dann müssen Statik und Schwerpunkt stimmen. Denn entweder ist die Statik gut und ein Pferd kann mit lockeren Muskeln gehen, oder die Statik ist schlecht und die Muskulatur muss deren Mängel ausgleichen. Stimmt beides nicht, bekommt das Pferd unweigerlich Probleme. Das Skelett des instabilen Pferdes fällt schon in jungen Jahren wie ein Kartenhaus in sich zusammen. Und genau da sind wir heute angekommen. Die Nutzungsdauer von Reitpferden hat sich extrem verkürzt. Viele Reiter müssen schon absteigen, bevor ihre Pferde auch nur 10 Jahre alt sind.

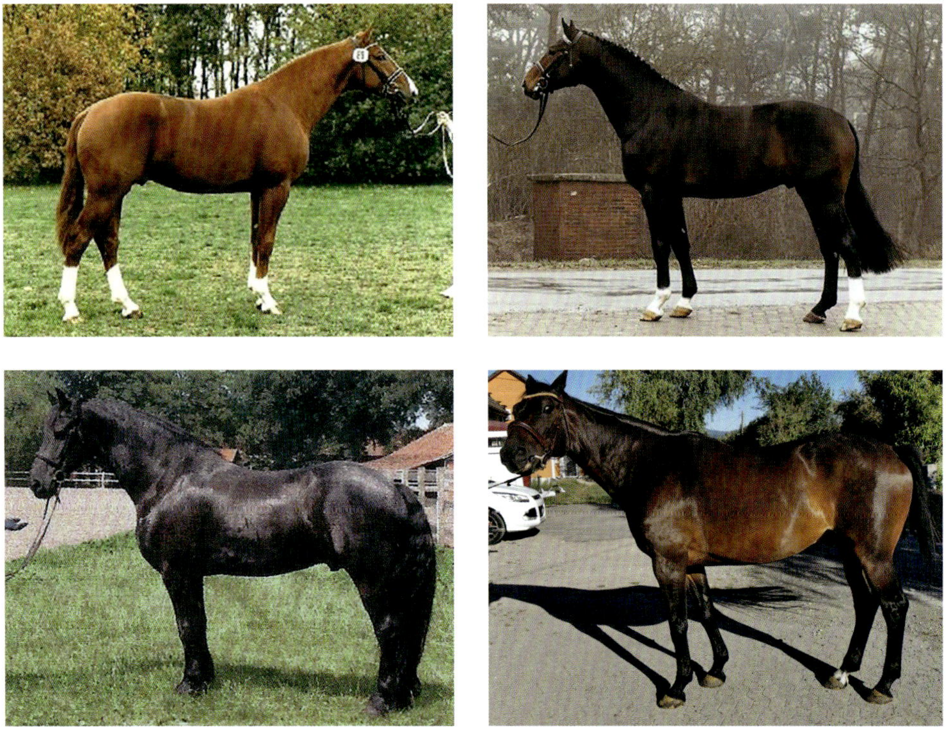

Verschiedene qualitativ unterschiedliche Pferde aus den 1980ern und 1990ern. Diese Pferde sind wesentlich stabiler als unsere modernen Pferde. Am augenscheinlichsten ist, dass die Rückenlinien dieser Pferde von der Kruppe in Richtung Widerrist kaum abfallen. Bei allen Pferden ist der Widerrist der höchste fixe Punkt des Pferdes. Hüft- und Buggelenk stehen nahezu auf derselben Linie. Zum Vergleich zeigt das letzte Bild einen modernen Warmblüter. Die Hüfte steht massiv höher als das Buggelenk, sodass die Rückenlinie von der viel zu hohen Kruppe in Richtung Widerrist stark abfällt. Somit hängt der Rücken wie eine Badewanne zwischen dem Widerrist und dem Becken, anstatt von diesem gestützt zu werden.

Das lose Bindegewebe ist aber nur ein Teil des Problems. Vermutlich zumindest teilweise unbeabsichtigt hat sich mit diesen züchterischen Veränderungen auch das Exterieur verändert. Man wollte immer längere Hälse und längere Beine, denn solche Pferde können mit ihren Beinen weiter ausgreifen, verfügen also über mehr Raumgriff. Die Rücken wurden dabei zusehends kürzer, weil man merkte, dass lange Rücken schwierig zusammenzuhalten waren. Offenbar brachten vor allem Pferde mit überlangen Unterschenkelknochen die gewünschte Schubkraft mit. Denn heute finden sich in den verschiedensten Rassen auffällig viele Pferde, deren Unterschenkelknochen im Verhältnis viel länger sind als die Oberschenkelknochen. Dies führt aber dazu, dass sich das Becken gerne nach hinten oben stellt, sodass der Hüftgelenkswinkel nicht stimmig zum Buggelenk, sondern GEGEN das Buggelenk steht. Außerdem lassen die zu langen Unterschenkelknochen die Sprunggelenke nach hinten hochhebeln. Und schon haben wir anstelle eines tragend-aktiven Bewegungsmusters ein schiebendes Bewegungsmuster. Bringen Pferde also solche negativen Veränderungen im Exterieur mit, wird das schlechte Gebäude zum statischen Knackpunkt. Die Wirbelsäule hängt lose und ohne Unterstützung durch Schultern und Becken im Körper. Ist sie in ihrer Aufhängung noch instabil, ist so ein Skelett so wenig tragfähig wie ein Gummiskelett.

WIE SIEHT EINE GÜNSTIGE STATIK AUS?

Was macht nun ein für Reitzwecke geeignetes Exterieur (oder eben eine günstige Statik) aus? Dieses sollte in erster Linie einen guten Schwerpunkt haben. Liegt dieser zu weit vorne, kippt das Pferd vornüber. Das merkt der Reiter daran, dass das Pferd sich schlecht halten kann, ihm also zum Beispiel gerne unter dem Sattel wegläuft. Oder daran, dass der Sattel ständig nach vorne rutscht. Oder daran, dass der Brustkorb sehr tief liegt und das Pferd irgendwann zu stolpern beginnt. Oder, oder, oder. Tatsächlich hängen an diesem Schwerpunkt zahlreiche Probleme, welche unsere Pferde beziehungsweise wir mit unseren Pferden haben.
Doch wie kommt ein guter oder weniger guter Schwerpunkt zustande? Darauf haben viele Faktoren einen Einfluss. Das für Reitzwecke ideal konstruierte Pferd hat harmonische Körperpartien. Also einen nicht zu kurzen, aber auch nicht zu langen Rücken. Einen dazu passenden Hals. Eine kräftige, runde und zum Rücken und der Vorhand passende Kruppe. Gerade, kräftige und nicht zu lange Vorderbeine und dazu passende, gut gewinkelte Hinterbeine. Ein zu langer Hals verlagert dagegen den Schwerpunkt nach vorne. Ist der dazugehörige Rücken im Verhältnis kurz, vermag er einen langen Hals nicht auszugleichen, sodass der Schwerpunkt noch weiter nach vorne verlagert wird. Haben wir lange Hinterbeine, welche das Becken höher schieben als den Widerrist, wird das Pferd durch seinen Schub ohnehin auf seine Schultern geschoben, was den Schwerpunkt noch einmal negativ beeinflusst. Oft ist das am Pferd gar nicht so leicht erkennbar. Insbesondere dann, wenn es gut gearbeitet und damit muskulös ist. Manche Pferde kaschieren viel und manche Reiter verstehen es auch, die körperlichen Schwächen ihrer Pferde zu „überreiten“. Das spricht für ihre Arbeit, erschwert aber zum Beispiel die Zuchtauswahl. Deshalb kann man einige Eckpunkte zu Hilfe nehmen, um einen Überblick zu gewinnen. Bei einem „guten“, für Reitzwecke geeigneten Pferd stehen die großen Gelenke (Hüft- und Buggelenk) so, dass sie in der Bewegung durch die Winkelung der Hinterhandgelenke ungefähr auf derselben Höhe stehen. Außerdem passen sie auch von der Winkelung zueinander. Denn steht das Hüftgelenk

Dieses Pferd hat trotz weitgehend harmonischer Körperpartien keine ideale Statik.

deutlich höher, winkelt es nach hinten oben, was den Beckenknochen flach stellt und diesen somit gegen die Schulter drücken lässt. Deshalb stellt sich die Schulter in dieser Konstellation mit der Zeit immer steiler hin. Also sollten auch die Winkelung der Schulter und diejenige des Beckenknochens stimmig sein.

Unten sehen Sie die Grafik eines für Reitzwecke geeigneten Pferdes: Für einen guten Schwerpunkt darf das Hüftgelenk nur so viel höher als das Buggelenk stehen, wie der Höhenunterschied durch die Beugung der Hinterhandgelenke in der Bewegung ausgeglichen wird. Ansonsten schiebt sich ein Pferd in der Bewegung ganz automatisch auf die Vorhand. Etwas einfacher ist es an den Ellbogen- und Kniegelenken zu sehen. Bei einem „guten“ Reitpferd sollten diese auf derselben Höhe stehen. Voraussetzung dafür ist eine im Verhältnis zueinander passende Länge der verschiedenen Knochen der Extremitäten. Unter- und Oberschenkelknochen haben ungefähr dieselbe Länge. Der Beckenknochen entspricht in der Länge in etwa dem vorderen Oberarm und ist deutlich kürzer als Ober- und Unterschenkelknochen. Vorderer und hinterer Unterarm sind etwa gleich lang, während das hintere Röhrbein etwas länger als das vordere Röhrbein ist. Stimmen diese Knochenlängen in einem Pferd, ergibt sich eine zueinander passende und ausgewogene Stellung der oberen Gelenke (Buggelenk und Hüftgelenk). Diese entsprechen einander ungefähr hinsichtlich der Winkelung. Dabei darf der Beckenknochen nur marginal flacher stehen als das Schulterblatt. Ansonsten würde der Becken-

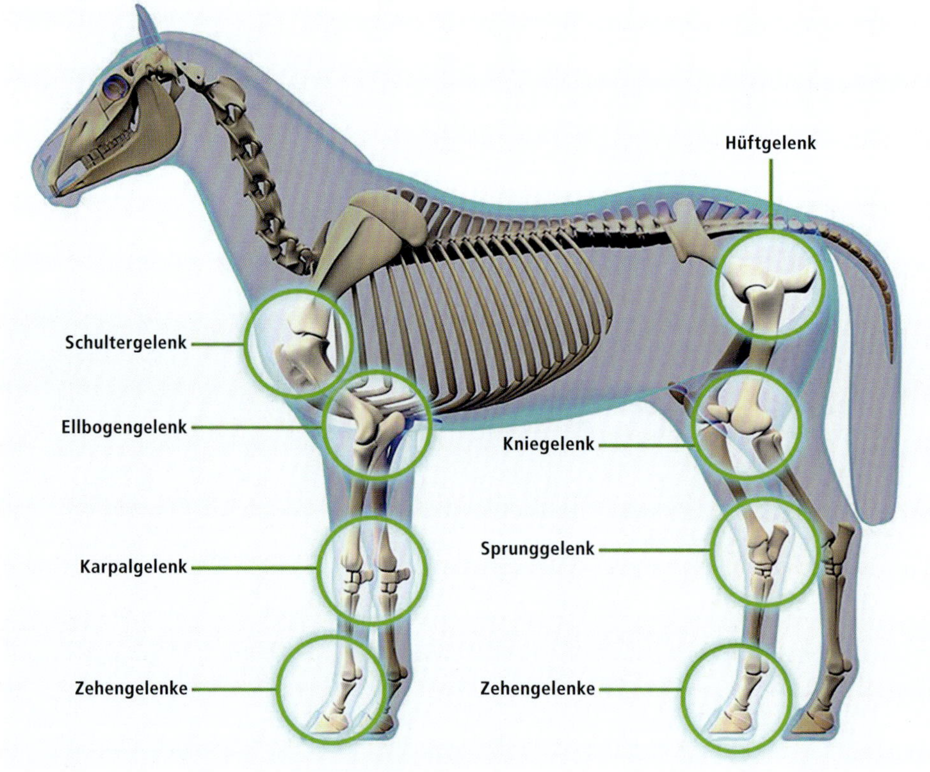

So sieht ein für Reitzwecke ideal konstruiertes Pferd aus.

knochen das Pferd gegen seine Schultern schieben. Stimmen diese Verhältnisse, so stehen die Chancen gut, dass das Pferd eine ausgeglichene Winkelung der Hinterhandgelenke aufweist und somit motorisch gut ist oder zumindest gut geschult werden kann. Aus diesen Eigenheiten ergibt sich eine Lage der Wirbelsäule, welche nur aufgrund der unterschiedlichen Länge der Dornfortsätze nicht gerade ist. Der Spinalkanal verläuft dabei von hinten nach vorne nur leicht abfallend.

Aus diesen Maßen ergeben sich auch eine kräftige, runde Kruppe und ein ebensolcher Rücken. Dieser hat – genau wie der Hals – idealerweise eine mittlere Länge.

So beschreibt auch die Deutsche Reiterliche Vereinigung e.V. als Dachverband sämtlicher anerkannter deutscher Zuchtverbände ein „Reitpferd". Unten ein echtes Skelett eines Ponys, welches den beschriebenen Maßen recht gut entspricht.

Fällt die äußere Rückenlinie, also die Linie der Dornfortsätze, bereits deutlich von hinten nach vorne gesehen ab, so darf man davon ausgehen, dass die innere Abwärtshaltung der Wirbelsäule, also der Verlauf des Spinalkanals mit seinen inliegenden Nervenbahnen, immens ist. Liegt die Wirbelsäulenaufhängung (der tiefste Punkt des Rückens hinter dem Widerrist) sehr tief, kann leicht Druck den Spinalkanal entstehen, welcher Bewegungsauffälligkeiten verursachen kann. Betroffene Pferde können diffuse Lahmheiten zeigen, welche kein Tierarzt sicher zuordnen kann, aber auch unberechenbare Bockanfälle bekommen.

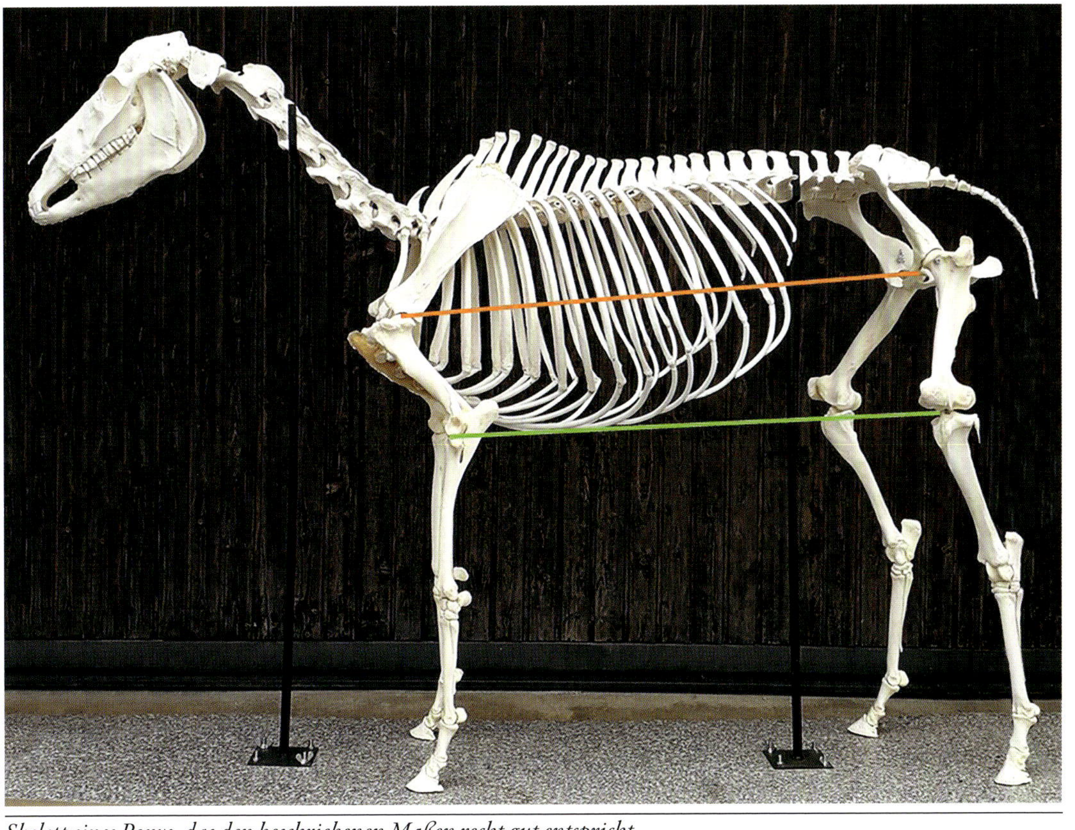

Skelett eines Ponys, das den beschriebenen Maßen recht gut entspricht.

Modernes Warmblut mit nach hinten hochgestelltem Becken

Oft behindert der Druck in der Wirbelsäulenaufhängung aber auch „nur" die Atmung. Die steigende Zahl von Pferden mit Atemwegserkrankungen dürfte bei der heutzutage deutlich verbesserten Haltung zumeist einer nicht funktionierenden Wirbelsäule zuzuschreiben sein. Die Erfahrung zeigt jedenfalls, dass betroffene Pferde oft symptomfrei werden, wenn die Muskulatur wieder arbeitet und sich die Wirbelsäule angehoben hat. Deshalb lohnt es sich, sich intensiv mit den Auswirkungen der Statik auf den Pferdekörper zu befassen. Das vorliegende Buch kann hier nur Einblicke verschaffen, zumal beobachtet werden kann, dass die statischen Veränderungen in der modernen Pferdezucht von Jahr zu Jahr problematischer werden. Ein verantwortungsvoller Trainer muss sich also immer mehr fragen, wie er auf solche körperliche Schwächen reagieren kann, um diese in ihrer Wirkung auf den Pferdekörper abzuschwächen. Zu diesem Zweck habe ich eine Lerngruppe ins Leben gerufen, welche unzählige Stunden an Lernvideos beinhaltet und sukzessive um alle neuen Erkenntnisse erweitert wird. Diese möchte ich jedem empfehlen, der mit seinem Pferd im Training nicht weiterkommt und deshalb mehr Hilfe benötigt, als das Basiswissen, welches ein Buch bieten kann.

Das Foto oben zeigt ein modernes 3jähriges Pferd. Das Becken steht schon in der Ruhephase deutlich nach hinten weg. Der im Verhältnis viel zu lange Unterschenkelknochen macht die Hinterbeine im Verhältnis zu den Vorderbeinen deutlich zu lang. Das fällt nur deshalb nicht sofort ins Auge, weil die Hinterhand weit nach hinten weggestellt ist. Deshalb wirkt auch die Abwärtshaltung des Rückens nicht so ausgeprägt. Stellt ein solches Pferd sein Becken richtig hin, also so, dass seine Hinterbeine unter dem Becken stehen, wird das wahre Ausmaß der Abwärtshaltung sichtbar. Der flache

Beckenknochen schiebt das Pferd gegen seine Schultern. Anders ausgedrückt: Der Hüftgelenkswinkel steht nach hinten oben und damit gegen den Buggelenkswinkel, welcher nach vorne unten steht. Durch diese statischen Eigenheiten ist der Schwerpunkt dieses Pferdes gegenüber einem ideal konstruierten Pferd deutlich vorgelagert. Wie sich das konkret auswirkt, hängt noch von vielen anderen Faktoren ab.

Wie wichtig die Stellung der oberen Gelenke für die Balance des ganzen Körpers ist, zeigt sich auf den Fotos unten. Vor dem Umtraining stehen das Hüft- und das Buggelenk stark gegeneinander. Dadurch hängt der Brustkorb, die Schulter steht extrem steil, das Becken nach hinten oben und die gesamte Oberlinie ist abgebaut. Nach acht Monaten gezielter Dehnung der oberen und hinteren Tragemuskeln sowie Kräftigung der Rumpfstabilisatoren haben sich die oberen Gelenke so hingestellt, dass die Schulter flacher und das Becken „runder" stehen. Der vordere Oberarm hat sich aus seiner flachen Position steiler gestellt, sodass das Schulterblatt selbst in eine flachere Position kommt. Da das Pferd nun auch im Stand seine Hinterhandgelenke leicht winkelt, steht auch der Beckenknochen nicht mehr so flach, dass er das Pferd gegen die Schulter schiebt. Die Winkelung der Hinterhandgelenke ist hier schon viel näher am Ideal. Der Höhenunterschied zwischen Hüft- und Buggelenk ist noch beträchtlich, kann aber in der Bewegung bei guter Winkelung der Hinterhandgelenke ausgeglichen werden. Um das Problem vollständig zu lösen, muss das Pferd lernen, seine großen Hinterhandgelenke noch besser zu beugen.

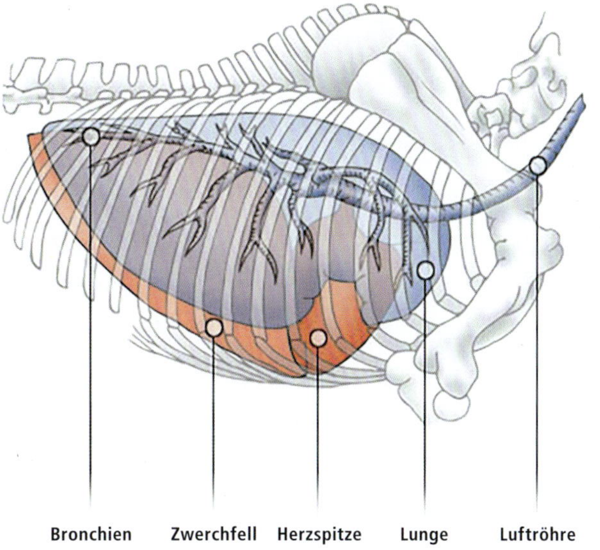

Betrachtet man diese Grafik, ist wenig verwunderlich, warum Pferde mit tief liegender oder zusammengeschobener Wirbelsäule so oft zu Atemwegserkrankungen neigen. Solange die Wirbelsäule von oben her Druck auf die Lunge ausübt, bleiben Hustenpülverchen reine Symptombekämpfung.

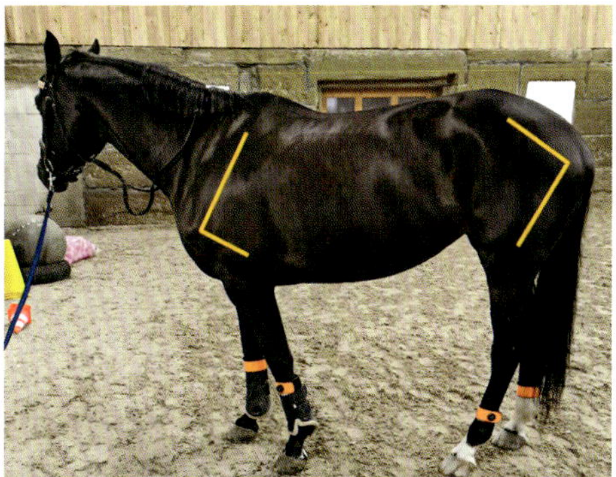

Vorher: Extremer Höhenunterschied zwischen Hüft- und Buggelenk

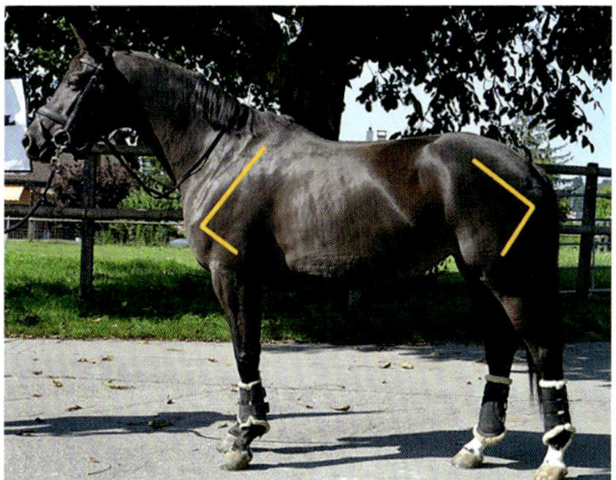

Nachher: Deutliche Verbesserung der Stellung der oberen Gelenke

GRUNDLAGEN
— für ein erfolgreiches Umtrainieren

DIE BEURTEILUNG VON BEWEGUNGSABLÄUFEN

Um das ganze Potenzial der Möglichkeiten des körperlichen Aufbautrainings nutzen zu können, benötigen Sie ein hohes Maß an Sinn für Bewegungsabläufe, Einfühlungsvermögen, Geschick und Wissen. Denn Sie müssen sofort sehen, wenn sich Ihr Pferd falsch bewegt, die Ursache erkennen und korrekt einwirken, um diese Ursache zu beseitigen. Da sich besonders eine schlechte Motorik und die daraus resultierende schlechte Körperhaltung nicht mal einfach so schnell korrigieren lassen, ist dabei auch die Fähigkeit vonnöten, in längeren Zeiträumen zu denken und zu handeln. Dies trifft ganz besonders auf die Arbeit mit Pferden zu, die entweder von der Natur mit einem weniger günstigen Gebäude bedacht wurden oder negativen züchterischen Veränderungen zum Opfer gefallen sind, aufgrund derer sie mit gesundheitlichen Handicaps zu kämpfen haben.

Damit Sie für diese Aufgaben gerüstet sind, finden Sie in diesem Kapitel viele Tipps und Anregungen, worauf Sie bei der Beurteilung der Motorik, der Muskeltätigkeit und der Haltung Ihres Pferdes achten müssen. Denn Ihre Beobachtungsgabe und Ihr Wissen um korrekte Bewegungsabläufe sind speziell für die Arbeit mit sogenannten Problempferden sowie bei gesundheitlich angeschlagenen Pferden gefragt. Pferde mit Exterieurschwächen und ungünstiger Statik benötigen ein körperliches Umtrainieren, um gesund zu bleiben.

5-jährig zeigt sich das Pony unausbalanciert mit nach hinten herausgestelltem Becken und mit steifen Hinterhandgelenken. Durch die starke Abwärtshaltung des Rückens schiebt sich der Sattel auf die Schulter.

Nach Umtrainieren der Motorik und Abschwächung der Abwärtshaltung des Rückens hat sich die Balance des Pferdes deutlich verbessert. Durch die Anhebung der Wirbelsäule bleibt derselbe Sattel nun an Ort und Stelle liegen.

Beim losgelassenen Schreiten pendelt der Schweif locker, entsprechend der Biegung der Wirbelsäule, im Bewegungsrhythmus mit.

DIE NATÜRLICHE GANGMECHANIK

Zur natürlichen Gangmechanik eines Pferdes gehören der Takt mit der korrekten Fußfolge in allen Grundgangarten, die Rückentätigkeit sowie die Bewegungsmechanik der Hinterhand (= Motorik). Auf Letztere wird aus praktischen Gründen in den folgenden Unterkapiteln näher eingegangen. Wenden wir uns also zunächst dem einfacheren, weil klar fassbaren Teil der Gangmechanik zu: dem Takt. Dieser beschreibt sowohl das zeitliche als auch räumliche Gleichmaß einer Bewegung in den Grundgangarten. Das bedeutet, dass sich ein Pferd in gleichmäßigen Schritten, Tritten und Sprüngen bewegen soll. Geht ein Pferd spannungslos, fällt es auseinander und die korrekte Fußfolge ist gefährdet. Eilt es, so erhöht sich seine Muskelspannung und sein Gang ist ebenfalls taktgefährdet. Daher gehört zum taktmäßigen Bewegungsablauf ein angemessenes Tempo mit entsprechender Körperspannung und Muskeltätigkeit. Natürlich gehört zum taktreinen Gang auch das Einhalten der jeweiligen Fußfolge einer Gangart.

Aufgrund zunehmender Instabilität moderner Pferde ist die Losgelassenheit nur noch die Voraussetzung für Muskeltätigkeit, nicht mehr aber das Ziel. Denn losgelassene Muskeln können ein loses Skelett NICHT stützen, sondern führen in Kombination mit einer abwärts weisenden Rückenlinie (Abwärtshaltung der Wirbelsäule) automatisch zu einer Überbelastung der Vorhand und zu einem Absinken des Brustkorbes! Also muss die Muskulatur so trainiert werden, dass sie kräftig wird und das Skelett stabilisieren kann.

Im Schritt, einem klaren Viertakt, zeigt sich bei korrekter Fußfolge folgendes Bild: Beginnend mit dem rechten Hinterbein folgt das rechte Vorderbein. Dann das linke Hinterbein und das linke Vorderbein. Es gibt im Schritt keine eigentliche Schwebephase. Dennoch soll sich der Rücken des Pferdes auch im Schritt der Bewegung entsprechend aufwölben, um den vorderen Rücken und Brustkorb zu stabilisieren, sodass Raumgriff und elastisches Schreiten mit einem tätigen Rücken möglich sind. Vorsicht: Der extrem raumgreifende Schritt vieler moderner Pferde zwingt diese dazu, ihre Hinterbeine nach

Das Vorderbein fußt weit unter den Rumpf zurück, anstatt vom Hinterbein nach vorne „vertrieben" zu werden. Das Hinterbein wird hinterher geschleppt, anstatt als Motor für die Fortbewegung zu dienen.

hinten herauszuschieben oder seitlich am Rumpf vorbeizuführen, sodass der Rücken in solchen Bewegungen seine Funktion als Bewegungszentrum nicht wahrnehmen kann. Im Schritt schleichen sich am leichtesten Spannungen ein, die häufig zu Taktstörungen führen, da dabei immer auch die Rückentätigkeit eingeschränkt wird. Ein häufig zu beobachtender Fehler ist die Neigung zum Passgang. Bei vielen modernen Pferden mit nach vorne verlagertem Schwerpunkt hat man neuerdings den Eindruck, dass nicht das Hinterbein das Vorderbein „vertreibt", sondern umgekehrt.

Alle trabartigen Bewegungen sind durch die Parallelität des hinteren Röhrbeins und des vorderen Unterarms gekennzeichnet.

In allen Trabphasen fußen hinteres Röhrbein und diagonaler Unterarm parallel zueinander vor.

Stark viertaktiger Trab eines eilenden Pferdes. Diagonales Fußen ist nicht erkennbar.

Diese Pferde bleiben also mit ihren Vorderbeinen derart lange am Boden „kleben“, dass sie über ihre Ellbogen rollen und die Vorderbeine bis weit unter den Rumpf zurück fußen. Haben sich Pferde durch eine nicht korrigierte, ungünstige Statik im Skelett zusammengeschoben, schieben sie sich in ihrer Wirbelsäulenaufhängung nach unten und gegen ihre Schultern. Der Schwerpunkt verlagert sich dadurch weit nach vorne, sodass die Pferde extrem lange auf ihren Vorderbeinen „kleben“ bleiben. Die Vorderbeine fußen dann exorbitant weit unter den Rumpf zurück, anstatt vom Hinterbein nach vorne „vertrieben“ zu werden. Solche Pferde „rollen“ also über ihre Ellbogen oder schieben sich über ihren Brustkorb, wie man sagen könnte. Dabei schiebt sich auch das Becken nach hinten oben und die Hinterbeine werden eher hinterhergeschleppt, anstatt als Motor für die Fortbewegung zu dienen. Der Schritt kann dann verbessert werden, wenn es gelingt, die Wirbelsäule aktiv zu bekommen, sodass der Rücken auch in dieser losgelassenen Gangart seine Funktion als Bewegungszentrum erfüllen kann. Dabei müssen tätige Hinterbeine, Taktreinheit und Fleiß Vorrang vor einem weiten Übertreten haben, welches bei Pferden mit kurzen Rücken genau genommen den Rücken „außer Betrieb“ setzt sowie das Pferd zu unphysiologischen Rückenbewegungen zwingt. Das bedeutet außerdem, dass ein für die Rückenlänge zu langer Schritt zu ausladenden Rückenbewegungen führt und damit dessen Stabilität stört. Behoben werden kann das Problem nur, wenn die Trittlänge der Rückenlänge angepasst wird. Im Trab fußen die diagonalen Beinpaare abwechselnd gleichzeitig ab bzw. auf. Dazwischen entsteht eine Schwebephase. In dieser schwunghaften Gangart zeigt unter anderem die Parallelität von hinterem Röhrbein und diagonalem vorderem Unterarm (= „diagonale Fußfolge“), ob das Pferd über den Rücken, also mit tätigem Rücken, geht. Besonders diesen Bewegungsablauf, welcher die Voraussetzung für eine Rückentätigkeit ist, findet man bei modernen Pferden kaum noch. Oft fallen die Bewegungsphasen auseinander. Die Vorderbeine werden weit nach vorne geworfen, während die Hinterbeine eher nach hinten oben gezogen werden. Je stärker ein Pferd im Trab schiebt, desto häufiger ist auch eine Einbeinstütze zu beobachten, welche natürlich stark fehlerhaft ist. Auch das ist eine Folge der statischen Veränderungen: Die Pferde schwanken im Körper und setzen ihre Beine wechselnd mittig unter den Körper, anstatt in ihren Beinachsen

☞ BEISPIELE

Den runden Fußungsbogen, der das Gehen über den Rücken kennzeichnet, findet man bei modernen Pferden kaum noch. Hier zwei Pferde mit noch idealer Reitpferdestatik sowie gutem Schwerpunkt

Häufig bewegen sich moderne Pferde mit stark schiebenden Hinterbeinen, die weit hinter der Last (d. h. hinter dem Becken) spektakulär schieben. Die Beine werden viel zu hoch unter den Körper gezogen (das Pferd hebt hinten quasi ab), anstatt vorwärts-aufwärts unter den Körper zu treten.

Durch die schiebende Motorik läuft das Pferd „hinter sich" und schiebt sich auf seine Vorhand. Aus diesem schiebenden Bewegungsablauf entwickelt sich, insbesondere bei zu hohem Tempo, gerne eine Einbeinstütze. Das macht den Trab, welcher eigentlich ein Zweitakt ist, viertaktig.

Eine weitere Folge schiebender, raumgreifender Bewegungen: Die Hinterbeine fußen seitlich am Rumpf vorbei. Hier fußt das rechte Hinterbein deutlich am rechten Vorderbein vorbei. Das verstärkt Vorderlastigkeit und Schiefe und verhindert, dass das Pferd „über den Rücken" gehen kann.

Auch das ist eine Folge der statischen Veränderungen: Die Pferde schwanken im Körper. Dadurch setzt dieses Pferd seine Beine wechselnd mittig unter den Körper.

Ein ausbalanciertes Pferd bewegt sich gerade durch seinen Körper. Auch auf gebogener Linie bleiben seine Beine in der jeweiligen Beinachse.

Auf gerader Linie sind von vorne und hinten nur zwei Beine zu sehen. In den Seitengängen sind je nach Abstellung drei oder vier Beine zu sehen.

zu bleiben. Ursache: Das Becken wackelt seitlich, wodurch diese seitliche Schlängelbewegung nach vorne durch den gesamten Körper fortgeführt wird. Deshalb zeigen solche Pferde einen stark zur Seite ausweichenden Rumpf sowie seitliche Halsbewegungen.

Für die Fußfolge im Galopp wählen wir als Beispiel den Linksgalopp: Das Pferd beginnt den Galoppsprung mit dem rechten Hinterbein. Das diagonale Beinpaar links hinten und rechts vorne folgt gleichzeitig. Danach fußt das linke Vorderbein auf. Zum Schluss folgt die Schwebephase. Damit ge-

Stützphase äußeres Hinterbein

Zweibeinstütze

hört auch der Galopp zu den schwunghaften Gangarten. Er soll als klarer Dreitakt, möglichst bergauf gesprungen, gefolgt von einer deutlichen Schwebephase, erkennbar sein. Pferde galoppieren mit aufwendigen Beckenbewegungen, solange ihre Hanken nicht arbeiten. Dies führt zu Nickbewegungen des Halses, welche nicht mit der Hand beruhigt werden dürfen, sondern durch die Stabilisierung des Beckens, also mit zunehmender Ausbildung, weniger werden. **Zwingt man ein Pferd, seine Balancierstange Hals ruhig zu halten, solange die Motorik nicht stimmt, zwingt man es, seine Hinterbeine nach hinten herauszuschieben und damit seine Stabilität im Rücken aufzugeben.** Häufige Taktfehler im Galopp sind das Auseinanderfallen der Zweibeinstütze (= Vierschlag) bzw. das Auslassen der Schwebephase (= Rollgalopp). Viele moderne Pferde klappen auch mit stark gestrecktem inneren Hinterbein weit unter den Körper („vorklappen") . Das ist problematisch, weil sie dabei ihr Becken schief legen müssen. Manche Pferde zeigen aufgrund ihres Körperbaus weder eine deutliche Bergauftendenz noch eine ausgeprägte Schwebephase. Diese mangelhafte Galoppqualität ist kein Taktfehler, sondern einer tief im Körper liegenden Wirbelsäule geschuldet, die in der Bewegung nicht genügend angehoben werden kann, um den Galopp ÜBER den Rücken zu springen. Über das Strecken und Anheben einer solchen Wirbelsäule kann eine verbesserte Rückentätigkeit erzielt und damit der Galopp bis zu einem gewissen Grad verbessert werden.

Störungen der korrekten Fußfolge in allen Gangarten ergeben sich, wenn Tempo und/oder Körperspannung zu hoch oder zu tief sind oder das Pferd durch einen unsensiblen Reiter oder andere störende Einflüsse behindert wird. Mit Taktstörungen gehen stets eine eingeschränkte Rückentätigkeit und damit Mängel in der Muskeltätigkeit einher. Viertaktiger Trab (Einbeintrab) entstand früher meist durch übereiltes Tempo und trat oft bei spektakulären Verstärkungen auf, die nicht reell aus der Hinterhand entwickelt bzw. nicht in Selbsthaltung ausgeführt wurden, weil die Pferde dabei auf die Vorhand gedrückt werden. Heute sind sie durch die verstärkte Schubkraft und die daraus resultierende fehlende Balance fast zur Normalität geworden. Dadurch finden wir entweder hypermobile, abwärts schwingende oder aber versteifte Wirbelsäulen, welche zu einer gebrochenen diagonalen Fußfolge führen, weil dadurch das freie Durchschwingen der Hinterbeine vorwärts-

Stützphase inneres Vorderbein

Schwebephase

Heute ist dieses weite Vorspringen des Hinterbeines gewünscht. Eigentlich ist das ein „Vorklappen", bei dem das Pferd genötigt ist, sein Becken schräg zu stellen.

aufwärts unter ihren Körper verhindert wird. Die durch verstärkte Schubkraft und Abwärtshaltung der Wirbelsäule verursachte Vorderlastigkeit hat zur Folge, dass heute die meisten Pferde auch keinen runden Aufwärtsgalopp mehr zeigen. Sie drücken sich hinter dem Widerrist herunter, sodass der Galopp stark „abwärts" durch den Körper gesprungen wird. Bei manchen Pferden erinnert der dadurch entstehende Bewegungsablauf mehr an das Hoppeln eines Hasen als an Galopp. Waren früher mehr die Spezialrassen von diesem Problem betroffen, finden wir diesen „Hasengalopp" heute sogar bei hochgezüchteten Sportpferden. Bei einem statisch günstig konstruierten Pferd treten Taktfehler oft durch zu frühes Versammeln auf. Bei statisch ungünstig konstruierten Pferden verbessert sich der Galopp dagegen nur durch eine deutliche Verbesserung der Körperhaltung im Schritt und Trab. Aufgrund der Tatsache, dass Taktfehler immer mit mangelnder Rückentätigkeit und einer abwärts weisenden Wirbelsäule einhergehen, sind diese sehr kritisch zu beurteilen und gelten als grobe Fehler. Nicht umsonst ist der Takt auch der erste Punkt auf der Ausbildungsskala, dem Ausbildungsleitfaden für Reitpferde. Daher muss ihm auch bei der Longenarbeit höchste Priorität beigemessen werden, wobei er bei ungünstig gebauten Pferden eher das Ziel guter Ausbildungsarbeit als der Ausgangspunkt ist. Um die Taktreinheit in allen Grundgangarten zu festigen, ist oft eine komplette Umschulung der Hinterhandmotorik nötig.

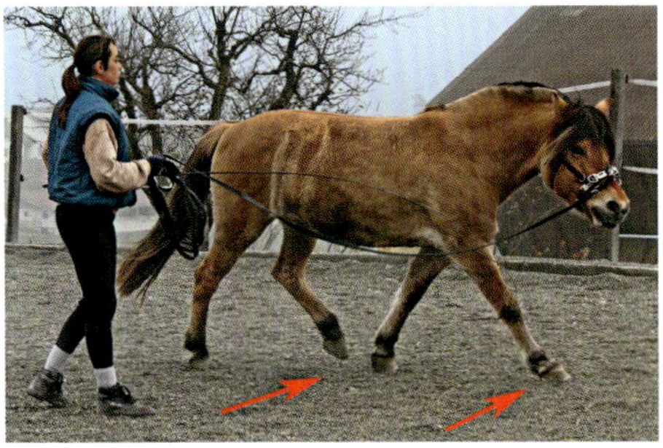

Das Vorderbein fußt deutlich vor dem diagonalen Hinterbein. Der Gang ist viertaktig geworden.

Die gebrochene diagonale Fußfolge zeigt, dass der Rücken nicht richtig arbeitet.

01

02

03

☞ BEISPIELE

01 So sieht ein in die Last gesprungener Galopp mit geradem Becken aus. Das Pferd springt NICHT weit nach oben und geht in der Einbeinstütze fast über Kopf, sondern hält während des gesamten Galoppsprungs die Balance. So bleibt der Rücken wesentlich stabiler und die Beine werden entlastet.

02 Ist die Abwärtshaltung eines Pferdes zu stark oder fehlt wie hier die Körperspannung, schiebt es sich in der Zweibeinstütze in seiner Wirbelsäulenaufhängung zusammen. Dabei wird der Brustkorb nach unten gedrückt und das Vorderbein stark belastet.

03 Hier stimmt die Körperspannung. Allerdings springt das Pferd mit etwas zu getrecktem Hinterbein vor, sodass das Becken nicht ganz gerade bleibt.

04 Auch eine Folge der statischen Veränderungen. Bei diesem Jungpferd läuft das linke Hinterbein seitlich am Rumpf vorbei. Inzwischen gibt es bereits gangstarke Pferde, welche mit beiden Hinterbeinen seitlich am Schwerpunkt vorbeifußen. Der Rücken bleibt so aus dem Bewegungsgeschehen ausgeklammert.

04

Viele Pferde werden in Losgelassenheit gerne lose im Körper. Sie lassen also sprichwörtlich los. Dadurch kann der Rücken im Alter nach unten nachgeben.

LOSGELASSENHEIT

Losgelassenheit bezeichnet das zwanglose, unverkrampfte An- und Abspannen der Muskulatur des Pferdes und ermöglicht dadurch die Durchblutung von Muskeln sowie den Abtransport von Abfallprodukten der Muskeltätigkeit. Sie ist also die Voraussetzung für Muskelaufbau und damit jede Ausbildung eines Pferdes. Sie lässt zudem alle Muskelgruppen harmonisch wie auch physiologisch zusammenarbeiten, wobei die Muskelspannung immer der geforderten Arbeitsleistung entsprechen muss. Funktioniert diese Zusammenarbeit der verschiedenen Muskelgruppen, spricht man von **aktiven Muskelkreisläufen**. Pferde, deren Muskelkreisläufe einwandfrei funktionieren, sind sowohl im Bewegungsapparat als auch organisch viel gesünder als Pferde, deren Muskulatur unzureichend arbeitet. Die zahllosen Pferde, welche heute an Stoffwechselerkrankungen leiden, zeigen leider, dass funktionierende Muskelkreisläufe eine Seltenheit geworden sind. Betroffene Pferde verfetten trotz Arbeit, oder aber sie verhungern fast vor der vollen Futterkrippe. Bringt man Muskeln zum Arbeiten, kann man hier Abhilfe schaffen. Aufgrund der verstärkten Dehnfähigkeit der Muskeln und des Bindegewebes unserer modernen Pferde reicht aber die Losgelassenheit längst nicht mehr aus, um eine abwärts weisende Wirbelsäule tragfähig zu machen oder zu halten.

TRAGFÄHIGKEIT

Tragfähig bedeutet, dass der Rücken nicht unter der Last des Eigengewichtes bzw. des Eigengewichtes plus des Reitergewichtes nach unten nachgibt. Deshalb müssen instabile Pferde in eine Körperhaltung gebracht werden, welche nicht nur Laufmuskeln, sondern vor allem **Tragemuskeln** aktiviert. Diese setzen eine viel höhere **Körperspannung** und kräftige Muskeltätigkeit voraus, stabilisieren dafür aber auch ein schwächeres Skelett. Ein elastisch schwingender Rücken ist also bei einer lose im Körper hängenden

Wirbelsäule nicht mehr sinnvoll, sondern wird mit der Zeit zum Nachgeben des Rückens führen. Um also das Pferd in eine bessere Körperhaltung zu bringen und dadurch die Tragemuskulatur zu aktivieren und zu kräftigen, wird nicht nur die Dehnungsbereitschaft eines Pferdes benötigt, sondern ein aktives Streckbedürfnis. Auch hier zeigen die langjährige Erfahrung sowie neuere Forschungsergebnisse starke Veränderungen im Körper unserer modernen Pferde, welche auch andere Anforderungen an ein sinnvolles Training stellen. Wo eine feste, stabile Wirbelsäule vor allem durch Mobilisierung tätig, also im Körper physiologisch funktionierend, wurde, muss eine lose im Körper liegende Wirbelsäule zunächst aktiv gestreckt und später in dieser Streckung angehoben werden. Also muss das Pferd dazu angehalten werden, sich aktiv zu strecken, was in der späteren Ausbildung dazu führt, dass es sich unter dem Reiter schließt und ihm das angenehme Gefühl einer weich federnden, elastischen Anlehnung und jederzeit ansprechbaren Hinterbeinen gibt.

RÜCKENTÄTIGKEIT

Viele Pferde werden in Losgelassenheit gerne lose im Körper. Sie lassen also sprichwörtlich los. So kann der Rücken im Alter nach unten nachgeben. Deshalb sollte man bereits bei jungen Pferden die Tragemuskeln aktivieren und damit die Wirbelsäule im Körper anheben. Die Losgelassenheit ist also nur noch die Voraussetzung für Muskeltätigkeit. Liegt die Wirbelsäule züchterisch bedingt so tief im Körper wie bei dem abgebildeten Haflinger, braucht das Pferd umso mehr positive Körperspannung, um nicht in eine Hohlkreuzsituation zu kommen.
Bei Pferden mit verstärkter Abwärtshaltung oder sehr langen Hälsen hebt sich der Rücken nicht mehr automatisch an, wenn sie den Hals fallen lassen. Denn durch die Abwärtshaltung der Rückenlinie sind die Rückenmuskeln verkürzt. Sie müssen also gedehnt werden, um die Wirbelsäule anheben zu können. Da bei jedem Pferd die Streckung der Wirbelsäule im Hals beginnt, zeigt das aktive Strecken des Halses eine beginnende Rückendehnung an.
Um die Qualität einer Bewegung beurteilen zu können, müssen Sie vor allem etwas über die Muskeltätigkeit sowie die Rückenfunktion des Pferdes wissen.
Wenden wir uns zunächst der Wirbelbrücke und ihrer Funktionsweise zu. Die Wirbelsäule des Pferdes besteht aus 7 Halswirbeln, 18 Brustwirbeln, 6 Lendenwirbeln und 5 zum Kreuzbein verwachsenen Kreuzwirbeln. Alle zum Rücken gehörenden Wirbel haben Dornfortsätze verschiedener Länge und Richtung. Die längsten Dornfortsätze der ersten Brustwirbel bilden den Widerrist. Sie weisen leicht nach hinten. Die Dornfortsätze der letzten Rückenwirbel zeigen etwas nach vorne, während diejenigen in der Sattellage mehr oder weniger nach oben weisen.

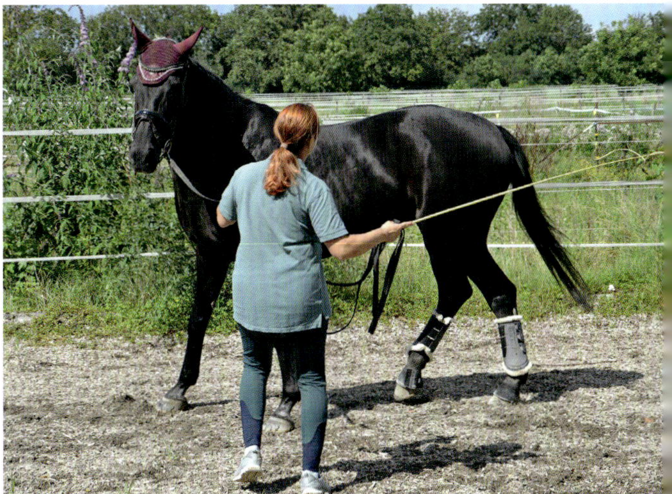

Durch das Auslösen gezielter Bewegungen können die Körperspannung erhöht und Tragemuskeln aktiviert werden. So kann man mit der Zeit die Wirbelsäule anheben und das Skelett damit stabilisieren.

Dort, wo die langen Dornfortsätze des Widerrists in die kürzeren des Rückens übergehen, liegt bei den meisten Pferden der tiefste Punkt und somit der Schwachpunkt des Rückens. Das ist die Wirbelsäulenaufhängung, über welcher der Sattel liegt und das Reitergewicht sitzt. Damit sich die Dornfortsätze also an keiner Stelle des Rückens zu nahe kommen, muss ein Reitpferd lernen, seinen Rücken auch unter Belastung aufzuwölben und dort zu stabilisieren, ohne sich dabei festzuhalten. Denn ein durchhängender Rücken gefährdet nicht nur die Gangqualität, sondern

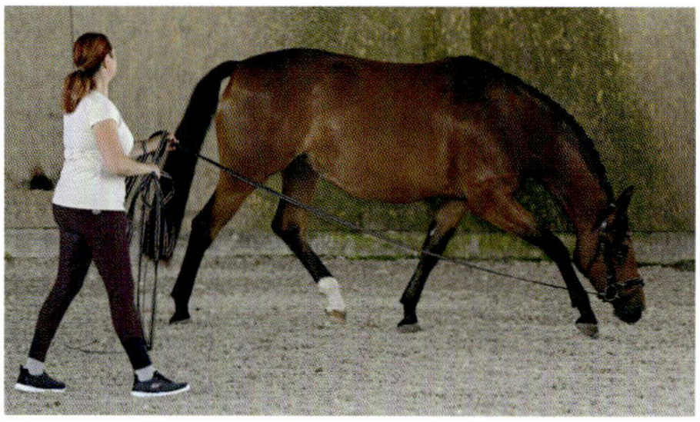

Bei Pferden mit verstärkter Abwärtshaltung oder sehr langen Hälsen hebt sich der Rücken nicht mehr automatisch an, wenn sie den Hals fallen lassen. Denn durch die Abwärtshaltung der Rückenlinie sind die Rückenmuskeln verkürzt. Sie müssen also gedehnt werden, um die Wirbelsäule anheben zu können.

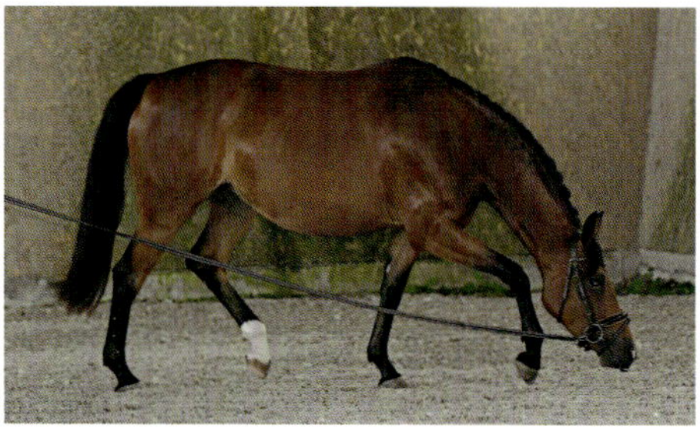

Da bei jedem Pferd die Streckung der Wirbelsäule im Hals beginnt, zeigt das aktive Strecken des Halses eine beginnende Rückendehnung an. Dass es sich bei diesem Jungpferd bereits um ein aktives Streckbedürfnis handelt, ist an der arbeitenden Oberhalsmuskulatur sowie am Vorrecken des Kopfes zu erkennen.

kann dazu führen, dass sich die Dornfortsätze berühren, was entzündliche Prozesse verursachen kann. Die Verlängerung der Wirbelsäule nach hinten bilden 18 – 21 Schweifwirbel. Am Schweif kann man deshalb eine Menge über die Befindlichkeit des Pferderückens ablesen.
Viele moderne Pferde zeigen ihre tiefe und auch lose Wirbelsäulenaufhängung mit einem Knick hinter dem Widerrist an. Durch gezielte Rückendehnung und das Anheben dieser Dehnung kann die Wirbelsäule so weit angehoben werden, dass sie stabiler wird. Da Sattel und Reiter in diesem empfindlichen Bereich sitzen, wird dies sinnvollerweise VOR dem Anreiten gemacht. Bei dem links abgebildeten Jungpferd kann man erste Ansätze des Anhebens des Rückens in der Bewegung erkennen, wenn wie hier die Körperspannung und –haltung stimmt. Ist das Pferd muskulär aufgebaut, sieht man ihm diesen Aufbau auch im Ruhezustand an.
Gelingt es nicht, einen solchen Knick in der Wirbelsäulenaufhängung anzuheben und damit die Wirbelsäule zu „glätten", bauen Pferde oft muskulär ab und neigen dazu, in der Arbeit klemmig zu werden. Macht man Druck, kann dies auch zu explosionsartigen Entladungen wie z. B. Bocken führen. Die Ursache ist, dass dieser von außen sichtbare Knick in der Wirbelsäulenaufhängung im Körper eine zusammen geschobene Wirbelsäule ist. Das bedeutet, dass die Wirbelgelenke in diesem Bereich nicht frei arbeiten können und eventuell sogar die Dornfortsätze Reibung bekommen. Das kann – gerade bei jungen Pferden – Panikattacken auslösen.
Die Halswirbelsäule ist viel beweglicher als die restliche Wirbelsäule. Daher ist eine Längsbiegung des gesamten Pferdekörpers nur in geringem Maß möglich, und zwar durch eine Rotation der Wirbelgelenke. Dass uns Pferde dennoch optisch gebogen erscheinen können, liegt auch daran, dass

☞ BEISPIELE

Wie heute schon fast normal, liegt auch bei diesem Pferd der tiefste Punkt des Rückens in seiner Wirbelsäulenaufhängung hinter dem Widerrist. Ursache dieser Schwachstelle ist immer eine verstärkte Abwärtshaltung des Rückens.

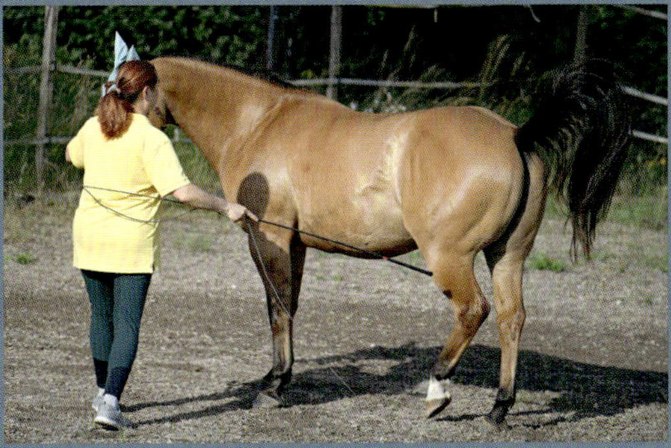

Durch gezieltes Training kann die Wirbelsäule von hinten nach vorne mobilisiert und angehoben werden, um vorzeitigem Verschleiß vorzubeugen. Das ist nichts anderes, als wenn ein Mensch lernt, aufrecht in gesunder Körperspannung zu gehen.

Viele moderne Pferde zeigen ihre tiefe und auch lose Wirbelsäulenaufhängung mit einem Knick hinter dem Widerrist an.

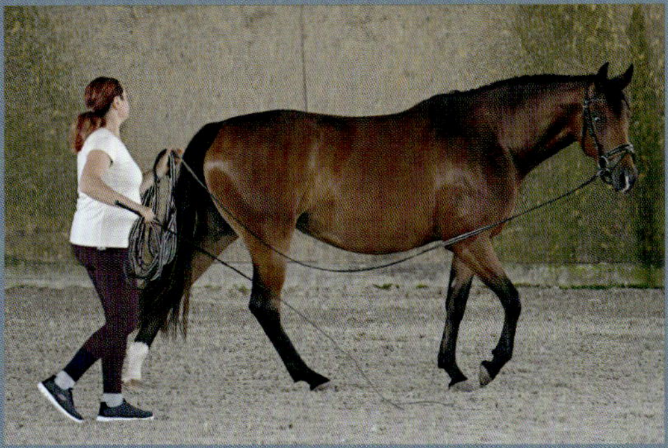

Durch gezielte Rückendehnung und das Anheben dieser Dehnung kann die Wirbelsäule so weit angehoben werden, dass sie stabiler wird.

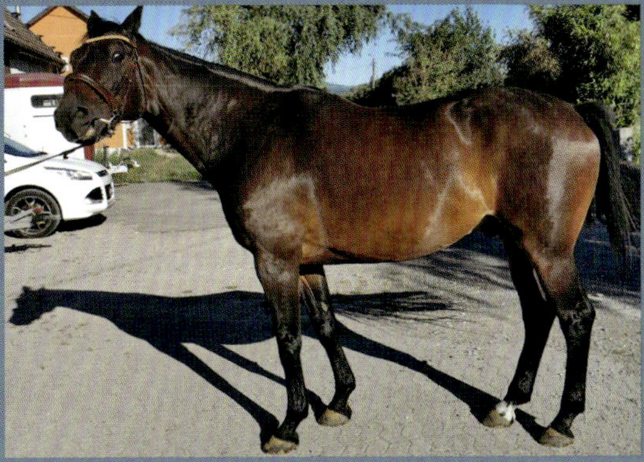

Die Ursache des sichtbaren Knicks in der Wirbelsäulenaufhängung ist eine zusammengeschobene Wirbelsäule.

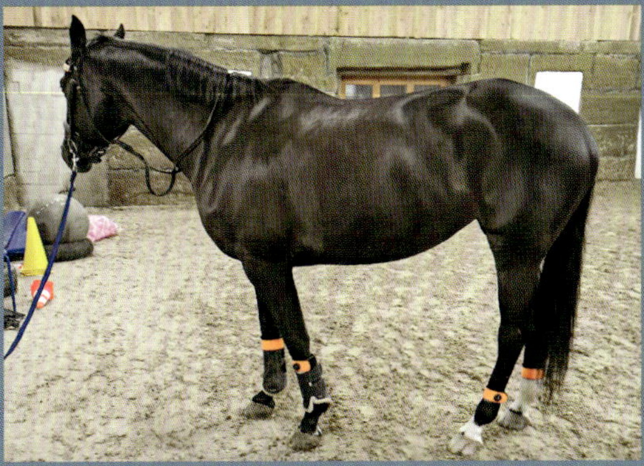

Gelingt es nicht, einen solchen Knick in der Wirbelsäulenaufhängung anzuheben und damit die Wirbelsäule zu „glätten", bauen Pferde oft muskulär ab.

Typisches Anzeichen steifer Hinterbeine: Das Becken wird schief gestellt. Hier kommt es links hoch, anstatt sich in der Beugephase des linken Hinterbeins der Höhe der rechten Beckenseite anzugleichen. Dieses schief gestellte Becken verhindert, dass die Bewegungsenergie der Hinterbeine gerade durch die Wirbelsäule nach vorne wirken kann. Das linke Hinterbein schiebt also den Körper in diesem Moment auf die rechte Schulter, anstatt die linke Schulter anzuheben.

beim gebogenen Pferd der Rumpf nach außen ausweichen muss. Die tatsächliche Biegung der Wirbelsäule ist aber sehr gering. Spielte sie bei der Mobilisierung steifer Wirbelsäulen eine entscheidende Rolle, so ist deren Sinn für die Ausbildung moderner Pferde eher kritisch zu beurteilen. Denn die

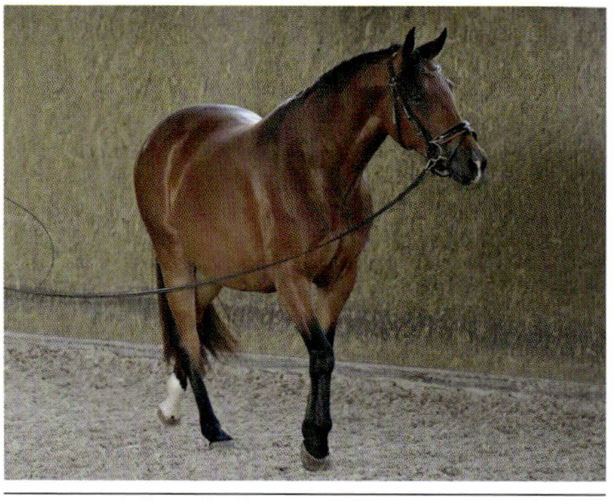

Hier wird das Pferd in seine kurze Seite nach links zurückgezogen. Der Hals balanciert nach außen, sodass das Pferd auf seine innere Schulter kippt und in die Kreislinie hineinläuft. Dadurch wird die Longe lose.

Rücken moderner Pferde sind meist sehr kurz. Damit sind die Zwischenrippenabstände gering, was schon einmal kaum Längsbiegung zulässt, sondern die Pferde eher veranlasst, sich der Biegung durch Ausweichbewegungen zu entziehen. Auch die Überbeweglichkeit moderner Pferde fördert solche Ausweichbewegungen. Zudem macht es wenig Sinn, eine überbewegliche Wirbelsäule durch die häufige Arbeit in Längsbiegung noch beweglicher zu machen. Sie würde dadurch komplett instabil. Das ist einer der Gründe, warum wir uns für eine komplette inhaltliche Überarbeitung des vorliegenden Buches entschieden haben. Denn wo das stabile Pferd in der Längsbiegung begann, mit seinem inneren Hinterbein vermehrt unter seinen Schwerpunkt zu treten und dort seine Körperlast abzufedern, weicht es heute in seinen beweglichen Gelenken seitwärts aus, legt sein Becken schief und schiebt sich auf eine seiner Schultern. Das ist den Pferden sofort anzusehen: Das statisch günstig konstruierte Pferd

Dieses Pferd ist im Galopp im Becken noch nicht stabilisiert. Es durchs Genick zu stellen, wäre also grundfalsch. Das würde das Pferd zwingen, mit seinen Hinterbeinen weitere Ausweichbewegungen zu machen. Der Grundsatz der klassischen Reitkunst, geduldig von hinten nach vorne zu reiten, bis sich die Oberlinie ausgeformt hat und das Genick „entstanden" ist, hat also auch heute noch unbedingt ihre Richtigkeit.

nimmt in der Längsbiegung am inneren Hinterbein deutlich mehr Last auf und wird dadurch in seiner inneren Schulter frei und beweglich. Das Genick lässt sich dabei leicht nach innen stellen, ohne dass man am inneren Zügel ziehen muss, und die Hinterbeine bleiben gut unter Kontrolle. Beim statisch ungünstig konstruierten Pferd passiert dagegen Folgendes: Das innere Hinterbein versucht, der vermehrten Lastaufnahme zu entgehen, indem es in Richtung zur äußeren Schulter wegschiebt. Es tritt also deutlich am Schwerpunkt vorbei. Dabei wird die innere Schulter vermehrt belastet und der Hals als Balancierstange wird in die Gegenrichtung genommen. Möchte man so ein Pferd stellen, müsste man am inneren Zügel bzw. an der Longe ziehen, was das Pferd noch mehr auf seine innere Schulter bringen würde. Dieses Beispiel zeigt, dass man bei statisch veränderten Pferden eine Menge anders machen muss, da in deren Körpern vieles nicht so funktioniert, wie es in den guten alten Lehrbüchern steht.

MUSKELKREISLÄUFE UND DEHNUNGSBEREITSCHAFT

Die Muskeltätigkeit und daraus resultierende Dehnungsbereitschaft sind das A und O für gesundheitserhaltendes oder sogar gesundheitsverbesserndes Reiten. Fehlt beides aufgrund statischer Mängel, muss zunächst durch gezielte Bewegungen ein Streckbedürfnis erzeugt werden, um die Voraussetzungen für eine nachhaltig sinnvolle Arbeit zu schaffen. Ihre Longenarbeit soll also alle Punkte, die die Tragfähigkeit des Rückens letztendlich ausmachen, unterstützen. Bekanntermaßen dient der Schweif nebst der Insektenabwehr auch als Stimmungsbarometer des Pferdes und zeigt vor allem, ob der Rücken einwandfrei „funktioniert". Zwar neigen Pferde bei Lektionen, für welche eine sehr hohe Körperspannung nötig ist, gerne zum Pinseln. Dies zeigt jedoch auch immer an, dass die Bewegungen zu wenig durch den Rücken hindurchgehen, also in der Wirbelsäule stecken bleiben. Deshalb ist gerade bei Pferden mit so tief liegender Wirbelsäule wie bei dem Haflinger auf S. 33 auffällig oft ein pinselnder Schweif zu beobachten. Das zeigt an, dass der Rücken in dieser Position funktionell eingeschränkt ist. Trotzdem können solche Pferde eine gute Bemuskelung sowie eine vernünftige Muskeltätigkeit zeigen. Eine kräftige Muskulatur ist also noch kein Beweis dafür, dass der Rücken im Körper auch als Bewegungszentrum „funktioniert".

Beide Pferde zeigen einen guten oberen Spannungsbogen. Das 9-jährige Pony ist in seiner Abwärtshaltung und Motorik stärker korrigiert und braucht viel Dynamik, um seinen züchterisch bedingt losen Rücken anheben zu können.

Der 26-jährige Haflinger zeigt bei genauem Hinsehen eine stärkere Abwärtshaltung seiner Wirbelsäule und steifere Hinterbeine. Diese macht er aber durch eine wesentlich höhere Stabilität wett. Stabile Pferde können mit losgelassener Muskeltätigkeit bis ins hohe Alter gesund bleiben.

Zusammengefasst erkennen Sie ein Pferd mit tätigen Muskelkreisläufen an folgenden Merkmalen:

- Der Gang ist taktmäßig, die Bewegungen wirken natürlich mit aktivem Hinterbein, welches vorwärts-aufwärts unter den Körper fußt.
- Die Nase bleibt in allen Haltungen an oder vor der Senkrechten.
- Die Gesäß-, Rücken- und Nackenmuskulatur arbeitet. Dadurch wird das Becken abgedreht, der Rücken angehoben und die obere Halskontur länger und gleichmäßig gerundet. Unterstützt wird dies durch die arbeitenden Rumpfstabilisatoren.
- Der Rücken wölbt sich entsprechend dem Bewegungsrhythmus auf. Dabei ist die Wirbelsäule mobil, schwingt aber nicht lose, sondern wird in positiver Körperspannung durchgespannt.
- Die Hinterhand tritt fleißig unter den Schwerpunkt. Dabei werden die Hinterbeine mit federnden Gelenken gut vom Boden abgehoben und die natürliche Gangmechanik der Hinterhand ist erkennbar.
- Der Schweif pendelt gleichmäßig.
- Das Pferd atmet regelmäßig.
- Der Gesichtsausdruck wirkt zufrieden (Augen, Ohrenspiel).
- Das Pferd kaut bei normaler Speichelbildung (übermäßiges Speicheln deutet auf Verspannungen hin).
- Zusammengefasst: Es ist ein „oberer Spannungsbogen" entstanden, in welchem sich das Pferd mit physiologisch arbeitender Muskulatur und entsprechend passender Körperspannung bewegt.

☞ BEISPIELE

Jede Lektion erfordert ihre optimale Muskelspannung, egal, ob man nun spielerisch eine Piaffe antestet, eine schwungvolle Traversale reitet oder gar Sprünge der hohen Schule in Vollendung zeigt.

Ein pinselnder Schweif kann ein Zeichen sein, dass die Bewegungen zu wenig durch den Rücken hindurchgehen, also in der Wirbelsäule stecken bleiben.

Die Handarbeit dient hier in erster Linie dazu, eine Verbindung vom Becken in den Rücken hinein zu schaffen.

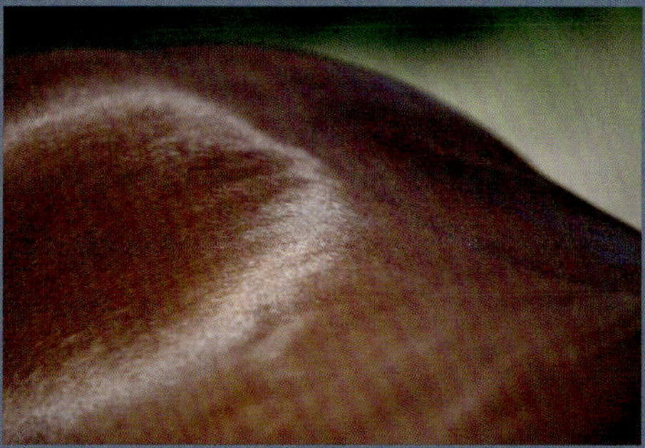

Sind Kreuzdarmbeingelenk und Lendenwirbelsäule aktiv, bekommt man mittelfristig einen tragfähigen Rücken.

DAS RÜCKENNACKEN-BANDSYSTEM

Der Rücken- und Nackenbereich des Pferdes wird durch ein ausgeklügeltes Bandsystem unterstützt. Von der Hinterhauptsschuppe des Schädels bis zu den Dornfortsätzen des Widerrists verläuft der ca. 4 – 5 cm starke, elastische Nackenstrang. Vom Ansatz des Nackenstrangs bis zu den Halswirbeln zieht sich ebenfalls sehniges Gewebe, die Nackenplatte. Nackenplatte und Nackenstrang bilden zusammen das Nackenband. Aus diesem entspringt das sehnige Rückenband, welches die Dornfortsätze der Wirbel des Rückens bis zum Kreuzbein miteinander verbindet.

Bislang ging man davon aus, dass die vorerwähnte Nackenplatte vom zweiten bis zum siebten Halswirbel reicht. Das würde auch absolut Sinn machen, da dieses Bandsystem ja den Halteapparat des Pferdes im vorderen Bereich unterstützen sollte. Dank umfangreicher Forschungen der Australierin Sharon May-Davis wissen wir heute, dass sich die Nackenplatte bei allen züchterisch beeinflussten Equiden progressiv zurückbildet. Einzig bei Eseln und Zebras sowie einzelnen über Generationen verwilderten Pferden wurden noch vollständig

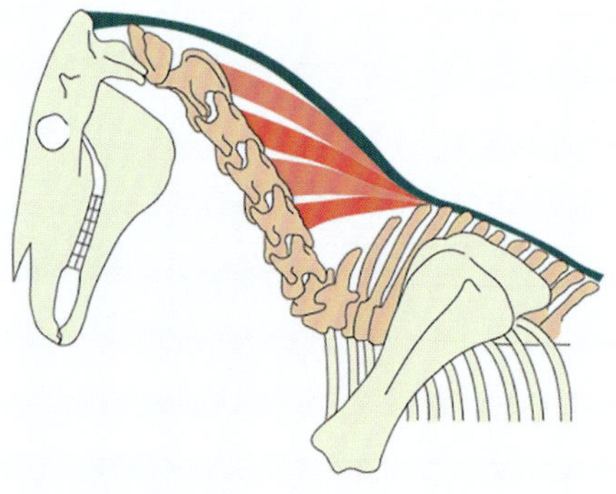

Das Nackenbandsystem. Grün: Nackenstrang; rot: Nackenplatte

Damit sich der vordere Rückenbereich im horizontalen Gleichgewicht strecken kann, muss sich das Nackenband mit den Nackenmuskeln dehnen. Das reicht aber noch nicht, um einen schwachen Rücken zu stabilisieren oder eine verstärkte Abwärtshaltung zu korrigieren.

entwickelte Nackenplatten gefunden. Bei vielen Pferden reicht diese aber nur noch vom zweiten bis zum fünften Halswirbel. Vor allem bei Vollblütern und deren Nachkommen ist das Gewebe der Nackenplatte bereits im Bereich des fünften Halswirbels meist stark ausgedünnt bis nicht mehr vorhanden. Das destabilisiert natürlich den gesamten Brustkorbbereich, wenn die Aufgaben der Nackenplatte nicht durch entsprechend gut trainierte und kräftige Muskeln übernommen werden. Gerade der stark belastete Bereich des Übergangs von der Hals- zur Brustwirbelsäule erfährt durch diese progressive Rückbildung der Nackenplatte eine deutliche Schwächung. Da der Brustkorb beim Pferd bekanntlich nur in Muskelschlingen aufgehängt ist und keine knöcherne Verbindung zu den Schultern hat, führt das bei mangelnder muskulärer Unterstützung also über kurz oder lang automatisch zum Absacken desselben.

Zudem finden sich durch diese Veränderungen bei zahlreichen Pferden auch deformierte vordere Rippen und asymmetrische Halswirbel C6 und C7. Das führt, vereinfacht gesagt, dazu, **dass die Muskeln nicht mehr richtig an diesen Knochen ansetzen können und dem Gehirn daher falsche Informationen über die Muskelspannung und damit die Körperhaltung übermitteln.** Nicht verwunderlich also, dass betroffene Pferde überdurchschnittlich oft eine sehr schlechte Körperhaltung zeigen. Damit erschwert sich bei solchen Pferden natürlich auch der Muskelaufbau.

Diese Fakten erklären auch, warum heute sogar Pferde, welche nur leicht freizeitmäßig genutzt werden, einen aufwändigen körperlichen Aufbau und nicht nur eine Grundausbildung benötigen. Ihr Halteapparat ist schlicht und einfach ohne die entsprechende muskuläre Unterstützung nicht tragfähig!

Hier hat das Pferd die Dehnung aufgegeben. Der Rücken sackt zusammen mit dem Brustkorb nach unten durch. Das Pferd fällt auf die Vorhand und schiebt sich in seiner Wirbelsäulenaufhängung zusammen. Dadurch geht auch die Bewegungsqualität verloren.

Bei diesem Pferd passiert noch das, was wir aus alten Lehrbüchern kennen: Das Pferd streckt sich deutlich im Nackenband. Dadurch dehnt sich der Rücken und die Hinterbeine werden vermehrt unter den Rumpf gezogen. Das ist eine positive Streckung, welche die Muskeln der Oberlinie dehnt.

So sieht das bei statisch veränderten Pferden aus: Der Hals geht zwar tief, aber die Hinterbeine stelzen steif daher, das Becken kommt nach oben. Dadurch verstärkt sich die Abwärtshaltung der Rückenlinie. In dieser Haltung dehnen sich die Muskeln der Oberlinie nicht, sondern verkürzen sich eher weiter.

Aufgrund dieser züchterischen Veränderungen der Strukturen des Halteapparates müssen wir also für das Verständnis der biomechanischen Zusammenhänge zwischen statisch günstig konstruierten Pferden mit einem guten Schwerpunkt und statisch ungünstig konstruierten Pferden mit vorgelagertem Schwerpunkt unterscheiden.

Dehnt sich beim statisch günstig konstruierten Pferd der Hals im Nackenbereich vor dem Widerrist, zieht das Nackenband mit den Nackenmuskeln die Dornfortsätze der vorderen Brustwirbel (= Widerrist und Wirbelsäulenaufhängung hinter dem Widerrist) nach vorne und oben. Die fleißig untertretende Hinterhand besorgt das Anheben des hinteren Rückens. Die Abstände zwischen den Dornfortsätzen vergrößern sich, der Rücken kann nun frei arbeiten.

So funktioniert das Rückennackenbandsystem bei einem statisch günstig konstruierten Pferd, welches richtig gearbeitet ist. Richtig bedeutet in diesem Zusammenhang, dass es genügend Rahmen in der Oberlinie hat, also nicht durch enge Hilfszügel oder eine feste Reiterhand verkürzt wird. Geht das Pferd also hinter dem Zügel, eng, eingerollt, oder aber auch über dem Zügel, kann das Nackenband seine Funktion nicht vollumfänglich wahrnehmen. Es ist dann nur ungleichmäßig gespannt, sodass gewisse Bereiche lose bleiben, während andere überspannt werden. Die Dornfortsätze werden dabei nur wenig oder gar nicht vorgezogen. Dadurch müssen die langen Rückenmuskeln ihre Grundspannung erhöhen, um das Reitergewicht tragen zu können. Dasselbe geschieht, wenn die Hinterbeine ihr natürliches Durchfedern verloren haben oder aber hinter dem Becken schieben. Mit steifem Hinterbein und hoher Kruppe bleibt der hintere Rücken fest.

Bei statisch veränderten Pferden, deren Rückenlinie züchterisch bedingt oder durch falsche Arbeit in einer verstärkten Abwärtshaltung verkürzt ist, geht der Hals zwar tief, aber die Hinterbeine stelzen steif daher. So kommt das Becken nach oben; bei manchen Pferden heben die Hinterbeine dabei geradezu ab. Durch das Hochschaukeln des Beckens verstärkt sich die Abwärtshaltung der Rückenlinie sogar. In dieser Haltung dehnen sich die Muskeln der Oberlinie nicht, sondern verkürzen sich eher weiter.

Genau dieses Problem zeigen die meisten modernen Pferde. Allerdings weniger, weil sie falsch gymnastiziert sind, sondern eher, weil ihre Körperproportionen ungünstig sind und ihre Hinterhandgelenke deshalb

falsch herum winkeln. Schieben zu lange, meist zudem steife Hinterbeine den Körper also vor sich her, greift das Rückennackenbandsystem nicht. Der Rücken bleibt entweder fest oder aber lose.
Ein ähnliches Problem stellt sich ein, wenn das Pferd einen überlangen Hals hat: Die Übersetzung über den Widerrist reicht dann nicht aus, um das Rückenband vorzuziehen. Der Rücken spannt sich also nicht von hinten nach vorne durch, sondern kann nach unten absinken. Deshalb ist es möglich, dass Pferde am Boden grasen, der Rücken aber wie eine Badewanne durchhängt. Hat ein Pferd also eine ungünstige Statik, funktioniert das Rückennackenbandsystem nicht, sodass der Rücken nicht gesund arbeiten kann. Daher zeigen solche Pferde meistens entweder eine Hohlkreuzsituation der Rückenlinie mit mäßiger Muskulatur oder eine generell tief liegende Wirbelsäule mit ebenso tief liegendem Brustkorb und zusammengeschobener Muskulatur. Diese ist oft auch vom Laien als ungenügende Muskelbildung zu identifizieren.
Ob dieses an sich ausgeklügelte Bandsystem den Bewegungs- und Halteapparat also ideal unterstützt, hängt neben der Körperhaltung auch von den körperlichen Proportionen eines Pferdes ab. Erlauben diese keine

Hier stimmt zwar die vordere Aufhängung durch das Rückennackenbandsystem, aber die Motorik ist zu schlecht, um den schwachen Rücken von hinten her zu stabilisieren. Denn auch dieses Pferd zeigt bereits eine ausgeprägte Abwärtshaltung des Rückens und kann sich somit nicht tragen.

☞ BEISPIELE

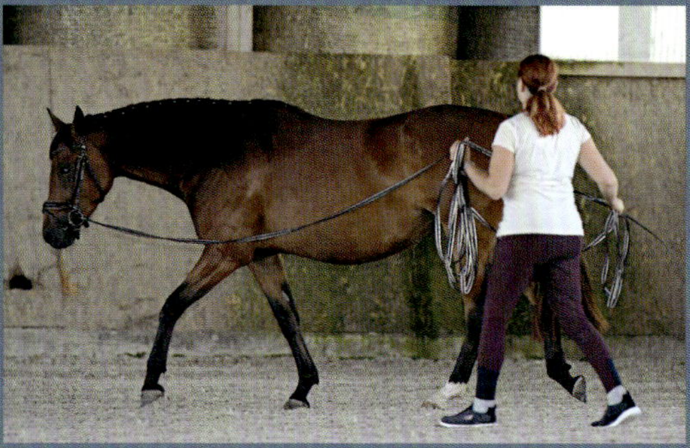

So ein lose hängender Hals ist nicht dazu geeignet, den vorderen Rücken anzuheben.

Hier arbeiten die Muskeln kräftiger, was sich auch am vorderen Rücken zeigt.

Links: Obwohl diese 22-jährige Stute mit viel Rahmen geritten wird, reicht das nicht, um den tief liegenden Rücken genügend anzuheben. Aufgrund der verstärkten Abwärtshaltung des Rückens müsste das Pferd noch deutlich mehr in die Last treten und dabei Becken und Rücken vermehrt stabilisieren. Das Rückennackenbandsystem kann also solche statischen Schwächen nicht ausgleichen. Dies muss über Muskelumdehnung geschehen, welche natürlich erfolgversprechender ist, wenn sie bereits bei jungen Pferden durchgeführt wird.

Ähnlich bei diesem modernen Reitpony: Das Rückennackenbandsystem reicht nicht aus, um dieses überbewegliche Skelett zu stabilisieren. Dazu braucht es die richtige Dynamik aus der umgeschulten Motorik.

Sobald sich die Haltung einer Arbeitshaltung oder der Versammlung annähert, übernehmen ohnehin die Nackenmuskeln zusammen mit den Rumpfstabilisatoren einen Großteil der Rumpfhebung.

optimale Unterstützung der Muskulatur durch dieses System, ist der Aufbau kräftiger Tragemuskeln umso wichtiger, damit das Skelett dennoch stabilisiert werden kann. Geschieht dies nicht bereits in der Grundausbildung, verschleißen solche Pferde oft noch bevor sie 10 Jahre alt sind. Ob das Nackenbandsystem richtig arbeitet, erkennen Sie an folgenden Details:

- Genick- und Nackenmuskulatur spannen an und ab. In der Aufrichtung spannt die Muskulatur kräftig an und ab und auch die unteren Muskelgruppen arbeiten mit. Sind diese jedoch verspannt, arbeitet das Rückennackenbandsystem nicht richtig.
- Die obere Halslinie verlängert sich gleichmäßig; ganz egal, ob das Pferd in der Tragehaltung den Hals relativ gerade trägt oder in der Versammlung rundet. Die Nackenmuskeln vor dem Widerrist und Rückenmuskeln hinter dem Widerrist sind gedehnt. Aus der Reiterposition erkennt man das daran, dass die Halsmuskeln direkt aus dem Widerrist heraus nach vorne breit verlaufen und sich nicht erst verjüngen und im Halsbereich wieder breiter werden. Sattelt man das Pferd ab, sind die Rücken- und Nackenmuskeln auch im Bereich des Sattels voll ausgebildet!
- Durch die Dehnung hebt sich der Halsansatz MIT dem gesamten Brustkorb an. Das heißt, der Übergang von der Brust- zur Halswirbelsäule hebt sich an und reduziert so die S-Form dieses Wirbelsäulenbereiches. Fällt das Pferd trotz hohem Widerrist auf seine Schultern oder verkürzt sich vor dem Widerrist, besteht keine Verbindung von hinten nach vorne; es fehlt also das nötige Durchspannen des Rückennackenbandsystems. Also muss der gesamte Brustkorb mit der Wirbelsäulenaufhängung (tiefster Punkt des Rückens hinter dem Widerrist) angehoben werden.
- Abhängig von der Halslänge bleibt die Nase vor oder höchstens an der Senkrechten. Pferde mit sehr langen Hälsen bleiben in der Balance oft sehr deutlich vor der Senkrechten und dürfen keinesfalls durchgestellt werden!
- Genick und Unterkiefer sind entspannt. Dadurch zeigt das Pferd eine gute Kautätigkeit. Sämtliche Abweichungen hiervon (z.B. überkauen, starkes Schäumen, Zähneknirschen etc.) zeigt an, dass die Muskulatur noch nicht richtig arbeitet.

Tritt der milzförmige Muskel (musculus splenius) als dicker Wulst hervor, ist dies ein deutliches Zeichen dafür, dass das Nackenbandsystem nicht richtig arbeitet. Dadurch sind die Kopfbeugemuskeln anstelle der Nackenmuskeln tätig. In diesem Fall verstärkt sich die S-Form der Halswirbelsäule, sodass der Brustkorb immer mehr nach unten gedrückt wird. Das Pferd kann so seine Rückenmuskeln nicht richtig nutzen. Deshalb trägt es den Reiter unphysiologisch und damit gesundheitsschädlich.

Die Dehnung der oberen Linie soll im Laufe der Ausbildung so weit verbessert werden, dass sie in jeder Haltung bestehen bleibt. Ein korrekt gehendes Pferd dehnt also seinen Hals und Rücken nicht nur beim Vorwärts-abwärts-Gehen, sondern auch in Arbeitshaltung bis in die hohe Versammlung und Aufrichtung hinein. Es benützt in höherer Haltung dafür jedoch vermehrt seine Nackenmuskeln, da das Nackenband selbst nur in Vorwärts-abwärts-Dehnung und in der geraden Tragehaltung zur Wirkung kommt. Auf diese Weise und bei tätiger Hinterhand bleibt der Rücken in jeder Haltung in seiner stabilen, tragfähigen Form und kann elastisch arbeiten; die Voraussetzung für qualitätsvolle Gänge, gute Rittigkeit, Durchlässigkeit und einen angenehmen Sitzkomfort. Und vor allem für einen gesunden Rücken und gesunde Beine.

☞ BEISPIELE

Tragehaltung

Leichte Dehnungshaltung

Arbeitshaltung

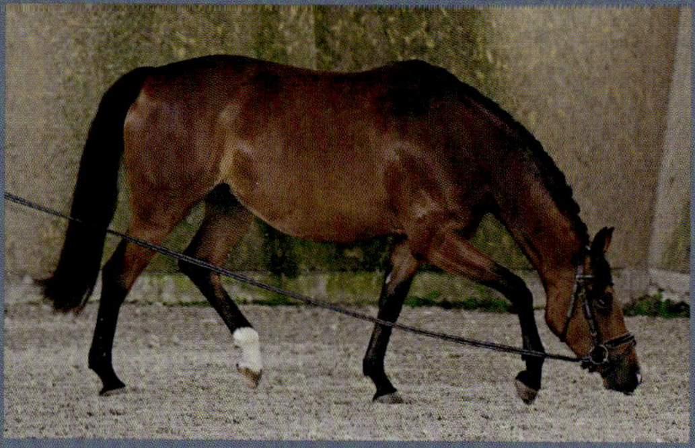

Aktive Streckung. Da der Rücken noch verkürzt ist, reicht diese noch nicht aus, um den Brustkorb mit dem vorderen Rücken ganz anzuheben.

Hier ist der Hals in einer natürlichen Haltung. Eine Tragehaltung kann daraus werden, wenn das junge Pferd lernt, mehr in die Last zu treten und diese durch arbeitende Hinterbeine abzufedern.

Ein zufriedenes Pferd hat einen gelösten Unterkiefer und trägt das Gebiss entspannt auf seinen Laden.

Stark verspannter Unterkiefer. Der hervortretende milzförmige Muskel zeigt, dass das Pferd sein Nackenbandsystem nicht nutzt.

DIE BEWEGUNGS- UND TRAGEMUSKULATUR

Die langen Rückenmuskeln können Sie links und rechts der Wirbelsäule gut ertasten. Sind sie und auch die Gesäßmuskeln tätig, kann die Hinterhand kraftvoll nach vorne durchschwingen. Die korrekte Dehnung der Oberlinie wirkt sich über den Zug der Gesäßmuskeln an den Hankengelenken zudem günstig auf die Hankenbeugung aus, sofern sich das Pferd in seiner gesamten Oberlinie dehnt (oberer Spannungsbogen). Zumindest, wenn sich das Pferd von seiner Körperhaltung her im horizontalen Gleichgewicht bewegt, also nicht „im Körper bergab" geht und seine Hinterbeine unter den Körper winkelt und nicht nach hinten oben. Denn derselbe Zug der Gesäßmuskeln an den Hankengelenken kann bei einer falsch herum laufenden Motorik die Sprunggelenke weit nach hinten oben ziehen. Damit passiert dann also genau das Gegenteil von dem, was man für eine gute Rückentätigkeit braucht.

Der breite Rückenmuskel hilft bei echter Rückentätigkeit mit, die Vorderbeine frei aus der Schulter heraustreten zu lassen. Daher gehen Pferde, die sich in diesem Bereich verspannen, oft gebunden oder fallen auf die Vorhand. Meist zeigen sie also wenig Schulterfreiheit. Werden Pferde mit verspannter Rückenmuskulatur so in Spannung gebracht, dass sie dennoch vermeintliche Schulterfreiheit zeigen, so werden die Vorderbeine aus dem Ellbogen nach vorne geschleudert. Da sich das Buggelenk dabei nicht öffnen kann, muss das Vorderbein zum Wiederauffußen zurückgezogen werden. Es „patscht" auf den Boden, was auf Dauer sehr verschleißträchtig ist.

Einen ganz ähnlichen Effekt hat die verstärkte Abwärtshaltung der Wirbelsäule, welche die meisten modernen Pferde haben. Durch den vermehrten Druck auf die Vorhand können die Pferde ihre Vorderbeine nicht mehr frei nach vorne bewegen und neigen oft zu schwerem, „patschigem" Auftreten oder flachen Bewegungen der Vorhand. Oft werden die Vorderbeine so wenig vom Boden gehoben, dass die Pferde zum Stolpern neigen, während gleichzeitig die Hinterbeine fast „abheben", was dem Betrachter Schwung vorgaukelt.

Die Bauchmuskeln dienen sowohl als Atmungs- als auch als Bewegungsmuskeln. Daher darf man das entspannte Abschnauben eines Pferdes auch als Zeichen werten, dass Muskeln zu arbeiten beginnen. Bitte

Bei einem gut bemuskelten Pferd finden sich kräftige Muskelpakete, welche die Dornfortsätze der Wirbelsäule gut „einpacken".

Ob die Rumpfträger richtig arbeiten, zeigt sich vor allem in der vorderen Sattellage. Allzu oft finden sich dort „Muskellöcher". Hier ist die Muskulatur bis nach vorne gut ausgebildet.

Die korrekte Dehnung der Oberlinie wirkt sich über den Zug der Gesäßmuskeln an den Hankengelenken günstig auf die Hankenbeugung aus, sodass sich das Pferd in seiner gesamten Oberlinie dehnt (oberer Spannungsbogen). Anders ausgedrückt: Wird der Rücken richtig gedehnt, werden die Hinterbeine vermehrt unter den Körper gezogen und beugen sich auch deutlicher in den Gelenken.

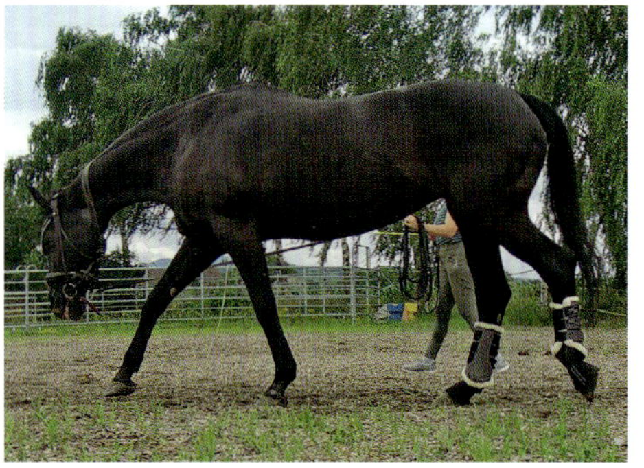

Doch Vorsicht: Aufgrund der verstärkten Abwärtshaltung der Wirbelsäule neigen entsprechend konstruierte Pferde dazu, in der Streckung zu kippen. Anstatt unter den Körper gezogen zu werden, werden die Hinterbeine steil gestellt und das Becken kommt nach oben. Dadurch fallt das Pferd auf die Vorhand und geht im Körper abwärts. Deshalb soll man die Streckung nur so lange zulassen, bis das Pferd kippt.

verwechseln Sie das nicht mit dem Schnauben aus Aufregung oder dem anfänglichen Schnauben, wie es viele Pferde mit chronischen Atemwegserkrankungen zeigen.
Bei statisch günstig konstruierten Pferden hilft vor allem im Galopp der Zug der Bauchmuskeln am Becken mit, das Kreuzdarmbeingelenk zu beugen und den ganzen Rücken nach oben zu spannen. Bei Pferden mit schiebender Hinterhandmotorik dagegen werden die Hinterbeine im Galopp nach hinten hinausgeschoben, sodass das Kreuzdarmbeingelenk eher überlastet wird und sich der Rücken in seiner Aufhängung hinter dem Widerrist stark nach unten drückt. Daher spannt bei solchen Pferden im Galopp der Rücken auch nicht nach oben durch.
Während ein statisch günstig gebautes Pferd sich mit diesen Muskelgruppen in Losgelassenheit über Jahre hinweg gesund im horizontalen Gleichgewicht bewegen kann, müssen bei einem statisch ungünstig konstruierten Pferd unbedingt **Tragemuskeln zugeschaltet** werden, **um die abwärts zeigende Wirbelsäule anzuheben und zu**

Leichte Dehnung mit angehobenem Halsansatz. Die Halshaltung passt zum Verlauf der Rückenwirbelsäule.

☞ BEISPIELE

Gut entwickelte Oberlinienmuskulatur eines Fohlens. Diese muss beim Reitpferd gesund erhalten werden.

Die Realität sieht leider sehr viel öfter so ähnlich wie hier aus.

Die Dehnung der Oberlinie muss in jeder Haltung erhalten bleiben. Hier im Vorwärts-abwärts.

Bei korrekter Dehnung entsteht ein oberer Spannungsbogen, der der Bewegungsmuskulatur die freie Arbeit ermöglicht. Hier in der Arbeitshaltung und in beginnender Aufrichtung.

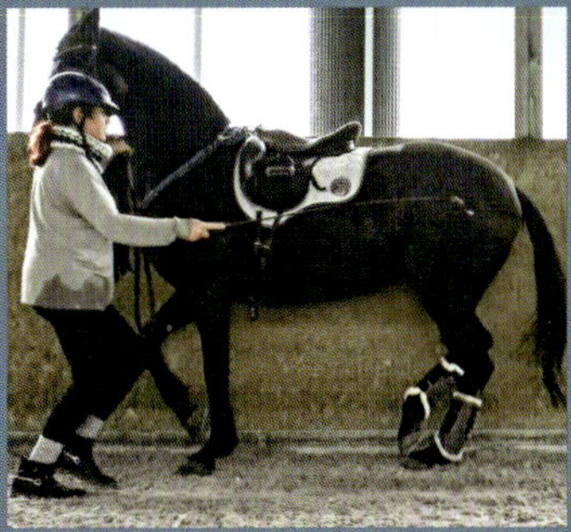

Dieses Pferd hat eine gute Tragemuskulatur aufgebaut. Diese erlaubt kraftvolle, ästhetische Bewegungen.

Links: Fertig geschultes Showpferd. Die Muskulatur ist perfekt durchtrainiert, die Bewegungen sind enorm ausdrucksvoll. Der obere Spannungsbogen ist ebenso ideal wie das Bewegungsmuster insbesondere der Hinterhand (Motorik). Damit kann sich das Pferd selbst tragen; es geht also in Selbsthaltung!

stabilisieren. Dabei sind in erster Linie die **Rumpfstabilisatoren** zu erwähnen. Denn wird ein Pferd nicht durch das reine Antreten in seinen Hinterbeinen hinten „kleiner" als vorne, muss es sich nicht nur hinten setzen, sondern vorne auch aktiv aufrichten, was vorerwähnte Rumpfstabilisatoren ins Spiel bringt. Ihnen kommt dann die Aufgabe zu, den Brustkorb anzuheben und zu stabilisieren.

Gute Rückentätigkeit erkennen Sie neben dem deutlichen An- und Abspannen der Rücken- und Gesäßmuskeln sowie dem Aufwölben der Wirbelsäule vor allem an der Motorik der Hinterhand. Meist gehen steife, schiebende Hinterbeine einher mit einem ebensolchen Rücken. Beginnt dieser zu arbeiten, können auch die Hinterbeine besser vorwärts-aufwärts unter den Rumpf treten, sodass die Bewegungen immer kadenzierter, elastischer und schwungvoller werden.

DER HALS ALS BALANCIERSTANGE

Wird dem Pferd durch das Feststellen des Halses die Möglichkeit genommen, die langen Rückenmuskeln, vor allem im Schritt, durch seine Halsbewegungen wechselseitig abzuspannen, so kann es seinen Reiter nur durch Festhalten dieser Muskelgruppe tragen. Funktionelle Rückentätigkeit ist nur möglich, wenn Halsbewegungen zugelassen werden und das Pferd sein Rückennackenbandsystem richtig, also als Halte- und Tragesystem für die Wirbelsäule, einsetzen kann. Nur so können Rücken und Hinterhand so weit in die Tragkraft geschult werden, dass die Ursache für Fehlhaltungen im Halsbereich (Anlehnungsfehler) beseitigt ist. Solange die Hinterhand nicht richtig trägt, zeigt der Hals als Balancierstange des Pferdes nämlich einfach an, was „hinten" im Argen ist. Stellt man ihn durch Hilfszügel

Das frei galoppierende Pferd demonstriert es: Der Hals dient ihm als Balancierstange. Zur Sicherstellung des Gleichgewichts wird er hier nach oben und außen genommen.

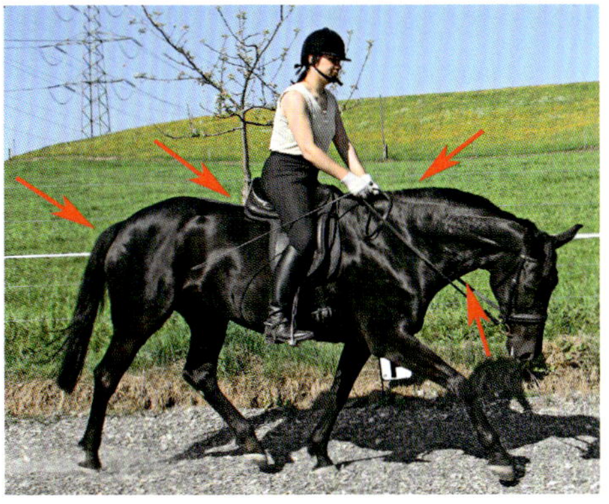

Im Vorwärts-abwärts soll das Pferd mit gut lang gedehnter Oberlinie aktiv an die Hand herantreten.

Auch in der Arbeitshaltung muss der obere Spannungsbogen sowie die diagonale Fußfolge erhalten bleiben.

oder die Reiterhand ruhig, müssen die Hinterbeine nach hinten ausweichen und das Becken dreht sich mit der Zeit um. Aus diesem Grund haben Hilfszügel beim Longieren nichts am Pferd zu suchen. Denn die Halshaltung (also das, was vorne „heraus" kommt) zeigt dem aufmerksamen Trainer recht genau die Lage der Wirbelsäule im Körper an. An der Halshaltung kann man also erkennen, zu welcher Seite das Pferd schief ist und ob der Spinalkanal tief oder normal liegt. Wichtig ist in diesem Zusammenhang auch, dass die Halshaltung zur Lage der Rückenwirbelsäule passt. Als Beispiel: Hat ein Pferd einen tief liegenden Rücken (unter anderem rassetypisch bei Welsh-Cob und Friesen, aber auch vielen anderen Rassen) und nimmt den Hals zu hoch (aufgesteckte Haltung, typisch für solche Pferde), so wird die Wirbelsäule in ihrer Aufhängung noch tiefer ins Pferd gedrückt. Damit die Halshaltung also zur tiefen Lage der Wirbelsäule im Rückenbereich passt, sollte der Hals bei solchen Pferden eher gerade aus dem Widerrist nach vorne genommen werden (Tragehaltung). So kann das Pferd sich am leichtesten ausbalancieren, ohne sich auf der Longe oder der Reiterhand abzustützen. Um allerdings erst mal in diese Tragehaltung zu kommen, muss einiges an Vorarbeit geleistet werden, wo Sie die Halshaltung auch immer wieder korrigieren müssen, um Ihrem Pferd zu helfen, seine Balance zu finden. Der Hals wird also dann ruhig getragen, wenn das Pferd in der Lage ist, sich selbst zu tragen. Hält der Reiter ihn ruhig, wird das Pferd sich nie selbst tragen können.

Das Fohlen macht uns vor, wie es sein sollte: Um sich auf der Hinterhand tragen zu können, muss sich der Hals aufrichten. Beachten Sie die stark gebeugten Hanken, den aufgerichteten Rücken und die mustergültige Tätigkeit der Nackenmuskeln, die letztendlich beim Reitpferd die Tragfähigkeit des Rückens ausmachen.

HALTUNG UND ANLEHNUNG

Möchte man Pferde beim Longieren nicht nur bewegen, sondern ihre Körperhaltung verbessern, spielen Haltung und Anlehnung eine wesentliche Rolle.

Die Haltung beim Longieren soll beim statisch günstig gebauten Pferd zumindest durch die Dehnung der oberen Linie gekennzeichnet sein. Damit sind solche Pferde meist tragfähig und bleiben gesund. Statisch ungünstig gebaute Pferde und solche, welche weit in die Tragkraft geschult werden sollen, müssen sich nicht nur etwas dehnen, sondern durch eine aktive Streckung ihren Rücken regelrecht durchspannen; so wird er wesentlich tragfähiger als bei rein losgelassener Muskeltätigkeit. In beiden Fällen soll ein oberer Spannungsbogen entstehen. Da moderne Pferde mit starker Abwärtshaltung des Rückens sich jedoch aufgrund ihrer Statik im Körper abwärts bewegen, wird die Haltung im täglichen Training zunächst oft von diesem Ideal abweichen. Gerade deshalb ist es auch so wichtig, dass man nach jeder Parade die Finger öffnet, sodass das Pferd in keiner Haltung festgehalten wird und dazu angeregt wird, seine Muskeln stets frei zu bewegen.

Die (Körper-)Haltung wird außerdem durch die Beugung der großen Gelenke der Hinterhand, der Hanken, bestimmt. Geschickte Trainer können auch an der Longe die Hinterhandmotorik so weit verbessern, dass Versammlung und Aufrichtung erreicht werden können. Je besser die Motorik wird, desto stärker kann das Pferd seine Körperlast durch seine Hanken abfedern. Das muss allerdings nicht bedeuten, dass die Gelenke extrem gebeugt werden sollen. Zu starke Beugung, vor allem der unteren, schwächeren Gelenke, führt zu vorzeitigem Verschleiß. Anzustreben ist deshalb, dass die Pferde lernen, ihr Becken anzuziehen, sodass die oberen Gelenke, hinten also das Hüftgelenk, stabil arbeiten. Dieses Gelenk wird durch kräftige Muskeln unterstützt und ist daher sehr viel belastbarer als Knie- und Sprunggelenk.

Diese vermehrte Lastaufnahme der Hinterhand ist aber bei modernen Pferden nur die Hälfte der Miete. Bei ideal konstruierten Pferden sollte der Höhenunterschied vom Hüft- zum Buggelenk im Stand nur so viel betragen, wie durch das Anwinkeln der Hinterbeine in der Bewegung ausgeglichen werden kann. Bei modernen Pferden ist die Abwärtshaltung meistens so gewaltig, dass dieser Höhenunterschied selbst bei gutem Durchfedern ihrer Hinterhandgelenke immer noch beträchtlich bleibt. Also muss dieser noch durch eine zweite Bewegung ausgeglichen oder zumindest abgeschwächt werden: das Anspannen der Rumpfstabilisatoren. Lernt das Pferd, diese aktiv zu nutzen, kann es seinen Brustkorb mit dem Halsansatz damit deutlich weiter anheben (Aufrichtung), als dies durch die reine Hankenbeugung (Versammlung) möglich wäre. Bei statisch ideal konstruierten Pferden ist die Versammlung die Aufrichtung (relative Aufrichtung). Ganz anders bei statisch ver-

Das Pferd hat im Galopp noch Mühe, in die Last zu springen. Es drückt aber seine Rückenlinie gut nach oben, was dazu führt, dass es hier deutlich in die Reiterhand hineinspringt. So kann sich der Rücken von hinten nach vorne durchspannen. Völlig falsch wäre es, das Pferd vorne durchs Genick zu stellen, da es dann mit der Hinterhand nach hinten ausweichen und im Rücken nach unten nachgeben müsste.

änderten Pferden mit verstärkter Abwärtshaltung. Hier ist die Versammlung nicht mehr mit der Aufrichtung gleichzusetzen. Erschwerend kommt hinzu, dass die meisten modernen Pferde eine viel zu bewegliche Wirbelsäulenaufhängung haben. Damit ist nicht nur der Brustkorb überbeweglich, sondern auch die Wirbelsäule im vorderen Bereich. Je nach Bewegungsphase sprechen wir hier von 10 Zentimetern und mehr! Deshalb kommt mit dem Widerrist auch nicht mehr automatisch der vordere Rücken mit hoch. Also muss das Pferd lernen, AKTIV seine Rumpfstabilisatoren einzusetzen und sich vorne aufzurichten! Nur so kann schädlicher Druck von der Vorhand weggenommen werden. Ein Pferd, welches erfolgreich in die Tragkraft gebracht wurde, bewegt sich durch das vermehrte Federn der Gelenke fast unhörbar. Trampeliges Auftreten der Vorderbeine ist dagegen ein Zeichen starker Vorderlastigkeit.

Der aktive Einsatz der Rumpfstabilisatoren ist noch aus einem weiteren Grund absolut notwendig geworden: Dadurch, dass der Halteapparat moderner Pferde unter anderem durch das Fehlen eines Teils der Nackenplatte sowie Fehlbildungen weiterer Strukturen geschwächt ist, liegt bei den meisten Pferden der Brustkorb viel zu tief, solange keine kräftige Tragemuskulatur aufgebaut ist. Dadurch wirken die ohnehin meist schon im Verhältnis zum übrigen Körper zu langen Hinterbeine noch länger; sie haben unter dem Rumpf gar keinen Platz! Also müssen sie entweder nach hinten oder seitlich ausweichen. Das ist natürlich ein großes Problem: Laufen die Hinterbeine hinter

dem Becken, schiebt sich das Pferd auf seine Vorhand und der Rücken ist nicht stabilisiert. Liegt der Brustkorb tief, haben die Hinterbeine keinen Raum, um unter den Rumpf zu fußen. **Also muss man sich die Vorhand und Hinterhand wie zwei Zahnrädchen vorstellen, an welchen man immer wieder ein paar Millimeter herumdreht, bis sie aufeinander abgestimmt sind!** Anders geht es leider nicht mehr.
Aufgrund dieser statischen Veränderungen dürfen die Pferde beim Longieren nicht mehr nur vorwärts-abwärts gehen. In dieser Haltung werden die Rumpfstabilisatoren viel zu wenig angesprochen. Die Haltung

Bei so tiefer Halshaltung besteht die Gefahr, dass das Pferd auf die Vorhand gerät.

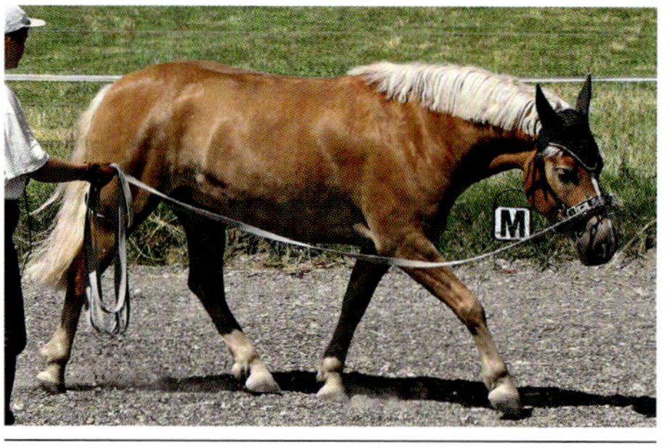

Natürliche Halshaltung eines jungen Pferdes. Der Halsansatz ist abgehoben, der Hals wird in moderater Höhe getragen. Die Vorderbeine fußen frei aus der Schulter nach vorne. Deutlich zu sehen ist jedoch die starke Abwärtshaltung der Wirbelsäule. Diese sollte im Verlauf der Ausbildung korrigiert werden.

des Genicks orientiert sich bei der Longenarbeit also an der Haltung beim Reiten. Beim korrekt ausgebildeten Pferd, das unter dem Reiter mit der Hinterhand Last aufnimmt und sich relativ zur erreichten Hankenbeugung aufrichtet, ist das Genick automatisch der höchste Punkt. Beim Longieren muss bei modernen Pferden zumindest das Erreichen einer Tragehaltung angestrebt werden. **Wesentlich bei der Korrektur der Halshaltung ist, dass sich diese immer am Verlauf der Rückenwirbelsäule orientieren muss; bei den meisten Pferden wird der Hals in der Tragehaltung relativ gerade aus dem Widerrist getragen.**
Zur Haltungskorrektur darf und muss die Halshaltung zwar immer wieder nach oben korrigiert werden; allerdings nur so hoch, dass der Brustkorb und der vordere Rücken mit angehoben werden.
Nie darf man so hoch gehen, dass der Rücken in seiner Aufhängung (tiefster Punkt des Rückens hinter dem Widerrist) nach unten gedrückt wird. Arbeitet man an der Grenze, passiert das natürlich immer wieder. Deshalb ist es nötig, nach JEDER Parade die Finger zu öffnen und das Pferd ein paar Schritte selbstständig arbeiten zu lassen. Wichtig ist, dass man an diese Grenze auch nur herangehen darf, solange man an der Longe arbeitet. Unter dem Sattel, also mit Gewichtsbelastung, sollen sich die Pferde so wenig wie möglich aufstecken. Dabei wäre die Gefahr zu groß, dass man in eine absolute Aufrichtung kommt, bei welcher der Übergang der Hals- zur Brustwirbelsäule sowie der vordere Rücken in seiner Aufhängung verkürzt werden.
Um die Haltung beeinflussen zu können, benötigen Sie auch zum Longieren eine Anlehnung. Anlehnung entsteht dann, wenn das Pferd seine Muskeln dehnt und seine Wirbelsäule dadurch in eine gestreckte Position kommt. Das wiederum erreichen

☞ BEISPIELE

Hier entspricht die recht gerade aus dem Widerrist herauskommende Halshaltung ungefähr dem Verlauf der Wirbelsäule im Rückenbereich (Tragehaltung). Das Pferd zieht hier aktiv zur Reiterhand, sodass eine gute Anlehnung entsteht.

Die dynamisch arbeitende Hinterhand hilft, den Brustkorb anzuheben. Deshalb darf hier auch die Halshaltung höher sein. Hier sind wir im Bereich zwischen einer Arbeitshaltung und einer relativen Aufrichtung. Gerade bei so instabilen Pferden ist es wichtig, dass sie aktiv zur Reiterhand herantreten und nicht lose in ihrer Oberlinie bleiben.

Auch hier im Mittelschritt passt die Halshaltung genau zum Verlauf der Rückenwirbelsäule. Die Anlehnung ist fein, aber dennoch gleichmäßig.

Hier hebt sich der Brustkorb relativ zur Tätigkeit der Hinterhand an. Ob die Haltung zum Verlauf der Wirbelsäule passt, kann man an der Muskulatur ablesen. Hier wächst der Hals schön aus dem Widerrist heraus nach vorne oben. Die Reiterhand gibt zur Überprüfung der Selbsthaltung nach, sodass die Anlehnung in diesem Moment eher lose ist. Das funktioniert bei so instabilen Pferden nur dann, wenn das Becken mit dem Rücken stabil verbunden ist und das Pferd seine Rumpfstabilisatoren genügend anspannt, um den Rücken durchgespannt zu lassen.

Sie dadurch, dass Sie die Hinterbeine Ihres Pferdes so aktivieren, dass es eine Streckung seiner Wirbelsäule sucht. Es darf also weder zu eilig werden und die Balance verlieren, noch untertourig werden oder nach innen fallen. Vielmehr soll es aktiv in die Last treten. Versuchen Sie, Anlehnung zu erreichen, indem Sie die Longe immer kürzer fassen, bis Sie das Pferd an der Hand spüren, wird es nach innen kommen und Ihnen auf den Füßen herumtreten. Da es bei unseren früheren, stabileren Pferden meist ausreichte, sie in der Längsbiegung in eine Dehnungshaltung zu bringen, haben wir früher meist mit dem Kappzaum gearbeitet, mit dem diese Haltung sehr gut erreicht werden kann. Wie bereits erklärt, reicht es bei modernen Pferden nicht mehr aus, sie so weit zu lösen, dass ihre Hinterhandgelenke in der Bewegung durchfedern, um sie ins horizontale Gleichgewicht zu bekommen. Richten wir also unsere Pferde vorne nicht zusätzlich auf, trennt sich aufgrund der losen Wirbelsäulenaufhängung der Brustkorb vom Rücken und die Pferde fallen auseinander. Folge ist dann über kurz oder lang meistens unter anderem eine Trageerschöpfung. Um dem entgegenwirken zu können, benötigen wir also ein Werkzeug, mit welchem man auch **aufrichtende Paraden** geben kann. Für diesen Zweck nutzt man seit jeher die Trense.

RELATIVE UND ABSOLUTE AUFRICHTUNG

An dieser Stelle möchte ich auch klarstellen, was ich unter „**Aufrichtung**" verstehe. Herkömmlich kennt man die relative Aufrichtung, bei der sich das Pferd relativ zur erreichten Hankenbeugung in der Vorhand

Relative Aufrichtung: Die Aufrichtung ist relativ zur erreichten Hankenbeugung. Die Wirbelsäule ist dabei gestreckt. Bei statisch günstig konstruierten Pferden ist die Versammlung gleichbedeutend mit der Aufrichtung. Statisch ungünstig konstruierte Pferde müssen dagegen versammelt UND aufgerichtet werden, um den enormen Höhenunterschied der oberen Gelenke (Hüft- und Buggelenk) auszugleichen.

Dieses Pferd geht, wie heute leider im Sport üblich geworden, in absoluter Aufrichtung. Der Hals ist also wesentlich höher eingestellt, als dies der stark abwärts weisende Verlauf der Rückenwirbelsäule gebietet. Die Oberlinie verkürzt sich. Dabei schiebt sich die Wirbelsäule zusammen. Da das Pferd so in einer Hohlkreuzsituation gehen muss, fehlt für die Hinterbeine der Raum unter dem Rumpf. Diese müssen entsprechend nach hinten ausweichen. So wird das Bewegungsmuster gestört und das Pferd zeigt sein Unbehagen u. a. an seiner Schweifhaltung.

Absolute Aufrichtung: Auch hier wird das Pferd mit der Hand aufgerichtet und dabei eng gezogen. So muss die Hinterhand nach hinten ausweichen. Das Becken stellt sich dabei nach hinten oben und die Hinterhand wird in eine Position gebracht, in welcher sie den Körper nur vor sich her schieben kann. Bei diesem Pferd macht sich der Rücken fest, sackt aber noch nicht nach unten ab. Gesichtsausdruck, Maul und Schweif zeigen deutliches Unbehagen. Auch der durchgedrückte vordere Fesselkopf zeigt die Fehlbelastung im Körper.

anhebt. Seit jeher unerwünscht, jedoch immer wieder praktiziert, wird die absolute Aufrichtung. Bei dieser wird über das Hochnehmen des Halses Druck auf das Becken des Pferdes ausgeübt, um dieses verstärkt in seiner Hinterhand setzen zu können. Durch dieses Hochnehmen des Halses hat der Reiter einen Hebel gegen die Hinterhand; das Pferd hat so nicht mehr die Kraft, sich gegen das Setzen zu wehren. Der große Nachteil ist, dass die absolute Aufrichtung oft bei Pferden praktiziert wird, welche in der Hinterhand dafür gar nicht genügend gymnastiziert sind. Deshalb nehmen die Pferde dabei den Hals rückwärts hoch, was den Nackenbereich und den vorderen Rücken verkürzt. In der Folge wird der Übergang der Brust- zur Halswirbelsäule genauso verkürzt und durch die Rückwärtsbewegung des Halses ebenso der vordere Rücken in seiner Aufhängung. Außerdem ist es in der absoluten Aufrichtung möglich, die Hinterhandgelenke mehr zu beugen (Setzen des Pferdes), als diese vom Gymnastizierungsgrad her aushalten können. Die Gelenke können so regelrecht verwinkelt werden. Sind sie nicht stabil genug, ist vorzeitigem Verschleiß genau wie im Rückenbereich Vorschub geleistet. Gerade im Sport wurde die absolute Aufrichtung über Jahrzehnte eingesetzt, um spektakulärere Leistungen zu erreichen. Pferde mit stabilem Rücken und vor allem stabiler Wirbelsäulenaufhängung konnten auch in dieser fehlerhaften Aufrichtung alt werden. Da aber moderne Pferde häufig überbewegliche Wirbelsäulen haben und durch die raumgreifenden Bewegungen und das stark dehnfähige Bindegewebe der lose in Muskelschlingen aufgehängte Brustkorb ein starkes Spiel hat, senkt sich dadurch der Brustkorb auch gerne ab. Damit hat auch die Wirbelsäulenaufhängung, also der tiefste Punkt der Wirbelsäule hinter dem Widerrist, extrem viel Spiel.
Bei solchen Pferden funktioniert Schummeln in der Aufrichtung also nicht mehr. Sie macht solche Pferde instabil und damit ganz schnell krank.

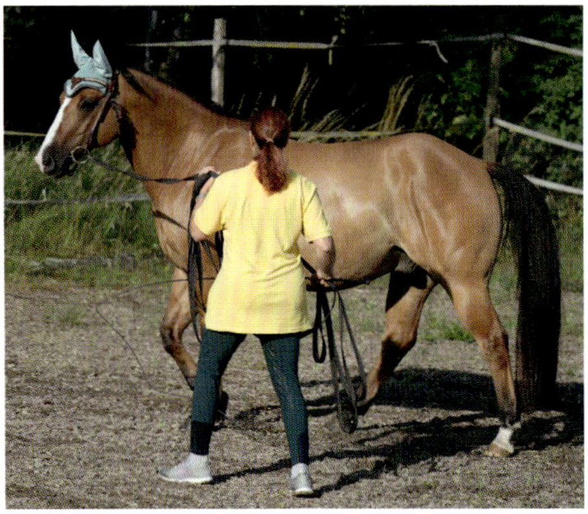

Um eine Wirbelsäule bei statisch ungünstig konstruierten Pferden zu strecken UND anzuheben, braucht es viele Bewegungen. Bringt man die richtige Energie in die Hinterhand und stellt das Becken besser hin, darf man den Hals auch höher nehmen, als der Verlauf der Rückenwirbelsäule dies normalerweise gebieten würde. Das wird zunächst nur ohne Belastung durch ein Reitergewicht gemacht. Unter dem Sattel sollten dies nur Könner tun, welche sicher fühlen können, an welchem Punkt sich die Wirbelsäule noch anhebt und wo die Aufrichtung zu viel wird, sodass sich die Wirbelsäulenaufhängung nach unten drückt.

WELCHE AUFRICHTUNG BRAUCHEN WIR FÜR DEN KÖRPERLICHEN AUFBAU?

Was genau meine ich also mit Aufrichtung? Dazu muss ich nochmals etwas ausholen. Aufgrund des teilweise exzessiv schiebenden Bewegungsablaufs moderner Pferde und der daraus entstehenden nach hinten oben verschobenen Beckenstellung winkeln die meisten Pferde ihre Sprunggelenke nach hinten oben anstatt nach vorne oben. Setzt man sie also, versuchen sie verkehrt herum, also nach hinten oben zu winkeln; und damit hinter ihrem Becken. Vorwärts-aufwärts unter ihren Körper können sie zu Beginn des Umtrainierens oft gar nicht treten. Zudem erschwert die Überlänge der großen Hinterhandknochen diesen Bewegungsablauf. Somit können solche Pferde sich zunächst überhaupt nicht relativ aufrichten. Des Weiteren beträgt ja der Höhenunterschied vom Hüftgelenk zum Buggelenk teilweise bis zu 30 oder noch mehr Zentimeter. So ein Pferd müsste sich also nicht nur in den Hanken beugen, sondern komplett in die Hocke gehen, um diesen Höhenunterschied auszugleichen. Diese Feststellungen legen nahe, dass die Versammlung bei weitem nicht mehr reicht, um Pferde ins Gleichgewicht zu bringen. Da wir nun gesehen haben, dass diese Pferde ihre Hinterhandgelenke zu Beginn des Umtrainierens gar nicht richtig winkeln können, um eine relative Aufrichtung zu erreichen, und sich die absolute Aufrichtung verbietet, weil sie das Skelett zusammenschiebt, brauchen wir also eine dritte Art von Aufrichtung, welche ich meine, wenn im weiteren Verlauf des Buches von Aufrichtung gesprochen wird. **Gemeint ist also, dass der gesamte Brustkorb mit den Schultern, dem Widerrist, der Wirbelsäulenaufhängung (vorderer Rücken) und dem Halsansatz mit angehoben werden muss.** Diese Art von Aufrichtung ist ausschließlich zu erreichen, wenn die Wirbelsäule aktiv, gestreckt und in dieser Streckung angehoben ist.

☞ BEISPIELE

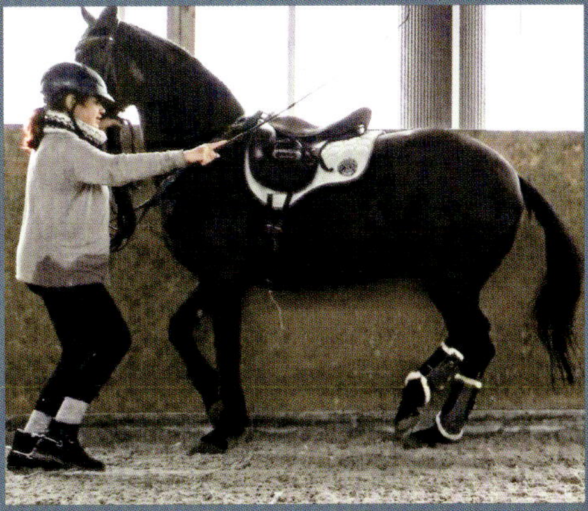

Wird das Becken in der Piaffe so hingestellt, dass sich die Hinterhandgelenke richtig winkeln können, ist der nächste Schritt, diese Bewegung über die Lendenwirbelsäule bis nach vorne in die Brustwirbelsäule zu bringen. Das erfordert viel Kraft und Balance. Gelingt es, hebt sich die gestreckte Wirbelsäule langsam an. Wie sensibel diese Angelegenheit ist, zeigt das linke Bild. Nach krankheitsbedingter zweimonatiger Pause hat das Pferd stark Tragemuskeln abgebaut und ist hier zwar in der Lage, die Gelenke richtig zu winkeln, aber nicht mehr, die Lendenwirbelsäule dabei korrekt anzuheben. Das Anheben der Wirbelsäule muss man sich also erarbeiten. Denn ohne diese Rückendehnung gibt es keinen körperlichen Aufbau!

Links: Wird das Pferd aufgefordert, seine Wirbelsäule anzuheben, und schafft es das nicht, versucht es oft durch ein solches Anheben den Rücken nach oben zu bekommen. Solche Sprünge können helfen, den Rücken nach oben aufzudehnen. Das ist eine gute Gymnastik für Hinterbeine und Rücken. Man sollte es aber nicht übertreiben.

Links: Bei diesem fertig ausgebildeten Showpferd ist die Wirbelsäule gestreckt und in der Streckung angehoben. Das Pferd ist also in seinem Körper aufgerichtet. Im Gegensatz zum rein versammelten Pferd werden hier die oberen Gelenke vermehrt belastet und die schwächeren unteren Gelenke sichtbar entlastet.

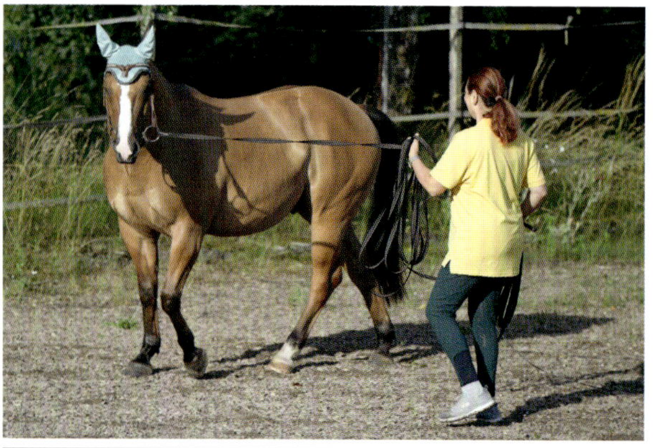

Deutliche Anlehnung, wenn gerade eine Parade gegeben wird

Das Nachgeben nach einer Parade. Nur wenn jeder Parade ein Öffnen der Finger folgt, kann das Pferd seine Muskeln frei bewegen und lernen, selbstständig zu arbeiten.

Gleichmäßige Führung, wenn gezielte Bewegungen ausgelöst werden sollen

Richten Sie eine verkürzte Wirbelsäule auf (eine hängende genauso wie eine zusammengeschobene), kommt nur der Hals hoch und die Wirbelsäule verkürzt sich weiter. Also müssen Sie zuerst immer genügend Streckung in der Wirbelsäule haben, damit Sie diese anheben können. Das ist für ein erfolgreiches Training unerlässlich, weshalb Sie sich diese Zusammenhänge unbedingt merken müssen. Wenn ich also künftig von „Aufrichtung" spreche, sind genau diese biomechanischen Vorgänge im Körper gemeint. Wie Sie diese Aufrichtung in den Pferdekörper bringen, erfahren Sie später.

ANLEHNUNG

An dieser Stelle müssen Sie noch wissen, wie die Anlehnung aussehen soll, welche Sie zum Erarbeiten einer guten Haltung benötigen. Anstelle der Zügel stellt beim Longieren die leicht anstehende Longe die Anlehnung sicher, deren Stärke je nach Aufgabenstellung variiert. Aufgrund ihres Eigengewichtes kann die Longe nur mit Kraft vollständig gespannt werden. Daher sollte sie nie für längere Zeit ganz gespannt sein. Für eine punktgenaue Einwirkung reicht es, wenn die Longe leicht, gleichmäßig und elastisch ansteht. Da Sie mit der Longe Paraden geben müssen, macht es keinen Sinn, diese durchhängen zu lassen, es sei denn, Sie möchten kurz die Selbsthaltung Ihres Pferdes überprüfen. Eine höhere Kopfhaltung können Sie erreichen, indem Sie die Energie, welche Sie in die Hinterhand bringen, vorwärts-aufwärts umlenken, also eine Parade nach vorneoben geben. Diese soll geschmeidig gegeben werden. Je besser Sie die Parade durch Ihren eigenen Körper fließen lassen, desto besser kommt sie an.

☞ BEISPIELE

Leichte Anlehnung bei mehr Distanz

Durchrutschende Longe, um die Streckung zu erlauben

Leicht anstehende Longe auf größerer Zirkellinie, um genau führen zu können

Sehr leichte Führung beim Aktivieren der Hinterhand

Das ist keine Anlehnung. Das junge Pferd ist nach innen gekippt und muss nach außen getrieben werden, um die Anlehnung wiederherzustellen.

DIE BEWEGUNGSMECHANIK DER HINTERHAND (MOTORIK)

Korrektes Durchfedern der großen Hinterhandgelenke vorwärts-aufwärts unter den Körper kann nur zustande kommen, wenn die Statik das erlaubt und die natürliche Gangmechanik des gesunden und unverdorbenen Pferdes erhalten geblieben ist. Besitzen Sie ein Pferd mit Statikschwächen oder wurde die Motorik durch Ausbildungsfehler zerstört, muss diese umtrainiert werden, wenn man keinen vorzeitigen Verschleiß riskieren möchte. Denn Mängel in der Motorik verhindern, dass ein Pferd im Rücken richtig arbeiten kann. Wird ein schiebender Bewegungsablauf nicht umgeschult, bleibt ein Pferd sein Leben lang auf seiner Vorhand. Um mit seinen großen Hinterhandgelenken Körperlast abfedern zu können, müssen solche Pferde also lernen, ihr Becken in eine Position zu bringen, in welcher die großen Hinterhandgelenke vorwärts-aufwärts unter den Rumpf fußen können. Das geht nur, wenn die Hinterbeine unter dem Becken tragen, und nicht, wenn sie hinter dem Becken schieben. Doch um eine schiebende von einer tragend-aktiven Motorik unterscheiden zu können, muss man zunächst wissen, wie der natürliche Bewegungsablauf der Hinterhand bei

Vorschwingen in gebeugter Haltung

Im Moment des Auffußens ist das Hüftgelenk maximal gebeugt.

Durchfedern der Gelenke während der Aufnahme der Körperlast: hier beim auszubildenden Pferd

einem statisch günstig konstruierten Pferd aussieht. Dieser teilt sich in allen Gangarten in vier Phasen.
Zunächst schwingt das Hinterbein in Beugehaltung vor. Wenn die Hintergliedmaße auffußt, ist das Hüftgelenk maximal gebeugt, ohne dass Knie- und Sprunggelenk voll gestreckt wären. Während das aufgesetzte Hinterbein die Körperlast übernimmt, federt die ganze Gliedmaße in allen Gelenken leicht durch. Beim Abschieben streckt sich dann das Bein in allen Gelenken.
Das Durchfedern am belasteten Stützbein ist die Grundvoraussetzung für die spätere Erarbeitung einer deutlicheren Hankenbeugung. Sie darf deshalb vom Pferd nicht abgekürzt werden, was oft aus gesundheitlichen oder Bequemlichkeitsgründen geschieht oder bei modernen Pferden aufgrund ihrer statischen Schwächen praktisch normal geworden ist. Die als Hankenbeugung bekannte vermehrte Lastaufnahme der stützenden Hintergliedmaße entsteht durch die Verlängerung dieser Phase des Durchfederns, also das verlängerte Aushalten der Beugung der großen Hinterhandgelenke.
Unterstützt wird dieser Vorgang durch das **Anziehen des Beckens.** Im Gegensatz zum Abkippen des Beckens kann das jedem Pferd antrainiert werden. Der Unterschied besteht darin, dass ein angezogenes Becken den Übergang des Beckens in den Rücken und somit den gesamten Rücken schließt und die Pferde im Kreuzdarmbeingelenk so stabilisiert werden, dass das Hüftgelenk arbeitet und die schwächeren unteren Gelenke geschont werden. Das in der klassischen Reitkunst erwünschte Abkippen führt zwar zu einer spektakuläreren Hankenbeugung.

Durchfedern der Hintergliedmaße am belasteten Bein in Vollendung beim ausgebildeten Pferd

Strecken aller Gelenke der Hintergliedmaße beim Abschieben

Piaffe mit abgekipptem Becken. Das Pferd stellt sich in die Bergziege, was einem Gleichgewichtsverlust gleichkommt.

Piaffe mit angezogenem Becken: Das Pferd behält seine vier Beine in den Beinachsen, stützt also seinen Körper damit in sicherer Balance ab.

Jedoch schafft es keine stabile Verbindung des Beckens in den Rücken, da das Pferd im Kreuzdarmbeingelenk gerne überspannt wird. Während man stabile Pferde grundsätzlich auf alle möglichen Arten ausbilden kann, spielt das bei weniger stabilen, von Natur aus nicht tragfähigen Pferden eine ganz wesentliche Rolle. Problematisch für die Tragfähigkeit eines Pferdes ist auch das Winkeln der Hinterbeine hinter dem Becken (= schiebende Motorik), was bei modernen Pferden üblich geworden ist. Auf diese Weise wird der Rücken so wenig unterstützt wie eine lose über einer Schlucht aufgehängte Hängebrücke. Schult man diesen stark fehlerhaften Bewegungsablauf nicht um, riskiert man vermehrten Verschleiß, weil die Gelenke in dieser Position falsch herum winkeln und damit unphysiologisch belastet werden.

Das angezogene Becken bringt die großen Hinterhandgelenke in eine besser gewinkelte Position für einen vorwärts-aufwärts unter den Körper winkelnden Bewegungsablauf.

Das Durchfedern der Hinterhandgelenke ist für das Pferd enorm anstrengend, da vor allem das Hüftgelenk durch fleischige Muskeln unterstützt wird, die leicht ermüden können. Daher muss die Tätigkeit der Hanken behutsam verbessert werden, um keinen unnötigen Widerstand des Pferdes zu provozieren. Dennoch wird man hier insbesondere bei Pferden mit stark fehlerhafter Motorik schon sehr konsequent und überzeugend sein müssen, wenn man diese nachhaltig umschulen möchte. Vergleichbar ist diese Bewegung beim Menschen mit Kniebeugen, die, richtig ausgeführt, ebenfalls sehr anstrengend sind.

Ein deutliches Durchfedern der Hinterbeine wird auch für die Schwungentwicklung benötigt. Schwung, der sich auch auf den Pferderücken überträgt und diesen tätiger werden lässt. Zudem ermöglicht eine gute Hankenbeugung die vermehrte Lastaufnahme durch die Hinterhand, sodass sich die Vorhand relativ zur erreichten Beugung der Hinterhandgelenke aufrichtet und damit entlastet wird. Wie wir aber bereits

☞ BEISPIELE

Häufig zeigen statisch ungünstig konstruierte Pferde Fehler in der Bewegungsmechanik der Hinterhand. Hier versucht das Pferd zwar, Last aufzunehmen. Da das Becken falsch steht, winkelt dabei aber das Sprunggelenk nach hinten heraus.

Hier steht das Becken besser und das Pferd versucht, seine Gelenke durchfedern zu lassen. Dabei ist zu erkennen, dass die unteren, schwächeren Gelenke stärker arbeiten als das kräftigere Hüftgelenk. Beim Umtraining ist es leider normal, dass man sehr viel schneller in die unteren, schwächeren Gelenke hereinkommt. Das Hüftgelenk ist wesentlich schwieriger in die Arbeit mit einzubeziehen, und es dauert bei vielen Pferden Jahre, bis dieses „richtig" arbeitet. Voraussetzung dafür ist, dass das Becken richtig steht, sodass das Hüftgelenk ebenfalls richtig steht.

Zur Veranschaulichung zwei Ausschnitte einer Piaffe: Links steht das Becken nach hinten oben, also auch das Hüftgelenk. So kann das Hinterbein nicht vorwärts-aufwärts unter den Körper winkeln. Deshalb muss das Pferd in dieser Beckenposition mit dem Sprunggelenk nach hinten oben gehen, bevor es das Bein nach vorne bewegen kann. Damit laufen die Hinterbeine hinter dem Becken und unterstützen so weder Becken noch Rücken beim Tragen.

Hier zieht das Pferd das Becken an. So kommt das Hüftgelenk in die Position, wo es bei einem statisch günstig konstruierten Pferd von Natur aus steht. Dadurch kann das Kniegelenk nach vorne in Richtung Rumpf winkeln und das Sprunggelenk winkelt vorwärts-aufwärts unter dem Becken. Damit stützen die Hinterbeine das Becken und der Rücken kann sich anheben.

☞ BEISPIELE

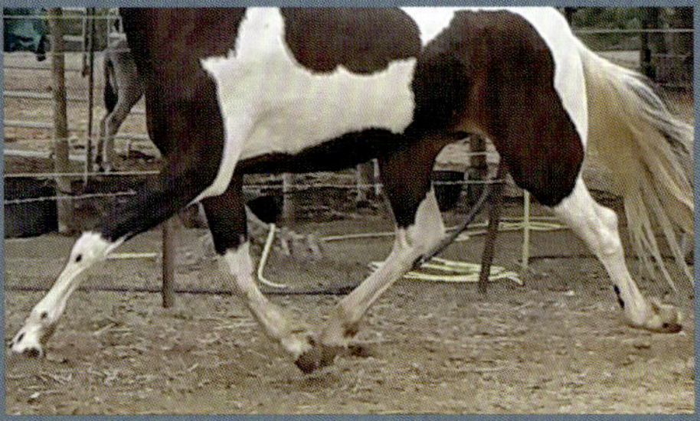

Stark schiebende Gangmechanik. Das Pferd schiebt seinen Körper vor sich her.

Bei diesem Pferd sind Schub- und Tragkraft natürlicherweise ausgeglichen. Da es zudem statisch günstig konstruiert ist und gute Proportionen hat, hat es einen guten Schwerpunkt. Deshalb kann es sich auch an ganz leichten Hilfen und in gutem Rahmen in sicherer Selbsthaltung bewegen.

Die Motorik dieses Pferdes ist zu tragend-aktiv umgeschult. Es befindet sich so im vollkommenen Gleichgewicht und wirkt zudem ausdrucksvoll und ästhetisch in seinen Bewegungen.

Auch die Motorik dieses statisch anspruchsvollen Pferdes ist bereits weit umgeschult. Allerdings muss sich hier der Schwerpunkt noch etwas weiter nach hinten verlagern, um ein sicheres Gleichgewicht zu erreichen.

In solchen Augenblicken ist leicht zu erkennen, dass dieses junge Pferd noch eine schiebende Gangmechanik zeigt.

Von solchen Bildern lässt man sich allzu gerne täuschen. Obwohl das Pferd hier eine Passage zeigt, schiebt seine Hinterhand. Erkennen kann man das u. a. am hochgestellten Becken mit dem ebenfalls nach hinten hochgestellten Hüftgelenk.

gesehen haben, reicht diese relative Aufrichtung bei stark abwärts konstruierten Pferden nicht aus, um den vorderen Rücken stabil anzuheben, sodass das Pferd parallel dazu lernen muss, seine Rumpfstabilisatoren aktiv zu nutzen, um diese Aufgabe zu übernehmen. **Dazu können Sie sich vorstellen, dass Vorhand und Hinterhand jeweils aus einem Zahnrädchen bestehen, an welchem Sie Millimeter für Millimeter herumdrehen, bis das Becken richtig steht, um tragen zu können, und die Schulter so nach vorne herauskommt, dass die Vorderbeine frei nach vorne geführt werden können.** Seien Sie aber vorsichtig: Viele Ausbilder versuchen genau das, aber ohne zuvor den Rücken eingeschaltet zu haben. **Ist die Wirbelsäule zwischen diesen „Stützen" nicht aktiv, können Sie schön um diese herum trainieren. So bleibt der Rücken tief und funktionell eingeschränkt, anstatt aufgerichtet und stabil durchgespannt.**

Viele Pferde versuchen, sich hartnäckig diesem Durchfedern des belasteten Stützbeins zu entziehen. Sie erkennen dies entweder am verhaltenen oder aber am übereilten Gang. Bei statisch günstig konstruierten Pferden reicht es zur Korrektur meist aus, wenn Sie das Tempo dergestalt anpassen, dass Ihr Pferd wieder eine sichere Balance findet. Bei statisch ungünstig konstruierten Pferden dagegen werden Sie die Hinterhandmotorik komplett umschulen müssen, um diesen Effekt zu erhalten.

Das alles setzt aber voraus, dass Sie erkennen, wann Ihr Pferd einen schiebenden und wann es einen tragenden Bewegungsablauf zeigt. Bei vielen modernen Pferden kann der Übergang auch fließend sein, sodass diese Pferde nur in der Versammlung tragend-aktiv gehen und bereits in den Arbeitstempi vermehrt schieben. Ursache sind überlange Knochen der Hinterhand, welche die richtige Winkelung unter den Körper auch bei richtiger Beckenstellung erschweren. Solche Pferde können dann in den kürzeren, kadenzierteren Bewegungen der versammelten Tempi durchaus tragen, gehen aber schon bei den freieren Arbeitstempi sofort tendenziell ins Schieben über. Deshalb sollte man solche Pferde nicht zu oft verstärkte Tempi gehen lassen, wenn man ihren Rücken nicht schwächen möchte. In verstärkten Tempi schieben übrigens auch günstig konstruierte Pferde, da hier die Schubkraft stark zum Einsatz kommt. Deshalb haushalten gute Trainer mit den Verstärkungen schon immer.

Einen schiebenden Bewegungsablauf erkennen Sie daran, dass das Pferd sein Hinterbein nach dem Abfußen zuerst nach hinten zieht. Dabei wird vor allem das Sprunggelenk zuerst nach hinten hochgezogen. Bei schlecht motorisierten Pferden ist oft auch zu sehen, dass der Huf nach dem Abfußen nach hinten weggezogen wird. Gut motorisierte, energisch tretende Pferde kaschieren das oft durch ihre aktiven Bewegungen.

Bei einer tragend-aktiven Motorik fußt das Hinterbein ab und das Sprunggelenk tritt sofort vorwärts-aufwärts unter den Körper. Diese Motorik ist bekannt als runder Fußungsbogen. Dieser ist die Voraussetzung dafür, dass ein Pferd über den Rücken gehen kann (Rückengänger). Ohne diesen runden Fußungsbogen haben wir einen Schenkelgänger, dessen Bewegungen am Rücken vorbeilaufen. Solche Pferde schmeißen also ihre Beine, ohne dass der Rücken in den Bewegungsablauf integriert ist. Dadurch können sie viel spektakulärere Bewegungen zeigen als Rückengänger, destabilisieren aber ganz automatisch auch ihren Rücken und damit über die Jahre ihr gesamtes Skelett. Leider findet man heute bei genauem Hinsehen praktisch keine Pferde mehr, welche von Natur aus einen runden Fußungsbogen zeigen. Deshalb fällt es vor allem jüngeren Pferdefreunden immer schwerer, Fehler in der Motorik zu erkennen und zu beurteilen.

VORDERLASTIGKEIT UND NATÜRLICHE SCHIEFE – DIE KURZE LINKE SEITE UND IHRE AUSWIRKUNGEN

Pferde sind, wie wir Menschen auch, selten auf beiden Händen gleich kräftig, geschickt und biegsam. Ihre Wirbelsäule ist meist leicht zu einer Seite gebogen. Oft ist auch die Muskulatur einseitig verstärkt ausgebildet. Solche Pferde sind also „schief" und fühlen sich in der Regel auch so an.
Zum besseren Verständnis wähle ich das Beispiel des rechtshändigen (= linkshohlen) Pferdes. Bei diesem Pferd ist die Wirbelsäule leicht nach links gebogen. Damit ist die linke Seite verkürzt. Das bedeutet unter anderem, dass die Muskulatur der linken Seite weniger dehnfähig ist als die der rechten Seite. Solche Pferde schauen im Alltag öfters nach links als nach rechts, weil sie gerne über ihre rechte Schulter weglaufen und die Balancierstange Hals das ausbalanciert, indem sie nach links genommen wird. Auch beim freien Bewegen kann dieses Weglaufen über die rechte Schulter und Gegensteuern des Halses nach links oft beobachtet werden. Ist ein Pferd nun ausgeprägt schief und bewegt sich auch im Alltag in dieser Weise,

Dieses Pferd aus den 1990ern ist überbaut. Das Becken steht also höher als der Widerrist. Im Gegensatz zu modernen Pferden ist aber eine gleichmäßige Verbindung vom Becken in den Rücken hinein zu erkennen. Trotzdem fiel es auch solchen Pferden schwer, ihre Hinterhandgelenke zu beugen, was die Stute hier zeigt. Aus diesem Grund zeigt schon dieses Pferd eine deutliche Abwärtshaltung der Wirbelsäule, welche sich aber aufgrund der viel höheren Grundstabilität sowie der Stabilität der oberen Gelenke wesentlich weniger stark auswirkt als bei modernen Pferden.

verfestigt sich durch diese einseitige Belastung seines Körpers die Verkürzung der linken Körperseite.
Streckt man nun durch gezieltes Training die Wirbelsäule, um sie in ihrer Längsachse gerade(r) zu bekommen, zeigt sich ein interessantes Phänomen: Unabhängig von der Händigkeit hat sich bei mehreren zehntausend Pferden immer eine Verkürzung der linken Seite gezeigt! Ist die Wirbelsäule nun in ihrer Längsachse gestreckt, kann man die Schiefe nachhaltig bearbeiten. Versuchte man jedoch eine lose im Körper hängende Wirbelsäule durch Längsbiegung gerade zu bekommen, würde sie destabilisiert. Eine verkürzte Wirbelsäule würde sich noch mehr zusammenschieben. Also ist die Längsdehnung der Wirbelsäule die Voraussetzung für ein sinnvolles Geraderichten.
Dadurch, dass die linke Seite verkürzt ist, wird die linke Schulter etwas zurückgezogen. Bei normal langen Pferden mit gutem Schwerpunkt merkt man von der Schiefe

Dasselbe Pferd in genügend ausgehaltener Hankenbeugung. In dieser Körperhaltung ist die Abwärtshaltung im Körper nur noch gering. Das Hüftgelenk steht zwar noch etwas höher als das Buggelenk, aber die Rückenlinie ist mit dem Brustkorb für den täglichen Gebrauch genügend angehoben.

links nur, dass sie eher schwierig in die Wendung zu bekommen sind, während sie rechts in ihre lose Seite hineinfallen. Die Pferde fallen also auf der rechten Hand auf ihre rechte Schulter und neigen deshalb

So haben sich Pferde in den vergangenen 20 Jahren verändert: Auch dieses Pferd ist hinten überbaut. Doch hier fällt sofort ins Auge, dass das hochgestellte Becken sich deutlich von der Rückenlinie getrennt hat. Es steht spitz nach oben und das empfindliche Kreuzdarmbeingelenk steht somit auch nicht stabil zwischen Becken und Rücken. Es gibt also keine Verbindung vom Becken in den Rücken hinein und somit auch keine von der Hinterhand zum Pferdemaul. Wo also der Haflinger noch als Einheit bergab lief, laufen hier quasi zwei Pferde bergab. Die Hinterhand ist damit nicht synchron mit der Vorhand.

Hier weicht das linke Hinterbein leicht nach innen aus.

So sieht spurtreues Fußen aus: Von vorne oder hinten sehen Sie nur zwei Beine.

dazu, nach innen zu laufen. Dasselbe Phänomen zeigt sich auch bei kurzen Pferden mit nach vorne verlagertem Schwerpunkt; allerdings sind diese Pferde meist verstärkt schief. Durch den vorgelagerten Schwerpunkt bleiben die Vorderbeine beim Zurückfußen unter den Körper sehr lange am Boden „kleben". Die Pferde „rollen" also quasi über ihre Ellbogen bzw. über ihren Brustkorb. Hat ein Pferd nun einen sehr kurzen Rücken, kann auch durch gute Muskeldehnung nur eine gewisse Verlängerung der Rückenlinie und damit Streckung der Wirbelsäule erreicht werden. Diese reicht dann oft nicht aus, um die Verkürzung der linken Seite auszugleichen. Deshalb wird bei solchen Pferden in der Bewegung die linke Schulter nicht nur zurückgezogen, sondern hängt manchmal regelrecht. Die Pferde bleiben dabei, vor allem, wenn sie linksherum gehen, extrem lang auf der linken Schulter hängen und fußen mit ihrem linken Vorderbein noch weiter unter ihren Rumpf zurück als mit dem rechten. Die hängende Schulter bewirkt, dass die Pferde sich auf ihre linke Schulter fallen lassen, sodass oft über die Jahre ein mehr oder weniger deutlich sichtbarer Untakt entsteht.

Ganz anders sieht das Gangbild von vorne bei diesem Pferd aus: Es ist in sich komplett schief. Die Beine werden je nach Bewegungsphase seitlich unter den Körper gesetzt, anstatt ihren jeweiligen Körperteil (Schultern und Oberschenkel) achsengerecht zu stützen. Sitzt man auf solchen Pferden, fühlt man deutliche Seitwärtsbewegungen. Das Becken wackelt seitlich und diese Bewegungen setzen sich durch den Rumpf bis in den Hals fort. Typischerweise machen solche Pferde dann in der Bewegung auch im Hals Seitwärtsbewegungen. Das sind komplett neue Bewegungen, welche Pferde im letzten Jahrhundert höchstens zeigten, wenn sie mit stark riegelnder Hand geritten wurden.

Wird dem im Training nicht entgegengewirkt, kippt das Skelett mit der Zeit, sodass solche Pferde beginnen, sich immer öfter links rückständig hinzustellen. Oft führt das so weit, dass sie sich regelmäßig in die „Bergziege" stellen. Solche Pferde zeigen gerne mit der Zeit diffuse Lahmheiten, welche von Tierärzten regelmäßig nicht eingeordnet werden können. Trainiert man sie in eine bessere Körperhaltung um, bei welcher sie ihre Vorhand weniger belasten, verschwinden

die Lahmheiten meistens ohne weitere Behandlung. Schwierig ist es bei Pferden, welche sich bereits in der Aufzucht links verkürzen. Denn sind Pferde aufgrund ihrer Statik schon von Natur aus links so stark verkürzt, wird es in der Streckung schwierig, diese verstärkte Schiefe zu korrigieren. Ohne diese Streckung kann aber die Wirbelsäule nicht richtig arbeiten. Taktreine Bewegungen sind also bei vielen Pferden schon in jungen Jahren absolut keine Selbstverständlichkeit mehr. Leider sind taktreine Bewegungen aber auch keine Garantie für ein gesundes Pferd.
Die natürliche Schiefe verstärkt sich auch dann, wenn sich das Pferd in hohem Tempo bewegt und dabei vermehrt auf die Vorhand fällt. Denn in höherem Tempo ist es schwieriger, sich auszubalancieren, sodass die Gefahr besteht, dass das Pferd verstärkt eine Stütze auf einer seiner Schultern sucht. Deshalb werden noch nicht geradegerichtete Pferde schiefer, je eiliger sie gehen. Bedingt durch dieses schiefe Gehen sind auch immer die Trag- und Schubkräfte der Hinterbeine ungleich entwickelt. Beim nicht korrigierten Rechtshänder trägt das rechte Hinterbein mehr, während das linke mehr schiebt. Ist die Wirbelsäule längsgedehnt, zeigt sich regelmäßig, dass das linke Hinterbein zu wenig tragen kann. **Also versucht man auf der linken Hand eher, die Tragkraft zu erhöhen, während man die rechte Hand eher dazu benutzt, das Pferd in eine Streckung zu bringen bzw. die erarbeitete vermehrte Tragkraft in die Streckung mitzunehmen. Denn nur, wenn die Tragkraft über den Rücken erarbeitet wird, also Tragkraft und Streckung der Wirbelsäule gekoppelt werden, kann ein instabiler Rücken tragfähig werden.**
Bei der Arbeit äußert sich die Schiefe dadurch, dass das Pferd sich nicht auf beiden Händen gleich arbeiten lässt. In der Regel „klebt" es auf einer Hand auf dem Hufschlag und lässt sich schlecht abwenden, während es auf der anderen Hand tendenziell nach innen drängelt und Mühe bekundet, der Hufschlaglinie zu folgen.
Da beim linkshohlen Pferd die linke Seite verkürzt ist, kann es seine rechte Seite besser dehnen als die linke. Es trägt also den Hals gerne etwas links, weil dieser zur kurzen Seite zurückgezogen wird. Normal lange Pferde balancierten dieses Gehen auf schiefer Achse aus, indem sie ihre rechte Schulter vermehrt belasten. Sie laufen dieser quasi nach und bekunden deshalb Mühe, sich nach links abwenden zu lassen. Da der Hals aber tendenziell mehr nach links genommen wird, hat der Reiter eines solchen Pferdes zunächst oft den Eindruck, das Pferd besser nach links biegen zu können. Diese Biegung ist jedoch sehr trügerisch, denn das Pferd bleibt in sich schief.

Bei modernen Pferden sieht das zu Beginn der Ausbildung meist so aus: Das linke Vorderbein wird schräg unter den Körper gesetzt; das linke Hinterbein läuft dabei etwas seitlich am Rumpf vorbei. Da moderne Pferde in der Regel kürzere Rücken und längere Hälse als frühere Pferde haben, zeigen sich die Auswirkungen der kurzen linken Seite also bereits nach der Aufzucht deutlich.

Noch etwas komplizierter verhält es sich bei modernen, beweglichen Pferden mit vorverlagertem Schwerpunkt. Sind ihre Wirbelsäulen beweglich und sie bewegen sich längere Zeit in dieser Weise, verdreht sich die Wirbelsäule im Körper. Das kann durchaus bereits in der Aufzucht geschehen. Durch dieses Verdrehen der Wirbelsäule wird die linke Schulter nach hinten und oft auch schräg unter den Brustkorb gezogen. Das Pferd bleibt also immer länger auf seiner linken Schulter hängen und „rollt" irgendwann regelrecht über seinen gesamten Brustkorb. Da, wo sich das normal lange Pferd mit dem normalen Schwerpunkt schlecht nach links abwenden ließ, passiert es beim kurzen Pferd mit vorgelagertem Schwerpunkt gerne, dass es auf die linke Schulter „schleudert", wenn man es nach links wenden möchte. Manche Pferde bremsen dabei stark ab, andere drehen sich auf die linke Schulter und Ähnliches.

Auf der rechten Hand zeigt sich die Schiefe etwas anders. Nun ist ja die verkürzte, weniger dehnfähige Körperseite des Pferdes außen. Soll ein Pferd geschmeidig und „rund" durch eine Wendung gehen, muss es seine äußeren Muskelketten dehnen können. Da beim schiefen Pferd die linke äußere Muskulatur aber wenig Dehnfähigkeit besitzt, kann es das Pferd unangenehm „zwicken", wenn man diese dennoch verlangt. Es wird sich also wehren, weil ihm diese Dehnung unangenehm ist, und allerlei Ausweichbewegungen anbieten. Die Dehnfähigkeit der Muskulatur muss deshalb laufend trainiert und verbessert werden. Sie ist nicht einfach vorhanden. Also bekundet so ein Pferd schon große Mühe, seinen Hals nach rechts mit in die Wendung zu nehmen. Oft lassen sich solche Pferde nicht einmal korrekt nach rechts stellen. Entsprechend ist die deutlich anstrengendere Längsbiegung in diesem Zustand schlicht unmöglich. Solche Pferde werden auf der rechten Hand oft regelrecht nach links gezogen; ihr Körper bleibt also links gebogen, der Hals links getragen, und da der Hals die Balancierstange ist, fällt das Pferd dabei auf seine rechte Schulter und möchte gerne nach innen laufen. Um das Gleichgewicht dennoch zu halten, weicht die Hinterhand gerne nach außen aus. Würde das Pferd nun auch noch seinen Hals nach rechts nehmen, würde es in ernsthafte Nöte geraten, was seine Balance betrifft. Es wird also zunächst einmal den Kopf hoch nehmen, wenn Stellung nach rechts verlangt wird, oder direkt nach innen laufen. Deshalb fällt es vielen Longenführern auf rechter Hand so schwer, ihre Pferde überhaupt nach außen, also von sich weg, zu bekommen.

Ist die Gymnastizierung erst einmal so weit fortgeschritten, dass das Pferd in sich gerade(r) wird, so wird es für den Reiter oftmals leichter, auf der rechten Hand zu reiten, da die Schulter des Pferdes hier leichter vor dessen Hüfte gerichtet werden kann. Beim Longieren wird das eher unterschiedlich empfunden. Auf der linken Hand versucht das Pferd oft recht beharrlich, sich der Geraderichtung zu entziehen, indem es den Kopf leicht (oder auch kräftig) nach links

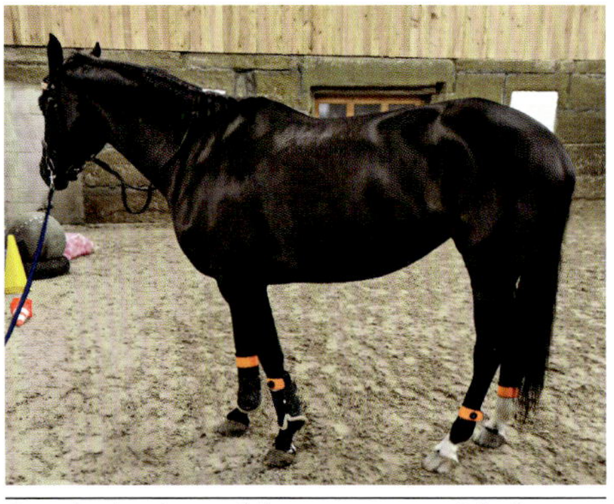

So sieht das dann oft beim gerittenen Pferd von der Seite aus, wenn Abwärtshaltung und Schiefe nicht genügend korrigiert wurden. Die linke Seite ist so verkürzt, dass sich das Pferd meistens mit seinem linken Beinpaar zusammen stellt. Die Wirbelsäule hat sich also nach links verdreht und verkürzt.

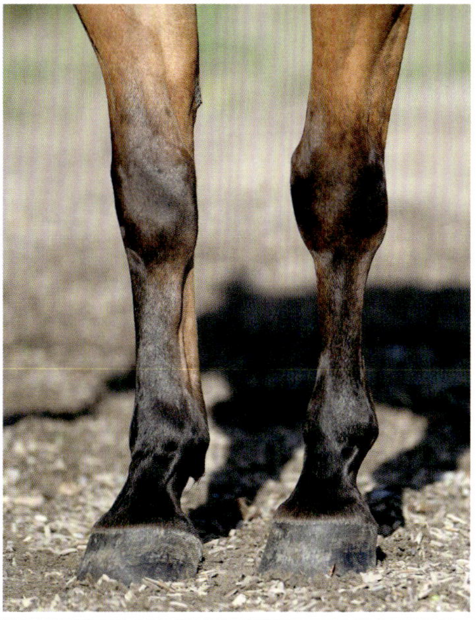
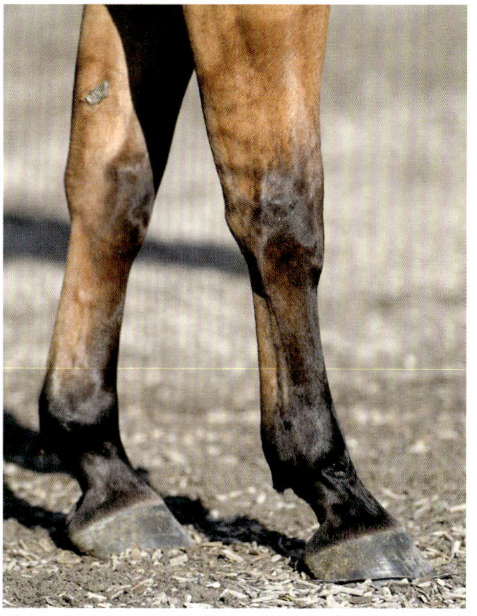

Mittlerweile bei unzähligen Pferden zu sehen: Das linke Vorderbein steht nicht gerade in der Schulterachse und zudem gerne rückständig. Stellen sich Pferde häufig so hin, ist das ein deutliches Anzeichen für eine verdrehte Wirbelsäule.

nimmt und über seine rechte Schulter wegläuft bzw. die linke zurückzieht. Zusätzlich wird auch das Becken gerne nach links genommen, sodass das Pferd mit der Kruppe nach innen drängelt. Auf linker Hand muss das Pferd also sehr konsequent mit den äußeren Hilfen begrenzt werden, um dieser Tendenz Herr zu werden. Da Ihnen beim Longieren diese äußeren Hilfen fehlen, ist es in gewissen Ausbildungsphasen nötig, auf die rechte Hand auszuweichen. Ist das Pferd aufgrund seiner Körperproportionen links so kurz, dass es über seinen linken Ellbogen läuft oder sein linkes Vorderbein schräg unter seinen Körper nimmt, kann es phasenweise sowohl beim Reiten als auch beim Longieren empfehlenswert sein, auf die rechte Hand auszuweichen, um die Wirbelsäule nicht noch stärker zu verdrehen. Dass diese verdrehten Wirbelsäulen keinesfalls ignoriert werden dürfen, zeigen massiv deformierte Wirbelsäulen, welche in Sektionen entdeckt wurden. Diese Wirbelsäulen zeigen im vorderen Bereich einen Linksdrall, im hinteren gehen sie nach rechts. Das ist die Ursache dafür, dass bei vielen Pferden die Sättel vorne einigermaßen gerade liegen, im hinteren Sattelbereich aber nach rechts rutschen, oder aber in der Bewegung gänzlich nach links vorne geschoben werden.
Unter dem Sattel spüren Sie die Schiefe auch beim weiter ausgebildeten Pferd noch, wenn Ihr Pferd z. B. gelegentlich nicht gleichmäßig an beide Zügel herantritt. Weitere Symptome sind z. B.:

— Das Pferd tritt nicht gerade durch seinen Körper; daher spürbar schiefes Gehen in verschiedenen Ausprägungen bis hin zum Gefühl, ein „Schlangenpferd" unter sich zu haben. Läuft ein Pferd mit loser Wirbelsäule so schief, bekommt man regelrecht den Eindruck, das Pferd winde sich wie ein Aal unter einem. Bei Pferden mit fester Wirbelsäule sind oft deutliche Seitwärtsbewegungen fühlbar. Sind Hinterbeine und Wirbelsäule steif, kommt zu viel seitliche Bewegung ins Becken, welche

☞ BEISPIELE

Früher neigten Pferde dazu, auf rechter Hand auf ihre innere Schulter zu fallen, also in ihre lose rechte Seite hinein. Auch Deformationen an den Hufen und Beinschäden fanden sich zumeist rechts. Dieses Pferd fällt auf seine rechte Schulter und steuert mit seinem Hals dagegen.

Auch moderne Pferde fallen gerne in ihre lose rechte Seite hinein. Dieses Jungpferd ist dabei so beweglich, dass es sich im ganzen Körper verdrehen kann.

Stabilere Pferde liefen auf der kurzen linken Seite gerne über die rechte Schulter weg, sodass sie Schwierigkeiten bekundeten, eine Kreislinie zu gehen. Deshalb zeigt sich das Pferd hier beim Zurückholen der Vorhand auf die Kreislinie etwas zäh.

Rechts: Dieses wesentlich beweglichere Jungpferd ist in seinen Ausweichbewegungen viel „flexibler“. Es kann sich sowohl auf seine linke Schulter drücken, als auch über seine rechte Schulter weglaufen. Dabei kann es sich vollständig in seinem Körper verdrehen. Da der Hals muskulär noch nicht stabil mit dem Rücken verbunden ist, fällt es ihm auch leicht, dem Longenführer einfach seinen losen Hals entgegenzustrecken. Hier muss also zunächst eine Verbindung von hinten nach vorne geschaffen werden.

sich durch den ganzen Körper zieht und dadurch seitliche Halsbewegungen verursacht.
- Die Hinterhufe fußen mehr oder weniger deutlich neben der Spur der Vorderhufe und / oder die Kruppe drängelt nach innen oder außen.
- Ungleiches Vortreten der Hinterbeine.
- Mangelnde Bereitschaft, sich zu biegen (Achtung, die Biegung ist dabei auf beiden Händen fehlerhaft, selbst wenn sich das Pferd auf einer Hand gut anfühlt).
- Verwerfen im Genick, schiefe Halshaltung, schiefe Schweifhaltung u. Ä.

Da sich das schiefe Pferd mehr oder weniger deutlich auf einer seiner Schultern abstützt, ist es auch immer vorderlastig. Dies äußert sich – neben dem mangelhaft tätigen Rücken – auf unterschiedliche Weise. Symptome können unter anderem sein:

- Mangelnde Balance, die sich äußern kann
- durch verhaltenen oder eiligen Gang („klemmen oder rennen").
- Schwierigkeiten, den Hals fallen zu lassen bzw. das Einnehmen deutlicher Außenstellung bzw. bei moderneren Pferden vermehrt Anlehnungsfehler wie das Einrollen, falscher Knick etc.
- Schlechtes Durchschwingen der Hinterbeine, mangelhafte Gewichtsaufnahme durch die Hinterhand.
- Abstützen auf der Reiterhand (oder beim Longieren auf einem Hilfszügel oder der Longe) bzw. Vermeiden der Anlehnung.
- Wenig leichtfüßiger, kurzer oder stampfender Gang.
- Gebundener Gang der Vordergliedmaßen.
- Fehlende Selbsthaltung.
- Taktunreinheiten und diffuse Lahmheiten, für die es keine klare Ursache gibt.

Bei diesem Pferd aus den 1990ern fußt die linke Schulter frei nach vorne. Die Beine sind koordiniert und treten in Bewegungsrichtung. Das Pferd bleibt dabei sicher am Sitz, ohne dass die Zügel benötigt werden.

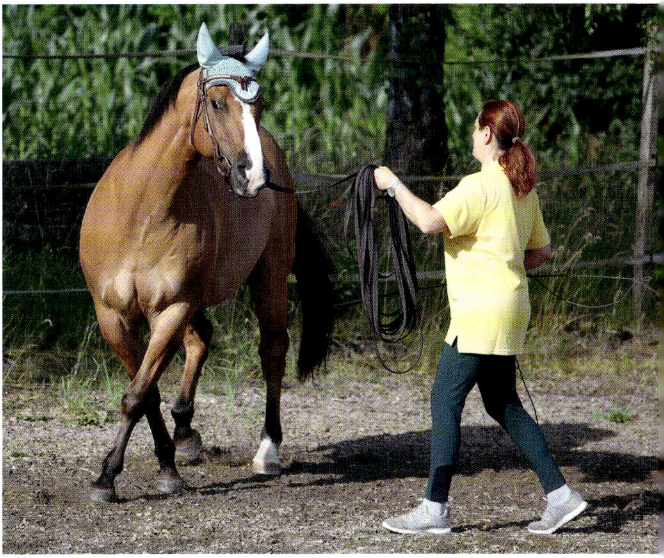

Ganz anders hier: Das linke Vorderbein läuft einfach geradeaus weiter … Funktioniert die Wirbelsäule im Körper nicht richtig, laufen auch die Beine nicht koordiniert. Das Pferd geht also quasi mit Einzelradaufhängung, was es ihm leicht macht, alle möglichen Ausweichbewegungen zu machen.

Der Schwerpunkt des Pferdes liegt bei einem für Reitzwecke günstig konstruierten Pferd etwa im vorderen Drittel des Rumpfes, da Kopf und Hals als Anhängsel das Gewicht nach vorne verschieben.
Moderne Pferde haben leider den Schwerpunkt sehr viel weiter vorne. Hat ein Pferd zum Beispiel einen kurzen Rücken und einen sehr langen Hals, liegt der Schwerpunkt auf Höhe des Ellbogens oder teilweise noch weiter vorne. Kommen zu lange Hinterbeine dazu (nach hinten oben gestelltes Becken), viel Schwung, Raumgriff und eine schiebende Motorik, gehen solche Pferde oft schon ohne Reitergewicht fast kopfüber. Bedenkt man, dass das Reitergewicht ebenfalls recht weit vorne positioniert ist, so ist das Ungleichgewicht perfekt. Kein Wunder also, dass man heutzutage so oft auf Pferde mit tief liegendem oder abgesunkenem Brustkorb trifft.
Beim Spiel oder der Flucht vor einem Feind stellt die Vorderlastigkeit kein Problem dar. Im Gegenteil: Liegt diese im Normalbereich, kann das Pferd schneller laufen. Deshalb werden Traber und Galopper sogar gezielt so gezüchtet, dass ihre Gangmechanik stark schiebt und die Hinterbeine möglichst seitlich am Rumpf vorbeilaufen, die Vorhand also überholen. Rückentätigkeit würde beim schnellen Rennen nur stören und diese Pferde werden auch nicht auf Langlebigkeit oder Gesundheit gezüchtet. Beim Tragen eines Reiters ist die Vorderlastigkeit jedoch nicht nur unangenehm, da sie Balance und Steuerung unnötig erschwert, sondern schädlich, weil sie zu Verschleiß an Gliedmaßen und Wirbelsäule des Pferdes führt.
Beim Longieren und Reiten benötigen Sie zur Bearbeitung der Schiefe (= Geraderichtung) und Vorderlastigkeit (= Versammlung und Aufrichtung) ein paar funktionierende Werkzeuge. Nämlich die Anlehnung zur Kontrolle der Durchlässigkeit sowie den kontrollierten Schub (= Kontrolle der Tätigkeit der einzelnen Hinterbeine). Erst mit diesen wird es möglich, das Pferd in den Hinterbeinen zu beugen und dadurch geradezurichten. Um sich diese Werkzeuge so schnell wie möglich zu erarbeiten, ist das gezielte Rückentraining an der Longe optimal geeignet. Hier können Sie die Wirbelsäule ohne Reitergewicht aktivieren und längsdehnen (Anlehnung), die Hinterhandmotorik verbessern (Kontrolle über Schub- und Tragkräfte) sowie die Wirbelsäule anheben (Aufrichtung).
Gerade Letzteres ist für viele Pferde mit dem Reitergewicht im Sattel nur schwer zu erreichen, selbst wenn der Reiter sehr leicht und auch geschickt ist. Auch für das Aktivieren der Wirbelsäule ist das Reitergewicht eher störend. Sobald diese jedoch zu arbeiten beginnt, kann man Pferde, welche sich reiten lassen, begleitend auch unter dem Sattel mittrainieren. Wann man mit dem Anreiten von Jungpferden beginnt, muss man gut abwägen. Diese sollten an der Longe schon so weit vorbereitet sein, dass sie vom Boden sicher kontrollierbar sind, sodass der Reiter nicht unnötig gefährdet wird. Bei Korrekturpferden muss man ebenfalls abwägen. Gefährliche Bocker sollte man erst wieder reiten, wenn die Wirbelsäule so weit gestreckt und angehoben ist, dass kein Druck mehr in der Wirbelsäulenaufhängung besteht. Auch bei Rehapferden ist das Vorgehen ähnlich: Je nach Befund ist abzuwägen, ob man lieber einige Arbeit vom Sattel aus übernimmt (z. B. wenn Pferde keine engen Wendungen gehen sollten). Bei rückengeschädigten Pferden jedoch sollte man eher warten, bis die Arbeit vom Boden aus weit fortgeschritten ist, um keine Rückschläge zu riskieren. Denn mit Reitergewicht zu gehen ist für ein Pferd etwas ganz anderes als ohne Reitergewicht.

☞ BEISPIELE

Beim Spiel stellt die Vorderlastigkeit für das Pferd kein Problem dar.

Beim Reiten dafür umso mehr. Der durchhängende Rücken ist die Folge der Vorderlastigkeit.

Links: Unabdingbar für die Geraderichtung unter dem Sattel: Das Pferd muss konsequent von hinten nach vorne geritten werden, damit sich die Wirbelsäule in der Längsachse streckt. Erst dadurch entsteht eine ordentliche Anlehnung. Bei so instabilen Pferden sollte man in der Ausbildung mit zwei Gerten reiten, damit man bei Bedarf beide Hinterbeine ansprechen kann, ohne umfassen zu müssen. Seitengänge spielen bei solchen Pferden zum Geraderichten nur noch eine untergeordnete Rolle und eine gleichmäßige Anlehnung entsteht auch erst, wenn die Motorik schon etwas in Richtung Tragkraft umgeschult ist.

Das noch sehr stabile junge Pferd erfährt über die Longenarbeit seine erste Geraderichtung. Weniger stabile Pferde lassen sich in dieser Körperhaltung nicht mehr nutzbringend arbeiten. Sie sollten deutlich mehr in eine Tragehaltung gebracht werden.

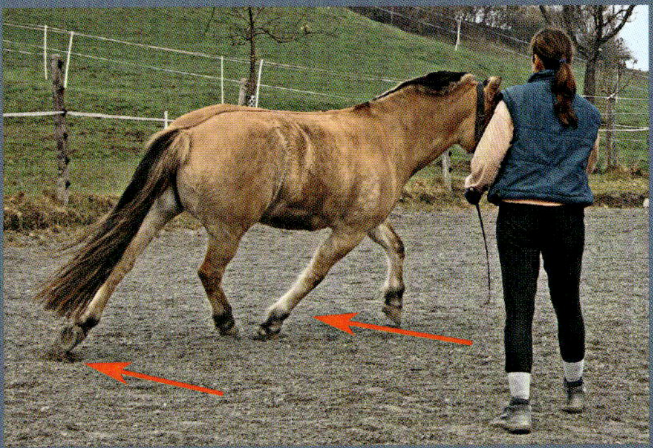

Das stark rückständige Vorderbein und das aus dem Schwerpunkt herausschaufelnde Hinterbein verraten deutlich eine verstärkte Vorderlastigkeit und Schiefe. Die schädliche Wirkung eines solchen Gangmusters darf nicht unterschätzt werden.

AUSRÜSTUNG, EINWIR-KUNG, HILFENGEBUNG

PRAKTISCHE GRUNDLAGEN

ARBEITSPLATZ

Für vernünftige Arbeit an der Longe benötigen Sie einen genügend großen Platz mit einer sicheren Einzäunung. Wesentlich ist vor allem die Bodenbeschaffenheit. Rutschige Böden verunsichern das Pferd und können zu schweren Stürzen führen. Zu tiefe Böden belasten die Sehnen über Gebühr, während zu harte Bodenbeläge die Gelenke stark beanspruchen. Da Sie Ihr Pferd vor allem in den ersten Monaten des Trainings je nach Temperament auch öfter mal auf die ganz große Zirkellinie herauslassen können müssen, ist es von Vorteil, wenn Sie die Gelegenheit haben, den Platz alleine zu benutzen. Sind die Trainingsbedingungen nicht so optimal, muss man zusehen, dass die Kompromisse, welche man eingehen muss, sich nicht negativ auf den Trainingserfolg auswirken.

AUSRÜSTUNG

Für die meisten Pferde benutzen Sie am besten einen gut sitzenden Trensenzaum mit einem passenden Trensengebiss. Dieses ermöglicht Ihnen auch Aufwärtsparaden, mit denen Sie Ihr Pferd im Brustkorb aufrichten können. Wer sich mit dem Longieren am Gebiss nicht anfreunden kann, kann auch mit einem gut sitzenden Kappzaum beginnen. Wird ein Kappzaum bevorzugt, ist es wichtig, dass dieser nicht seitlich verrutschen und vor allem nicht ins äußere Auge rutschen kann. Für das Anlongieren junger Pferde nutze ich in Ausnahmefällen auch ein Knotenhalfter. Allerdings ersetze ich dieses für die spätere Ausbildung an der Longe durch einen passenden Trensenzaum. Ein Kinnriemchen aus dem Westernsport hilft, die Trense auch bei ungewolltem seitlichem Zug ruhiger im Pferdemaul zu halten. Denn Pferde, die Probleme haben, drücken sich auch mal heftiger aus, wenn sie etwas nicht können oder ihnen etwas nicht passt. Ein Trensenzaum ohne Reithalfter ist für die Longenarbeit nur in Verbindung mit einem Kinnriemen brauchbar, welcher hilft, das Trensengebiss zu stabilisieren (siehe Foto S. 74). Das hier abgebildete Westerngebiss ist zudem extra für den Gebrauch ohne Reithalfter konstruiert; es kann bei normaler Einwirkung nicht durchs Pferdemaul gezogen werden. Die griffige, leichte Longe wird am besten mit einem stabilen Karabiner am Trensenring befestigt, sodass sie leicht umgeschnallt werden kann.
Besser ist die Verwendung eines konventionellen Reitzaums mit Reithalfter. Bitte achten Sie auf eine korrekte Verschnallung von Nasenband und Sperrriemen. Beide Riemen liegen weich auf, sodass kein Druck auf die Nerven entsteht oder die Haut eingeklemmt wird. Zur Sicherheit ist auch hier ein Kinnriemen aus dem Westernsport montiert, da diese gewöhnliche Wassertrense bei stärkerem seitlichem Zug durchs Maul gezogen werden könnte.
Ob man die Zügel für die Longenarbeit abmontieren möchte oder sicher verschnallt, ist Geschmackssache.

Ein Trensenzaum ohne Reithalfter ist für die Longenarbeit nur in Verbindung mit einem Kinnriemen brauchbar, welcher hilft, das Trensengebiss zu stabilisieren. Dieses Westerngebiss ist zudem extra für den Gebrauch ohne Reithalfter konstruiert.

Besser ist die Verwendung eines konventionellen Reitzaums mit Reithalfter. Bitte achten Sie auf eine korrekte Verschnallung von Nasenband und Sperrriemen. Hier liegen beide Riemen weich auf, sodass kein Druck auf die Nerven entsteht oder die Haut eingeklemmt wird.

Auch dieser moderne Reitzaum kann für die Longenarbeit zum Einsatz kommen. Er ist so konstruiert, dass die empfindlichen Gesichtsnerven keinen Druck abbekommen. Der zusätzliche Kinnriemen stabilisiert das Gebiss.

Aufgrund der durch die statischen Veränderungen verstärkten Abwärtshaltung und Schiefe unserer modernen Pferde ist es für die Longenarbeit nicht immer günstig, mit möglichst wenig Leder am Kopf zu arbeiten. Ohne Sperrriemen sollte man nur ein schon sicher gearbeitetes Pferd longieren. Bei körperlich komplizierten Pferden ist es zielführender, eine Ausrüstung zu benutzen, mit welcher Sie die Fehlhaltungen des Pferdes auch wirklich reduzieren können. Denn es ergibt wenig Sinn, das Pferd durch eine „pferdegerechte" Ausrüstung schonen zu wollen, dafür aber keine Einwirkung zu haben und das Pferd weiterhin gesundheitsschädigend zu longieren.
Der Kappzaum ist für die Biegearbeit perfekt geeignet, jedoch nicht zum Aufrichten. Steife Pferde muss man vor allem mobilisieren, wofür die Biegearbeit oft ausreichend ist. Die hypermobilen modernen Pferde benötigen jedoch viel mehr stabilisierende Arbeit und müssen zur Reduktion der Ab-

wärtshaltung ihrer Wirbelsäule im Verlauf der Ausbildung auch aufgerichtet werden. Das ist mit dem Kappzaum nur begrenzt möglich. Wer sich anfangs mit einem Gebiss unwohl fühlt, wird bestimmt merken, wann der Punkt gekommen ist, wo der Umstieg auf Trense sinnvoll wird. Wer einen Kappzaum nutzt, sollte auf eine sehr gute Passform achten, damit er seitlich möglichst wenig verrutschen kann.

Die für diese Longenarbeit 15 Meter lange Longe wird in großen Schlaufen aufgenommen, damit Pferd und Mensch nicht aus Versehen hineintreten und sich verletzen können. Die Peitsche ist ebenfalls sicher in der Hand des Longenführers verwahrt (siehe Foto S. 72).

Die Longe soll aus möglichst griffigem Material bestehen, das gut in der Hand liegt und nicht zu schwer ist. Zu dicke Longen füllen besonders kleinere Hände schnell aus. Stege sollten tabu sein, da man die Longe bei dieser Arbeit ständig durch die Hand rutschen und wieder nachziehen können muss. Longen mit Elasteinsatz wirken unpräzise und können ungehorsame Pferde zum Gegenziehen verleiten. Da man sowohl auf kurze Distanz als auch auf der ganz großen Zirkellinie arbeiten können muss, ist eine lange Longe empfehlenswert. Leider sind im Pferdesport kaum noch gute, genügend lange und leichte Longen zu finden. Deshalb greifen immer mehr Longenführer zu Hundeleinen; diese gibt es in genügender Länge (15 Meter sind ideal) und aus leichtem und griffigem Material. Zudem sind sie oft wesentlich günstiger als Longen. Achten Sie aber unbedingt darauf, dass die Karabiner von guter Qualität sind. Ein Pferd wiegt doch ein Vielfaches eines Hundes und der Karabiner muss auch diesen Ansprüchen genügen!

Aufgrund der durch die statischen Veränderungen verstärkte Abwärtshaltung und Schiefe unserer modernen Pferde ist es für die Longenarbeit nicht immer günstig, mit möglichst wenig Leder am Kopf zu arbeiten. Hier fehlt der Sperrriemen, was bei diesem schon sicher gearbeiteten Pferd auch funktioniert.

Für die Biegearbeit perfekt geeignet, jedoch nicht zum Aufrichten: der Kappzaum. Steife Pferde muss man vor allem mobilisieren, wofür die Biegearbeit oft ausreicht. Hypermobile Pferde benötigen jedoch stabilisierende Arbeit und müssen zur Reduktion der Abwärtshaltung ihrer Wirbelsäule auch aufgerichtet werden.

Als Peitschen eignen sich leichte, kurze, möglichst einteilige Longierpeitschen (ca. 180 cm) am besten. Sie können auf kurze Distanz in der Mitte des Stocks gehalten werden und auf normale und weite Distanz am Griff. Man kann sie auch umdrehen und so für die Handarbeit nutzen, dass man in einer Trainingseinheit verschiedenste Bewegungen machen kann, ohne dauernd die Ausrüstung wechseln zu müssen. Natürlich können Sie für die Handarbeit auch eine Dressurgerte und/oder eine Touchierpeitsche benutzen. Weitere Hilfsmittel richten sich nach Ihrem Geschmack und der Arbeit, die Sie mit Ihrem Pferd im Sinn haben. Gamaschen machen anfangs Sinn bei Pferden, die sich gerne streifen. Sprungglocken können Verletzungen vorbeugen, welche entstehen, wenn sich Pferde von hinten in ihre Ballen greifen. Eines der Ziele dieser Arbeit ist jedoch, die Balance des Pferdes so weit zu verbessern, dass Ihr Pferd sich so bewegen kann, dass es keinen Beinschutz mehr benötigt. Dennoch sind Gamaschen bei Pferden, welche diese Arbeit noch nicht kennen oder dazu neigen, ungewollt schnell zu werden, durchaus sinnvoll, können sie doch Verletzungen bei hektischen Reaktionen verhindern. Manche Pferde neigen bei der Umschulung der Motorik auch dazu, mit ihren Hinterbeinen seitlich auszuweichen und sich so in die Beine zu treten, sodass bei diesen Pferden Gamaschen an den Hinterbeinen zum Einsatz kommen können. Ein Longiergurt oder Sattel kann bei Jungpferden oder Korrekturpferden zur Gewöhnung aufgelegt werden. Allerdings macht das erst Sinn, wenn die Wirbelsäule aktiv ist. Ist diese noch fest, gewöhnen sich die Pferde sonst nur an, sich in der Muskulatur und in der Atmung festzuhalten. Weitere Hilfsmittel benötigen Sie für das Gelingen dieser Arbeit nicht. An der Longe wird grundsätzlich ohne Hilfszügel gearbeitet, da wir unbedingt eine freie Kopf-Halshaltung brauchen, sodass wir Bewegungen umlenken können.

SICHERHEITSMASSNAHMEN FÜR DEN LONGENFÜHRER

Damit die Longenarbeit Spaß macht und Sie dabei auch gesund bleiben, sollten Sie einige Sicherheitsmaßnahmen beachten. Das Wichtigste ist festes Schuhwerk mit rutschfesten Sohlen. Ohne diese wird Ihr Pferd schon nach Ihrer ersten Rutschpartie wissen, dass Sie keinen festen Stand haben, und dominante Pferde werden dies auch ausnutzen. Longieren Sie nicht mit Sporen. Diese könnten sich ineinander verhaken und Sie zu Fall bringen. Tragen Sie auch bei heißem Wetter stets geschlossene, feste Schuhe. Ihre Füße werden es Ihnen danken. Ebenso empfehlenswert ist das Tragen von griffigen Handschuhen. Wer schon einmal Brandblasen als Andenken an ein losstürmendes Pferd an seinen Händen hatte, wird seine Handschuhe nicht mehr missen wollen. Wickeln Sie unter keinen Umständen die Longe um Ihr Handgelenk. Bei einem unerwarteten Satz Ihres Pferdes oder gar einem

Auch wenn ich persönlich ohne Handschuhe mehr Gefühl habe, so empfehle ich weniger erfahrenen Longenführern, nicht auf diese zu verzichten.

In der Handarbeit steht der Longenführer naturgemäß sehr dicht am Pferd. Deshalb sollte man sein Pferd schon sehr gut kennen, bis man so dicht und dynamisch arbeitet.

Lospreschen könnte sich die Longe an Ihrem Handgelenk festzurren. Sie hätten im schlimmsten Fall keine Chance, diese unter dem Zug eines durchgehenden Pferdes zu lösen. Achten Sie auch darauf, dass Sie die Schlaufen so aufnehmen, dass sich diese bei einer ruckartigen Bewegung Ihres Pferdes nicht um einzelne Finger wickeln kann.
Bei Pferden, die Sie nicht kennen, sowie bei peitschenscheuen, nervösen oder reizbaren Pferden, sollten Sie die Peitsche bei Handwechseln stets unter Ihren jeweils freien Arm klemmen. Müssen Sie die Peitsche vom Boden aufnehmen, nehmen Sie diese ruhig und vorsichtig mit genügend Abstand zum Pferd auf und lassen dieses dabei nicht aus den Augen. Überhaupt sollten Sie Ihr Pferd ständig im Auge behalten und bei der Arbeit mit und an diesem stets aufmerksam bleiben. Falls Sie zwischendurch am Pferd hantieren müssen, zum Beispiel beim Umschnallen einer Longe, so achten Sie darauf, dass die Longe nicht auf dem Boden hängt, damit das Pferd nicht hineintreten kann. Selbstverständlich hantieren Sie stets mit Ruhe und Bedacht am Pferd, damit dieses nicht erschrickt. Passen Sie Ihr Handeln immer dem Nervenkostüm des Pferdes an, mit dem Sie arbeiten. Bei fremden Pferden ist es sinnvoll, die Reaktionen etwas „anzutesten", damit das Pferd nicht unnötig ängstlich, stürmisch oder heftig wird.
Viele Trainer, welche täglich viele Pferde arbeiten, halten sich aus praktischen und Zeitgründen nur teilweise an obige Regeln. Auch wenn sie so schlechte Vorbilder für Amateure sind, sollten Sie immer bedenken, dass es sich um Menschen mit viel Pferdeerfahrung handelt, welche die Reaktionen ihrer Schützlinge meist besser einschätzen können als ein Amateur. Das sollten Sie bedenken und Ihre Fähigkeiten und das Verhalten Ihres Pferdes sicher einschätzen können, falls Sie diese Sicherheitsregeln übertrieben finden.
In der Handarbeit steht der Longenführer naturgemäß sehr dicht am Pferd. Deshalb sollte man sein Pferd schon sehr gut kennen, bis man so dicht und dynamisch arbeitet, wie auf dem Foto unten abgebildet. Ohne sichere Einwirkung besteht hier natürlich zusätzliche Gefahr. Pferde können den Menschen wegdrängen, überrennen, beißen oder treten oder auch steigen. Deshalb sollte die Handarbeit erst ihren Platz im Training finden, wenn die Rangordnung geklärt ist und der Longenführer sein Pferd bereits SICHER an den Hilfen hat.

EINWIRKUNG UND HILFENGEBUNG

Um sicher und effizient auf ein Pferd einwirken zu können, benötigt man eine koordinierte Hilfengebung. Diese besteht technisch gesehen vor allem aus der Longen- und Peitschenführung sowie der für die jeweilige Aufgabenstellung gerade richtigen Position zum Pferd. Auf der Kommunikationsseite kommen weitere Hilfen wie die Körpersprache und Stimmhilfen dazu. In ihrer Gesamtheit nennt man all diese Hilfen Paraden. Je koordinierter ein Longenführer diese verschiedenen Hilfsmittel sowie seinen eigenen Körper zur Hilfengebung einsetzen kann, desto mehr Einwirkung bekommt er auf sein Pferd. Damit muss aber auch die Verantwortung für das Lebewesen Pferd reifen. Denn wer viel Einwirkung und wenig Gefühl hat, kann einem Pferd noch empfindlicher schaden als jemand, der wenig Einwirkung und wenig Gefühl hat. Deshalb sollte es im Bestreben eines jeden Pferdemenschen liegen, seine eigene Körperbeherrschung, koordinativen Fähigkeiten und sein freundliches, aber konsequentes Wesen immer weiter zu schulen. Lebenslanges Lernen ist auch gelebter Tierschutz.
Aus praktischen Gründen ist die Hilfengebung in einzelne Unterkapitel eingeteilt. Da sich die verschiedenen Hilfen aber auch überschneiden und ergänzen und nur in ihrer Gesamtheit richtig auf das Pferd wirken können, ist es teilweise nicht möglich, die Beschreibungen und das Fotomaterial einem bestimmten Unterkapitel zuzuordnen. Vor allem die Körpersprache und die Positionen des Longenführers sind so eng miteinander verknüpft, dass das Fotomaterial beider Kapitel entsprechend zusammengelegt wurde.

HANDHABUNG DER LONGE

Für diese Art der Longenarbeit schnallen Sie die Longe am inneren Trensenring ein. Falls Sie einen Kappzaum benutzen, verwenden Sie den mittleren Ring.
Um Paraden geben zu können und die Durchlässigkeit Ihres Pferdes zu fühlen und zu verbessern, benötigen Sie eine Anlehnung. Während ausbalancierte Pferde in der Lage sind, selbst die Anlehnung zu suchen, und Sie nur die Longe ruhig halten müssen, tun sich moderne Pferde aufgrund der Abwärtshaltung ihrer Wirbelsäule und ihrer dadurch verstärkten Schiefe und Vorderlastigkeit meist sehr schwer, eine gleichmäßige Zirkellinie einzuhalten. Deshalb müssen Sie Ihr Pferd dazu anregen, sich zu dehnen, damit es beginnt, die Anlehnung zu suchen. Dazu passen Sie die Longe ständig den Begebenheiten an. Sie ziehen also die Longe ständig nach und lassen sie wieder durchrutschen, damit sie nach Ihren Paraden nicht hängen bleibt und sich die Muskeln Ihres Pferdes auch wirklich frei bewegen können. Damit dieses Verkürzen und Verlängern der Longe geschmeidig und ruckfrei gelingen kann, nutze ich eine Longenführung, bei welcher ich eine Hand, welche zum Pferdemaul geht, möglichst ruhig stehen lasse und quasi als Umlenkrolle nutze. Mit der anderen justiere ich jeweils die Longe, indem ich diese durch die „Umlenkrollenhand" ziehe oder Schlaufen nachlasse. Diese Longenführung ist zwar gewöhnungsbedürftig und erfordert recht viel Übung, erlaubt dafür aber eine sehr präzise Einwirkung, welche man für ein

erfolgreiches Training benötigt. Wie genau man die Longe halten möchte, ist im Endeffekt Geschmackssache. In erster Linie muss man mit der Longe zurechtkommen. Eine einhändige Führung ist aber nicht sinnvoll, da sie kein ruckfreies Nachziehen erlaubt. Die Anlehnung muss gefühlvoll und elastisch bleiben, damit sich Muskeln bewegen können und nicht gesperrt werden. Die Longe hängt aufgrund ihres Eigengewichtes normalerweise leicht durch, wenn Sie nicht gerade Paraden geben. Um eine Parade zu geben, brauchen Sie erst Energie im Hinterbein (also eine treibende Hilfe, welche das Hinterbein aktiviert). Dann schließen Sie die Finger (die Faust weich schließen) und lenken die Energie mit der Longe in die Richtung, welche die Haltung des Pferdes verbessert. Also z.B. nach vorne, um das Genick oder die Halsbasis zu öffnen, oder vorwärts-aufwärts, um die Wirbelsäule anzuheben. Nach jeder Parade öffnen Sie die Finger (die Faust entspannen) und lassen die Longe etwas durchrutschen; das können ein paar Millimeter oder auch mehrere Zentimeter sein, je nachdem, was Sie gerade für Bewegungen ins Pferd gebracht haben. Eine kurzfristig durchhängende Longe kann der Überprüfung der Selbsthaltung dienen (Aussetzen der Hilfen).

Ich führe die Longe auf beiden Händen mit der linken Hand zum Pferdmaul. Mit der rechten justiere ich die Longe und halte die Peitsche. So kann ich auf der linken Hand von hinten unten nach vorne oben treiben und die Bewegungen auch in diese Richtung umlenken. Und auf der rechten Hand, wo die meisten Pferde gerne nach innen fallen, habe ich die Peitsche vorne, sodass ich von der inneren Schulter in Richtung inneres Hinterbein treiben und so gleich die innere Schulter mit kontrollieren kann. Bei jungen Pferden, welche nicht genügend vorwärts gehen oder einfach umdrehen wollen, sollte

Für eine präzise Einwirkung muss die Longe bei dieser Arbeit mit beiden Händen geführt werden. Nur so ist beständiges, ruckfreies Nachziehen und wieder Durchrutschen-Lassen möglich.

man zum Anlongieren die Peitsche so führen, dass man das Pferd hinten einrahmen kann. Sobald es nicht mehr umdreht, macht es aber mehr Sinn, auf der rechten Hand die Peitsche vorne zu führen und damit die Schulter besser unter Kontrolle zu halten. Wie genau man die Longe führen möchte,

Wie genau man die Longe führen möchte, ist Geschmackssache. Man muss aber jederzeit ruckfrei nachziehen und wieder durchrutschen lassen können.

Zum Verkleinern der Kreislinie ziehe ich mit der rechten Hand die Longe durch meine linke Hand. Geht die Hand in Richtung Pferdemaul leicht nach oben, kann auch die Halshaltung des Pferdes entsprechend nach oben korrigiert werden. Die leicht anstehende Longe ermöglicht eine gefühlvolle, punktgenaue Einwirkung.

ist Geschmackssache. Man muss aber jederzeit ruckfrei nachziehen und wieder durchrutschen lassen können. Ich verwende folgende Longenführung, wie auf dem Foto zu sehen ist. In der linken Hand halte ich – in sauberen, aufeinander gelegten Schlaufen aufgenommen – das Longenende. In der rechten Hand halte ich – je nachdem, wie weit entfernt ich vom Pferd arbeite – etwa zwei bis drei ebenfalls sauber aufeinander gelegte Schlaufen. Den Teil der Longe, der zum Pferdemaul geht, lege ich dann über die Schlaufen in der linken Hand. Diese steht also zunächst ruhig zum Pferdemaul, bis der Longenführer so viel Selbsthaltung entwickelt hat, dass er auch mit der linken Hand Paraden geben kann, ohne rückwärts zu wirken. Das Longenstück zwischen beiden Händen sollte dann länger sein, wenn das Pferd auf einer großen Kreislinie geht und man schnell mehr Longe geben können muss. Arbeitet man dicht am Pferd und muss präzise, also zentimeterweise, nachziehen können, empfiehlt es sich, dieses Zwischenstück kürzer zu halten. Dann kann man durch einfaches Auseinandernehmen der Arme die Longe nachziehen. Die Peitsche lege ich dann oben in die rechte Hand, sodass ich diese unabhängig von der Longe bewegen kann. Die linke Hand steht – ähnlich wie beim Reiten – aufrecht. So können alle Gelenke des Arms und der Hand geschmeidig arbeiten und ich kann bei Bedarf jeden Finger einzeln bewegen. Longe und Peitsche bleiben auf beiden Händen in derselben Hand, damit man auf der losen rechten Hand durch das Führen der Peitsche von vorne nach hinten mehr Kontrolle auch über die rechte Schulter des Pferdes bekommt. Üben sollte man das entweder mit einem Menschen als „Pferdchen“ oder indem man das Longenende an einer Türfalle oder Ähnlichem befestigt, sich frei im Raum bewegt und dabei übt, die Longe immer so nachzuziehen und rutschen zu lassen, dass sie bei jeder Bewegung gleichmäßig und

☞ BEISPIELE

Zum Nachziehen der Longe öffne ich die linke Hand so weit, dass die rechte Hand die Longe durchziehen kann. Zum Durchrutschen-Lassen öffnet sich die linke Hand in gleicher Weise und die rechte gibt nach Bedarf Zentimeter oder Schlaufen nach. So bleibt die Anlehnung gleichmäßig und elastisch.

Durch Auseinanderziehen beider Arme kann die Longe leicht nachgezogen werden, ohne dass die Verbindung zum Pferdemaul unterbrochen wird.

So kann ich die in Reserve liegenden Schlaufen problemlos von dem Teil der Longe trennen, welcher direkt zum Pferdemaul führt.

Hand schließen.

Hand öffnen. So kann die Longe Millimeter oder Zentimeter gleiten, damit sich die Muskeln des Pferdes auch bewegen können.

Gehe ich mit dem longenführenden Arm in Richtung Pferdemaul und treibe rhythmisch nach, kann ich das Pferd motivieren, sich vermehrt zu strecken. Gehe ich dabei auf das Pferd zu, kann ich es auch nach außen weisen oder aber geradeaus mitgehen.

elastisch ansteht. Auf obigem Bild demonstriere ich zudem die Bewegung von links unten nach rechts oben (wir sind auf rechter Hand!) – also in Bewegungsrichtung – durch meinen eigenen Körper, mit welcher ich diese Bewegung auch ins Pferd bringen kann.
Die Schlaufen dürfen nur so lang gefasst werden, dass Sie auch in hektischen Situationen nicht hineintreten können. Vermeiden Sie, unnötig viele Schlaufen in der Hand zu halten. Achten Sie darauf, dass Sie die Longe so geordnet haben, dass Sie diese jederzeit aufnehmen oder herauslassen können. Das ist vor allem bei ungestümen Pferden sehr wichtig. Zum Verlängern der Longe lassen Sie die Schläge durch Ihre leicht geöffnete Hand gleiten. Zum Nachziehen nutzen Sie Ihre rechte Hand, welche auch die Peitsche führt.
Lassen Sie den Oberarm locker aus der Schulter heraushängen, um sich nicht zu verkrampfen. Die Einwirkung mit der Longe geschieht durch leichtes Schließen und Öffnen der Finger aus dem lockeren Handgelenk. Beim Öffnen soll die Longe immer etwas durch Ihre Finger gleiten. Je nach Situation reichen ein paar Millimeter, damit die Muskulatur des Pferdes frei arbeiten kann. Für gewisse Bewegungen muss die Longe aber auch einige Zentimeter oder mehr herausgelassen werden, damit man mit der Longe nicht „hängen“ bleibt. Achten Sie darauf, dass Sie die Longenhand nicht zu Ihrem Körper ziehen. Das könnte das Pferd auf die innere Schulter ziehen. Sie können aber mit der Longe ganz klar die Richtung angeben, in welche Sie die Bewegung lenken bzw. die Dynamik der Hinterhand umlenken möchten. Also nach vorne heraus, nach vorne oben oder nur nach oben. **Diese Umlenkbewegungen sollten immer mit dem Muskelverlauf geschehen, also in der Verlängerung des Pferdehalses nach vorne.** Zum Verkleinern der Kreislinie ziehen Sie die Longe mit Ihrer rechten Hand durch die ruhig zum Pferdemaul stehende Linke hindurch, ohne dabei mit der linken Hand nach innen zu ziehen! Möchten Sie die Kreislinie vergrößern und Ihr Pferd nimmt Ihnen das nicht ab, weil es zu wenig Streckung in seiner Wirbelsäule hat, können Sie entweder mit der Peitschenhand oder bei

Bedarf auch mit beiden Händen in Richtung der Pferdeschulter diese nach außen weisen. Diese gefühlvollen Bewegungen der longenführenden Hand bilden im Zusammenspiel mit den treibenden Hilfen (Stimme, Körpersprache, Peitsche) die halben Paraden. Bei all diesen Bewegungen sollten Sie einen elastischen „Gummiarm" haben, Ihre Gelenke sollten also geschmeidig federn. **Die Stärke der Paraden können Sie mit Ihrer Muskelspannung jederzeit dosieren. So können Sie positive Spannung ins Pferd bringen, selbst wenn Sie die Longe nur mit zwei Fingern halten. Fühlen Sie, dass Ihr Pferd Muskeln festhält, können Sie sich vorstellen, dass Sie diese mit Ihren Fingern mit dem Faserverlauf der Muskulatur, also vom Schweif zum Genick, frei massieren. Wenn Sie also die Bewegungen umlenken, bewegen Sie Ihre Finger um die Longe, wie wenn Sie die Saiten einer Harfe zupfen wollten. Das hilft auch, wenn das Pferd versucht, sich auf der Longe abzustützen und sich an Ihnen festzuhalten.**

Möchte ich erhöhte Körperspannung ins Pferd bringen und im Pferd halten, benötige ich selbst eine gute Körperspannung. Diese kann ich über die Longe auf das Pferd übertragen. Dazu braucht man keine Kraft; man kann die Longe leicht zwischen den Fingern halten.

HANDHABUNG DER PEITSCHE

Betrachten Sie die Peitsche als Ihren verlängerten Arm. Ihr Sinn ist, dem Pferd zu helfen, Ihre Hilfen zu verstehen und diese möglichst richtig umzusetzen. Entsprechend soll sie auch gehandhabt werden. Aufwändiger Peitscheneinsatz verängstigt sensible Pferde und stumpft unsensible weiter ab. Daher brauchen Sie für eine gute Hilfengebung mit der Peitsche einiges Einfühlungsvermögen, vor allem bei Pferden, die wenig Respekt vor diesem Hilfsmittel zeigen und nicht bereit sind, ihre Hinterbeine freiwillig zu bewegen.

Bei der Handhabung muss man ein wenig unterscheiden, ob ein Pferd körperlich bereits in der Lage ist, die ihm gestellte Aufgabe zu erfüllen, und es ihm einfach zu anstrengend ist, oder ob es besser ist, zunächst einfach Bewegungen abzurufen, welche das Pferd mit der Zeit befähigen sollen, die gewünschte Aufgabe zu erfüllen. Sind also statisch günstig gebaute Pferde unsensibel, so wurden sie meist überfordert oder abgestumpft. Hier hilft eine „saubere", gezielte Einwirkung, ohne jede Emotion. Sie dürfen Ihrem Pferd ruhig erklären, dass es die Peitsche zu respektieren hat, indem Sie diese gezielt einmal deutlicher einsetzen. Jede positive Reaktion ist zu belohnen, indem die Peitsche passiv wird. Wird das Pferd wieder träge, können Sie ruhig, aber entschlossen auf seine Hinterhand zugehen, es einmal ordentlich aktivieren und dann wieder auf Ihren Platz zurückgehen. Bereits nach kurzer Zeit wird es gar nicht mehr abwarten, dass Sie Ihren Platz verlassen, sondern bereits fleißiger werden, wenn Sie nur Anstalten machen, dies zu tun.

Selbstverständlich müssen Sie beim Aufs-Pferd-Zugehen die Longe nachziehen, um die Verbindung zu erhalten, und diese beim Zurückgehen auf Ihren Platz entsprechend wieder durchrutschen lassen, damit

☞ BEISPIELE

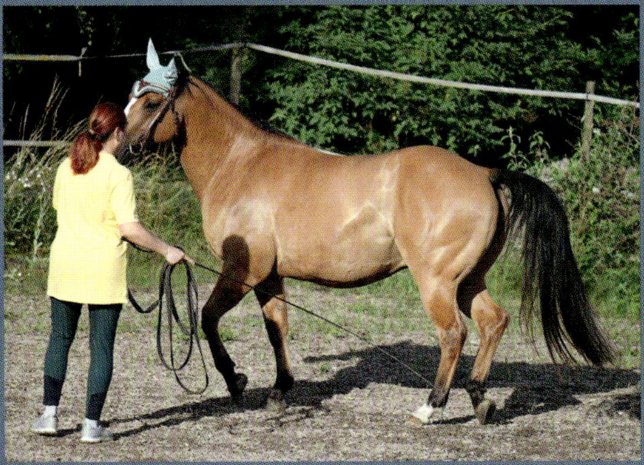

Setze ich die Peitsche hinten unter dem Sprunggelenk an, wird das Pferd dazu angeregt, sein Hinterbein vermehrt unter den Körper zu setzen oder es vermehrt zu beugen, also mehr in die Last zu treten.

Die Peitsche vor der Brust bremst das Pferd und kontrolliert die innere Schulter. Beim Einsatz an der äußeren Schulter kann sie bei gleichzeitigem Verkürzen der Longe helfen, das Pferd nach innen zu drehen.

Auf der rechten Hand: Setze ich die Peitsche vorne an der Schulter ein, hilft sie, diese unter Kontrolle zu halten.

Setze ich die Peitsche unter der Longe durch in Richtung inneres Hinterbein ein, wird dieses aktiviert.

In dieser Position rahmt die Peitsche das Pferd von hinten ein und treibt es an die Hand heran.

sich das Pferd frei bewegen kann. Aktivieren Sie ein Hinterbein und halten Ihr Pferd dabei fest, wird es sich festmachen, anstatt Muskeln in Betrieb zu nehmen. Das stumpft Pferde auch ab.

Haben Sie ein statisch verändertes Pferd, welches gar keine Idee hat, **wie** es seine Hinterbeine anders und damit besser bewegen könnte, helfen Sie diesem, indem Sie gezielt Bewegungen auslösen, welche ihm die Idee vermitteln, **wie es zunächst Einzelbewegungen besser ausführen kann, welche die Motorik verbessern. Später verbinden Sie immer mehr dieser Einzelbewegungen, bis daraus „ein Ganzes" wird.** So trainieren Sie allmählich seine Motorik um, bis nicht mehr nur einzelne bessere Bewegungen entstehen, sondern die Bewegungen in den Alltag übernommen und somit zur Gewohnheit werden. Da solche statisch veränderten Pferde, welche zu hundert Prozent in der Schubkraft stehen, körperlich zunächst gar nicht in der Lage sind, Last aufzunehmen und sich zu tragen, müssen Sie sehr geschickt einwirken, um dennoch für den Körper positive Bewegungen auszulösen. Ein richtig dosierter und getimter Zwick unter dem Sprunggelenk kann z. B. das Pferd veranlassen, sein Hinterbein nach vorne oben anzuwinkeln. Zu diesem Zeitpunkt wird es zwar von seiner Beckenstellung her noch gar nicht in der Lage sein, diese Bewegung nach vorne umzusetzen. Dennoch hilft ihm dieses Winkeln unter den Körper, seine Gesäßmuskeln zu dehnen, seine Rumpfstabilisatoren anzuspannen und seine Gelenke beweglich zu machen. **Alles Voraussetzungen dafür, dass aus solchen Einzelbewegungen einmal eine umgeschulte Motorik entsteht.** Sind Pferde hier extrem zäh und steif, kommt man manchmal nicht umhin, mit der Peitsche energischer einzuwirken. Hier entscheiden Timing und Dosierung über den Erfolg. Viele Pferde reagieren auch besser auf die Peitsche, wenn man sie nur einmal energisch einsetzt und später nur noch die Schnur in Richtung Sprunggelenk gleiten und beim Zurückziehen knallen lässt, ohne dabei das Pferd zu berühren. Verbinden Sie solche Peitschenbewegungen mit einem Schnalzen oder einer ähnlichen, auffordernden Stimmhilfe, so können Sie nach und nach die Einwirkung mit der Peitsche durch dieses Stimmkommando ersetzen. Das macht die Arbeit viel feiner und für beide Seiten angenehmer. Auf jeden Fall sollten Sie wildes Fuchteln vermeiden und nie den Zwick in der Nähe des Kopfes oder gar der Augen einsetzen!

Die Stärke der Peitschenhilfe wird immer durch die Aufmerksamkeit und Sensibilität des Pferdes sowie die Geschicklichkeit des Longenführers bestimmt. Stimmen Sie Ihr Pferd auf möglichst leichte Hilfen ab. Besser als grobe Hilfen, hilft bei unsensiblen Pferden das Auslösen vieler verschiedener Bewegungen in kurzen Abständen, um diese aufmerksam zu machen. Beachten Sie grundsätzlich die Reaktion Ihres Pferdes. Reagiert es auf Ihre Einwirkung zu heftig, war die Hilfe zu stark. Reagiert es nicht oder nur verzögert, hat es die Hilfe entweder nicht wahrgenommen, respektiert sie zu wenig oder kann sie im Augenblick körperlich nicht umsetzen. In diesem Fall geben

So über die Longe gelegt und mit dem Zeigefinger getrennt, kann die Peitsche aus einem lockeren Handgelenk gezielt eingesetzt werden, um feine Reaktionen zu erhalten.

Sie die Hilfe beim nächsten Versuch deutlicher, loben die (hoffentlich) richtige Reaktion und kehren zur normalen Hilfengebung zurück.
Grundsätzlich wirkt eine vor die Brust gehaltene Peitsche bremsend und eine zur Hinterhand zeigende treibend. Zeigen auf oder Touchieren der Schulter oder Bauchseite wirken nach außen weisend und zusammenwirkend mit dem Vorsetzen der äußeren Schulter biegend. Moderne Pferde mit nach vorne verlagertem Schwerpunkt schieben sich überaus gerne auf ihre Schultern, wenn Sie Energie in die Hinterhand bringen, solange sie diese noch nicht dahingehend im Körper umsetzen können, dass sich die Wirbelsäule anhebt. Damit Ihnen Ihr Pferd dabei nicht auf Ihre Füße tritt, Sie beiseite schiebt oder einfach davonrennt, werden Sie zunächst die Peitsche immer wieder im vorderen Bereich einsetzen müssen. Ein Anstupsen von der Brustseite her an die innere Schulter weist das Pferd nach außen. Antippen direkt an der Brust wirkt bremsend und veranlasst das Pferd, seinen Hals höher zu nehmen, sodass Sie nicht am Gebiss ziehen müssen. Denn das würde ja rückwärts wirken und Ihr Pferd in seiner Oberlinie verkürzen. **Dabei dürfen Sie aber nie vergessen, dass der Motor Ihres Pferdes hinten sitzt und wenn dieser nicht (richtig) arbeitet, der ganze Körper sich muskulär nicht verbessern kann. Schaffen Sie es aber nicht, die Energie von hinten in sinnvolle Bahnen zu lenken, indem Sie diese umlenken oder, anders ausgedrückt, in eine Aufwärtsbewegung verwandeln, so wird Ihnen Ihr Pferd**

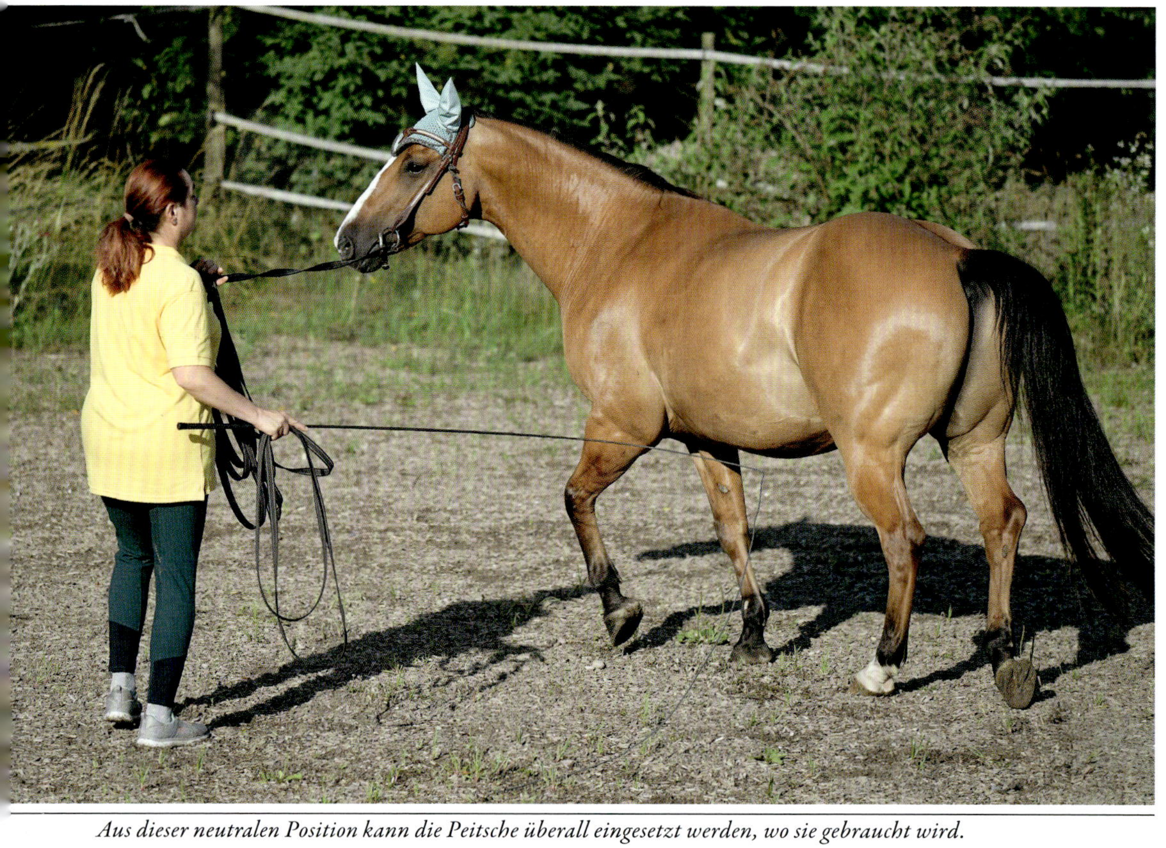

Aus dieser neutralen Position kann die Peitsche überall eingesetzt werden, wo sie gebraucht wird.

davonrennen. Sie müssen also lernen, den „Turbo“ einzuschalten, aber bitte nach und nach. Sie sollten deshalb den Motor zunächst nur so viel anwerfen, wie Sie vorne umgelenkt bekommen. Je routinierter Sie dabei werden, desto schneller werden Sie Ihr Pferd mit dieser Arbeit nicht nur lockerer, sondern vor allem muskulöser und stabiler bekommen, was im Endeffekt die Tragfähigkeit eines Pferdes ausmacht und auch über die Jahre erhält.

Durch geschicktes Touchieren der Reflexpunkte können Sie ebenfalls bestimmte Reaktionen hervorrufen. Zum Beispiel erreichen Sie durch das Berühren unter dem Sprunggelenk eine vermehrte Beugung des Hinterbeines. Der Reflexpunkt an der Schenkellage veranlasst das Pferd entweder, nach außen zu weichen, oder aber, das innere Hinterbein besser vorschwingen zu lassen. Das Antouchieren der Kruppe wirkt nur bei statisch günstig konstruierten Pferden absenkend, kann aber bei vielen Pferden noch ein Anziehen des Beckens auslösen. Allerdings können Sie durch das halbkreisförmige Touchieren von oben nach unten, zuerst oben an der Kruppe, dann am Sitzbein und zuletzt hinten am Knie, bei entsprechend vorgeschulten Pferden eine leichte Beckendrehung auslösen. Das klappt allerdings auch nicht mehr bei allen Pferden, sodass Sie für das „Umdrehen“ des Beckens noch andere Bewegungen nutzen müssen.

Auch durch das Berühren von Touchierpunkten kann das Pferd dazu angeregt werden, bestimmte Bewegungen auszuführen.

STIMMHILFEN

Die Einwirkung mit Longe und Peitsche wird durch Stimmhilfen unterstützt. Die Stimme kann je nach Energie, Tonfall und Lautstärke beruhigend, auffordernd oder verhaltend wirken. Da diese Arbeit in erster Linie darauf abzielt, die Motorik von Pferden in die Tragkraft umzuschulen, sodass sie Tragemuskeln aufbauen, gesund werden oder langfristig tragfähig bleiben, gibt es hier im Einsatz der Stimmhilfen deutliche Abweichungen zum normalen Longieren. Üblicherweise nutzt man Stimmkommandos, um die Gangart anzusagen. Das wird bei dieser Arbeit NICHT gemacht. Warum nicht? Weil die Gangart zunächst nebensächlich ist. Bei dieser Arbeit geht es in erster Linie darum, dem Pferd aus einer schlechten, verschleißträchtigen Körperhaltung herauszuhelfen, diese also zu verbessern. **Deshalb wird immer zuerst die Körperhaltung korrigiert. WIE das Pferd diese Korrektur umsetzt, ist sehr individuell abhängig von seiner Statik. Deshalb hat das Pferd lange Mitspracherecht in der Gangart.**

Gezielt wird deshalb auf die Gangart erst dann Einfluss genommen, wenn die Körperhaltung besser geworden ist und das Pferd damit in die Lage versetzt wurde, in dieser besseren Körperhaltung die Gangart zu wechseln.

Ein Beispiel: Aktivere ich den Schritt, um eine bessere Bewegung der Muskeln durch den gesamten Pferdekörper zu bekommen, werden Pferde unterschiedlicher Statik und unterschiedlichen Temperaments das vermutlich auch unterschiedlich im Körper umsetzen. Weil ein Pferd mit einem tief liegenden Rücken (Hohlkreuz) höchstwahrscheinlich die Schritte nur schlecht verlängern kann, wird es vermutlich antrotten. Es wird also erst mit der Zeit, wenn sich die Wirbelsäule etwas angehoben hat, in der Lage sein, im Schritt zwei Tempi, also den Mittelschritt und den verstärkten Schritt, umzusetzen. Anders ein Pferd, welches seit Generationen zwei Tempi pro Gangart angezüchtet hat. Es wird vermutlich beim Aktivieren schreitender und fleißiger werden, ohne anzuzackeln. Das Pferd hat also zunächst Mitspracherecht in der Gangart. **Diese Art, WIE ein Pferd dieselbe Hilfe umsetzt, liefert Ihnen wichtige Hinweise, wo die Wirbelsäule genau im Körper liegt und inwieweit diese auch tatsächlich als Bewegungszentrum des Pferdes funktioniert.**

Da die Arbeit immer von hinten nach vorne stattfinden soll, soll das Pferd also auch nicht mehr als unbedingt nötig über verhaltende Hilfen ausgebremst werden. Viel besser ist es, wenn es gelingt, in die falsche Richtung umgesetzte Energie umzulenken. Das abwärts gehende Pferd soll also lernen, im Körper „aufwärts“ zu gehen. Nur so kommt es von der Vorhand weg und lernt, seine Hinterbeine richtig zu nutzen. Bremsen Sie also immer mit der Stimme oder durch Paraden, wird das Pferd nie lernen, seine Hinterbeine zu kontrollieren. **Wird Ihr Pferd also schneller, versuchen Sie, mit Ihren Paraden die Bewegungen vermehrt nach vorne oben durch seinen Körper zu lenken, indem Sie den Hals geringfügig über die Höhe der Stelle, wo die Halswirbelsäule aus der Brust wächst, anheben.**

So hat die schiebende Energie der Hinterbeine wenigstens einen Nutzen; sie hebt gezwungenermaßen den Brustkorb etwas an, was auf das Becken bremsend wirkt. Klappt das, können Sie Ihr Pferd im Tempo kontrollieren, ohne dass Sie es vorne mit der Hand abbremsen müssen. Denn Sie sollten ja immer mehr dazu kommen, Ihr Pferd in die Übergänge hineinzutreiben. Möchten Sie also antraben, soll Ihr Pferd nicht kopfüber in den Trab fallen, sondern Sie sollten das Hinterbein antreten lassen. Möchten Sie in den Schritt durchparieren, sollte Ihre Priorität nicht darauf liegen, den Trab zu beenden, sondern darauf, den Schritt gleich wieder zu aktivieren. Sie sollten also über kurz oder lang dazu kommen, Ihr Pferd in die Übergänge hineinzutreiben. Nur so können Sie mittelfristig die Motorik verbessern und langfristig Ihr Pferd gesund und tragfahig erhalten.

Noch etwas sollten Sie für diese Arbeit wissen: Ungehorsam entsteht in aller Regel dadurch, dass ein Pferd etwas im Körper nicht so umsetzen kann, wie wir es uns vorstellen. Tut Ihr Pferd nicht das, was Sie von ihm wollen, so zeigt es nur, dass es körperlich nicht in der Lage ist, das Gewünschte in einer guten Körperhaltung auszuführen. So manches S-Dressurpferd ist in der Lage, auf der Vorhand und in einer balancefreien Körperhaltung zu piaffieren. Dass es keine Balance hat, merkt der Reiter dann in der Siegerehrung, wenn das Pferd unkontrolliert durchgeht. Bei dieser Arbeit zeigen Pferde solche Probleme an, sodass Sie wissen, zu was Ihr Pferd in der Lage ist, und daran arbeiten können. Natürlich kann man so manches Pferd im Notfall anhalten, wenn man nur genügend am Zügel zieht. Nur zeigt das halt ganz klar an, dass die sogenannte Durchlässigkeit gar keine ist, sondern nur Muskeln nachgiebig gemacht wurden, um Lektionen in ein Pferd zu trichtern, welches körperlich gar nicht dazu in der Lage ist. Nur Lektionen, welche in einer guten Körperhaltung ausgeführt werden können, kräftigen den Körper und halten ihn gesund. Deshalb findet man in der modernen Dressurreiterei auch so viele körperlich völlig ruinierte Pferde, welche viele Schleifen aus hohen Dressurprüfungen im Schaukasten hängen haben. Darüber sollte man nachdenken, bevor man sich dazu entschließt, die Ausbildungsarbeit abzukürzen, indem man Gehorsam und Lektionen in einer schlechten Körperhaltung ins Pferd trichtert. Denn körperlicher Abbau und Verschleiß gehen natürlich Hand in Hand. Reagiert Ihr Pferd in einer Art und Weise, welche für Sie oder das Pferd selbst gefährlich ist, so reduzieren Sie die Anforderungen und versuchen, mit dem Pferd auf einem tieferen Niveau eine Einigung zu erzielen. Beißen Sie sich nicht an einer Übung fest und fangen Sie keinen Kampf mit Ihrem Pferd an. Es würde gewinnen und lernen, dass es sich entziehen kann. Denken Sie immer daran, bevor es zu überbordenden Reaktionen kommt: Weniger ist auch hier oft mehr. Auch wenn Sie mit Ihrer Stimme die Gangart nicht mehr ansagen, können Sie diese vielfältig nutzen. Grundsätzlich wirkt der leise Einsatz einer tiefen, angenehmen Stimme beruhigend, während kurzer, energischer und/oder lauter Stimmeinsatz auffordernd, ermahnend oder treibend wirkt. Möchten Sie also die Peitschenhilfe für das Winkeln des Hinterbeines unter den Körper mit Ihrer Stimme koppeln, so können Sie z. B. schnalzen, pfeifen oder Ähnliches, bis Sie mit Ihrem Stimmkommando die Peitsche ersetzen können.

Achten Sie immer darauf, dass Ihre Stimmhilfen mit Ihren anderen Hilfen übereinstimmen und auf die Situation abgestimmt sind. Es macht keinen Sinn, wenn Ihr Pferd panisch davonstürmt und Sie vor lauter Aufregung laut und hektisch „brrrr“ rufen. Achten Sie stets darauf, souverän zu wirken. Sowohl in der Handhabung Ihrer Hilfen, als auch mit Ihrer Stimme und vor allem Ihrer Körpersprache, auch wenn Ihr Pferd einmal überhaupt nicht das tut, was Sie sich erhofft hatten. Werden Sie genervt, wird das auch nicht helfen, eine unangenehme Arbeitssituation zu entspannen.

Die abwärts schiebende Dynamik wird konsequent umgelenkt. Dadurch kommen inzwischen immer mehr Momente zustande, in denen sich das Jungpferd im Körper „aufwärts“ zu bewegen beginnt.

DIE KÖRPERSPRACHE

Pferde als ausgezeichnete Bewegungsleser kommunizieren in einer harmonischen, intakten Gruppe mittels fein abgestimmter Körpersprache. Warum sollten wir also unsere Hilfengebung auf den Einsatz von Hilfen beschränken, die dem Pferd unnatürlich vorkommen müssen? Die menschliche Stimme wird dem Pferd ebenso widernatürlich vorkommen wie eine zischende Peitschenschnur oder eine wedelnde Longe. Unserer Art, uns zu bewegen, kann es aber alle Informationen entnehmen, die es für eine erfolgreiche Kommunikation mit uns benötigt. Vorausgesetzt, Sie beherrschen Ihre Körpersprache, kann Ihr Pferd über Ihren Gang, Ihre Körperhaltung, Körperspannung und die Art, wie Sie sich bewegen, erkennen, welches Tempo und welche Aktivität seiner Bewegungen Sie wünschen, ob es auf Sie zukommen oder Ihnen weichen soll und vieles mehr.
Die Körpersprache beinhaltet also bei Bedarf auch gezieltes Mitgehen mit dem Pferd, z. B., wenn es sich wie ein Motorrad in die Kurve legt und Sie es durch das Mitgehen geradeaus wieder gerader machen möchten. Oder Sie können gezielt auf Ihr Pferd zugehen, um es anzuregen, aktiv anzutreten, seine Muskeln zu bewegen und damit seine Wirbelsäule so weit zu strecken, dass eine Anlehnung entsteht. Körpersprache funktioniert sowohl über den optischen Eindruck, den Sie Ihrem Pferd vermitteln (z. B. schnelleres Gehen für schnelleren Gang beim Pferd, kurzes Zurückbleiben oder Passivwerden zum Durchparieren, Stehenbleiben zum Anhalten und Ähnliches) als auch über die Energie und Körperspannung, die Sie aussenden und über die Longenverbindung auch direkt auf das Pferd übertragen. Sind Sie lustlos und müde, werden Sie zumindest ein phlegmatisches Pferd kaum zu feurigem Gang bewegen können. Umgekehrt wird es Ihnen schwerfallen, ein nervöses Pferd zur Ruhe zu bringen, wenn Sie selbst ein Nervenbündel sind. Benimmt sich Ihr Pferd also nicht wunschgemäß, so gehen Sie kurz in sich, überprüfen Sie Ihre Körperhaltung und Ihre Energie und korrigieren Sie beides, falls nötig.
Ist die körpersprachliche Kommunikation zwischen Ihnen gut abgestimmt, so können Sie Ihr Pferd ohne störende, laute Stimmkommandos longieren. So können auch andere Reiter, die mit Ihnen den Arbeitsplatz benutzen, konzentriert arbeiten. Es verhält sich wie beim Reiten: Je geübter und feinfühliger ein Trainer ist, desto weniger

Möchten Sie, dass Ihr Pferd sich vermehrt aufrichtet, erhöhen Sie Ihre Körperspannung und richten sich selbst mehr auf. Die Bewegung Ihres Pferdes soll vermehrt von hinten unten nach vorne oben gehen.

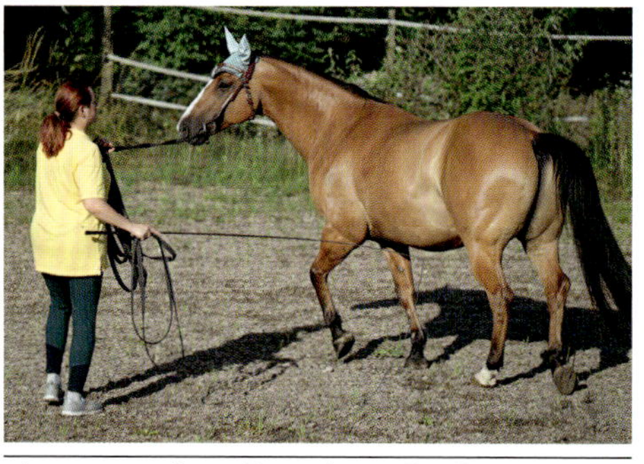

Aus einer anderen Perspektive: Die Bewegung soll von hinten unten nach vorne oben durch den Körper gehen. Also aktivieren Sie das Pferd von hinten unten und lenken die Bewegung mit der Longe nach vorne oben um.

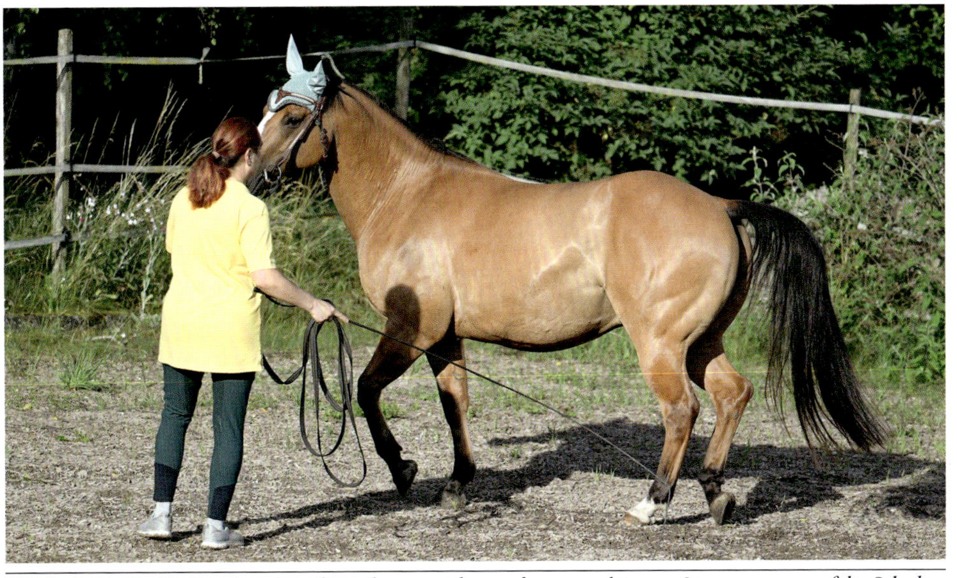

Möchten Sie die Vorhand nach außen, also von sich weg, bewegen, können Sie von vorne auf die Schulter Ihres Pferdes zugehen und die Hinterhand mit der Peitsche unter Kontrolle halten. So können Sie das Pferd kurzfristig vermehrt auf sein Hinterbein bringen.

sind die Hilfen für einen Außenstehenden erkennbar. Das Pferd kann sie aber wahrnehmen.

Möchten Sie, dass Ihr Pferd seine Muskeln frei bewegt und Bewegungen in seinem Körper umsetzt, müssen Sie die Bewegungen auch durch Ihren eigenen Körper durchlassen. So können Sie z. B. Körperspannung in ein Pferd bringen, ohne dafür an der Longe ziehen zu müssen. Die positive Körperspannung überträgt sich einfach über die Longe.

Möchten Sie, dass Ihr Pferd sich vermehrt aufrichtet, erhöhen Sie Ihre Körperspannung und richten sich selbst mehr auf. Die Bewegung Ihres Pferdes soll vermehrt von hinten unten nach vorne oben gehen. Also wirkt die Peitsche von hinten unten und die Longe nach vorne oben. Die Bewegung geht dabei entsprechend durch den Körper des Longenführers.

Bis es aber soweit ist, muss Ihr Pferd erst einmal verstehen, was Sie überhaupt von ihm möchten. Selbstverständlich muss es Ihnen auch vertrauen und Sie respektieren. Versucht Ihr Pferd ständig, Sie zu treiben oder zu bedrängen, hält es also die Individualdistanz zu Ihnen nicht ein oder ist auf andere Weise aufdringlich oder unkooperativ, werden Sie kaum mit dezenter Körpersprache und ohne Ihren verlängerten Arm, die Peitsche, zurechtkommen. Sie werden Ihre Kommunikation aber dennoch hauptsächlich über die Körpersprache führen, da Ihr Pferd diese am besten versteht. Die Peitsche dient auch in diesem Fall in erster Linie zum Zeigen, wo und wie Ihr Pferd gehen soll. Bei ausgesprochenen Frechheiten oder gefährlichen Reaktionen Ihres Pferdes darf die Peitsche auch deutlich eingesetzt werden. Aber auch hier nur kurz und soweit unbedingt nötig. Mit dauerndem, heftigem Peitscheneinsatz erzieht man sich ein unmotiviertes, unsensibles Pferd oder im schlimmsten Fall sogar einen „Verbrecher". Auch aus ethischen Gründen ist diese Art der Einwirkung auf ein Lebewesen abzulehnen.

Die meisten Pferde lassen sich unkompliziert auf das Longieren mit Körpersprache umstellen. Brauchen Sie mehr Energie im

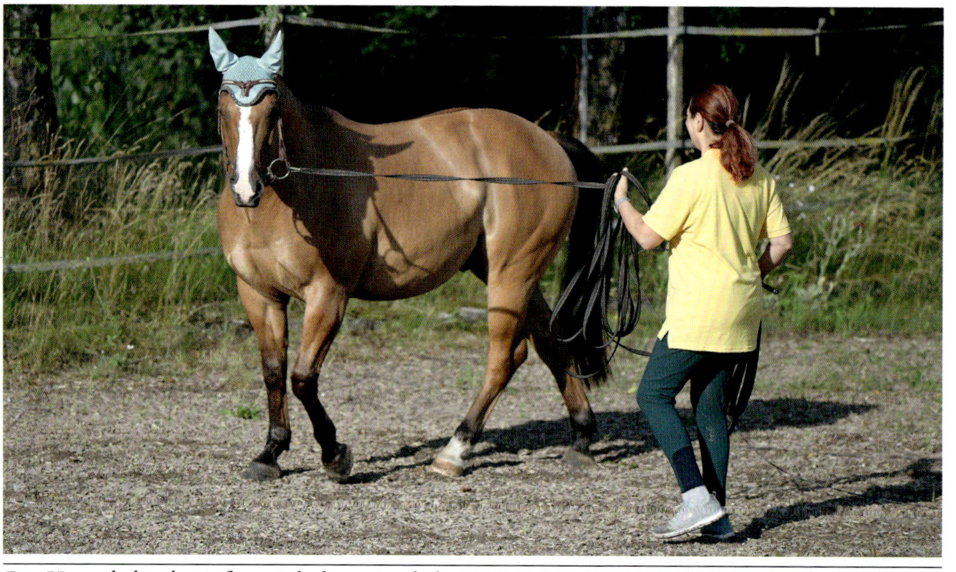

Das Hereinholen der äußeren Schulter mit erhöhter Körperspannung hebt die Wirbelsäule an, sofern das Pferd sich nicht seitlich entzieht.

Motor (der Hinterhand), können Sie rhythmisch auf die Hinterhand zugehen und bei Bedarf mit der Peitschenschnur etwas antouchieren. Dann ziehen Sie sich an Ihren Platz zurück und warten einen Augenblick ab, wie das Pferd Ihre Hilfe umsetzt. Auch wenn das Pferd nicht den gewünschten Fleiß entwickelt hat, treiben Sie nicht die ganze Zeit, sondern gehen gezielt, aber dieses Mal etwas energischer, auf die Hinterhand zu und aktivieren nun deutlicher.
Dann werden Sie wieder passiv, jedoch nicht statisch und fest. Solange Sie nichts Bestimmtes von Ihrem Pferd möchten, halten Sie einfach die gewünschte Körperspannung.
Drängelt Ihr Pferd nach innen, liegt das daran, dass es zu wenig Streckung in seiner Wirbelsäule hat und damit zu wenig Zug nach außen an die Hand heran, also in die Anlehnung, entwickelt. Das können Sie korrigieren, indem Sie gezielt auf die innere Schulter Ihres Pferdes zugehen, sich groß machen und es energisch nach außen weisen. Dabei muss die Longe natürlich so weit nachrutschen, dass das Pferd auch wirklich nach außen gehen kann. Sonst ziehen Sie Ihr Pferd auf die innere Schulter und bekommen es immer schlechter auf eine größere Kreislinie. Dieses Problem haben heute viele Pferde. Denn überlange Hinterbeine, welche schiebend hinter der Last laufen, schieben den Körper des Pferdes auf dessen Schultern. Manche Pferde werden dabei in ihrer Wirbelsäulenaufhängung nach unten gedrückt und zusammengeschoben. Sie blockieren sich also regelrecht gegen die Schulter. Solche Pferde reagieren dann auf treibende Hilfen oft, indem sie entweder nach innen laufen oder sogar bremsen. Schaut man genauer hin, klemmen sie; ihre Hälse machen eine Rückwärtsbewegung und ihr vorderer Rücken geht nach unten, anstatt sich nach oben anzuheben.
Haben Sie genügend Streckung in die Wirbelsäule gebracht, sodass Ihr Pferd leicht von Ihnen weggeht, sobald Sie die Finger der longenführenden Hand öffnen, so können Sie diese Streckung durch das Vorsetzen der Vorhand anheben. Sie ziehen also mit Ihrer rechten Hand die Longe durch die longenführende linke Hand, um das Pferd mit seiner äußeren Schulter (nicht nur mit dem

Hals!) nach innen zu holen. Gelingt das, heben sich Widerrist und Brustkorb etwas an und das innere Hinterbein muss vermehrt die Körperlast übernehmen. Bestimmt kennen Sie das vom Reiten: Vor jeder Ecke und Wendung stellen Sie Ihr Pferd etwas Schultervor, um es geradezurichten und sein inneres Hinterbein unter Kontrolle zu bringen. Ansonsten würde das Pferd über die äußere Schulter ausfallen, auf die innere fallen und/oder mit seinem inneren Hinterbein in Richtung der äußeren Schulter gehen oder mit dem äußeren Hinterbein ausscheren. Kommt Ihnen nur der Hals Ihres Pferdes entgegen, haben Sie zu wenig Streckung in der Wirbelsäule. Diese ist also lose (oder fest und untätig), sodass der Zug des Rückennackenbandes nicht von hinten nach vorne durchgeht, was dazu führt, dass sich der Hals muskulär von der Schulter trennt. Damit kann er seitlich abklappen. Passiert das, ist das Pferd auch nicht mehr richtig lenkbar. Es kann jederzeit einfach mit dem Hals nach innen kommen und läuft dahin, wo es gerade möchte. Diese muskuläre Anbindung des Halses an die Schulter ist also für eine Arbeit, die das Pferd körperlich verbessert, wichtig. Ist sie nicht vorhanden oder kurzfristig verloren gegangen, muss also zunächst (wieder) Streckung in die Wirbelsäule gebracht werden. Nur so können Sie beim Vorsetzen der Vorhand auch wirklich die äußere Schulter mit hereinholen und vor das innere Hinterbein bringen. Klappt das, können Sie den Abstand zwischen sich und dem Pferd bestimmen. Sie können mitgehen oder in der Mitte stehen bleiben, die Größe der Zirkellinie bestimmen und vieles mehr.

Dass diese eigentlich vollkommen logische Grundvoraussetzung für sinnvolles Arbeiten an der Longe bei vielen Pferden so schwer zu erreichen und zu erhalten ist, liegt zum einen an der veränderten Statik (starke Abwärtshaltung der Wirbelsäule in Kombination mit schiebender Motorik, was den Schwerpunkt weit nach vorne verlagert). Zum Zweiten liegt das auch an der durch das Anzüchten großer und elastischer Bewegungen ausgelösten Instabilität vieler Pferde. **Ihre Wirbelsäulen schlabbern lose im Körper, anstatt ein stabiles Gerüst für den Ansatz kräftiger Muskeln zu bieten.** So fühlen sich solche Pferde dann auch an: Sie können sich wie ein Aal winden und finden schneller Ausweichbewegungen, als

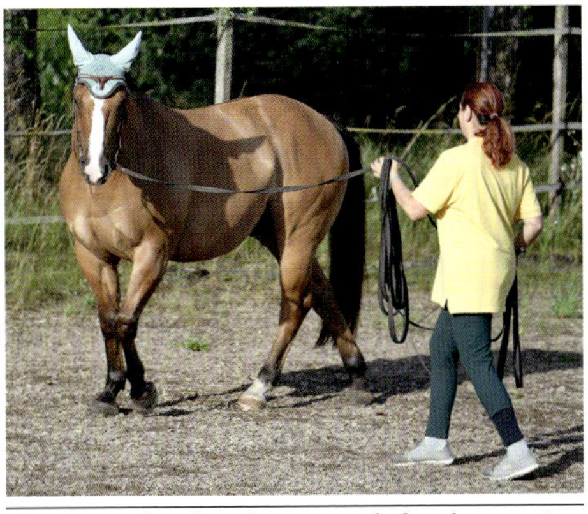

Um die Vorhand nach innen zu holen, können Sie vorne an der Schulter Ihren Oberkörper etwas gegen das Pferd drehen. Das bremst und durch das Nachziehen der Longe können Sie bestimmen, wie weit Ihr Pferd nach innen kommen soll.

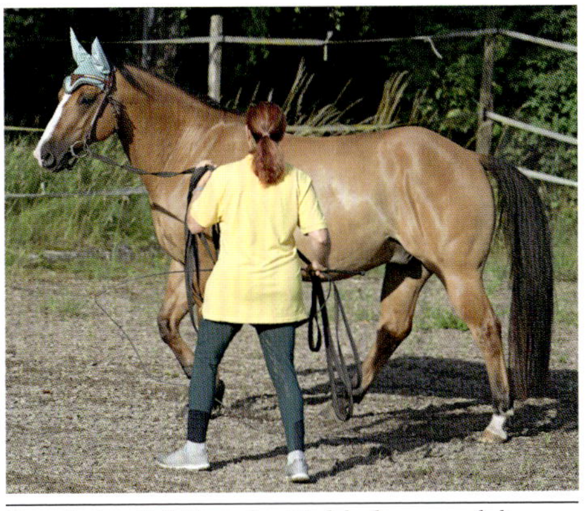

Durch das Erhöhen der Halshaltung und die bremsende Wirkung der Peitsche an der Brust können Sie das Pferd entweder vermehrt auf seine Hinterhand bringen oder eine Schrittpirouette nach außen vorbereiten.

man dem als Trainer entgegenwirken kann. Deshalb müssen solche Pferde **so schnell wie möglich stabilisiert** werden. **Die Losgelassenheit ist also nur noch die Voraussetzung für eine physiologische Muskeltätigkeit.** Bleiben die Muskeln losgelassen, schieben sich die Pferde binnen weniger Jahre zusammen und bauen körperlich massiv ab. **Baut man sie auf, muss man also zunächst die muskuläre Losgelassenheit wieder herstellen, um dann schnellstmöglich über eine erhöhte Körperspannung in einer besseren Körperhaltung den Körper muskulär zu stabilisieren.** Bleiben solche Wirbelsäulen lose, sind die Pferde nicht tragfähig, sondern fallen über die Jahre wie ein Kartenhaus in sich zusammen.

Hier wird das Pferd hinten mit der Peitsche eingerahmt und so an die Hand herangetrieben.

Hier zeigt die Hand dem Pferd die Richtung, während die Peitsche passiv in Richtung Boden zeigt.

Da es gar nicht so einfach ist, seine Körpersprache immer unter Kontrolle zu haben und richtig – das heißt für das Pferd klar und verständlich – damit umzugehen, hier noch einige Punkte, auf die Sie achten sollten: Wichtig sind zunächst Ihre aufrechte Körperhaltung in Selbsthaltung (also ebenfalls mit einer positiven Grundspannung) und Ihre ruhigen, aber entschlossenen Bewegungen. Machen Sie den Test und sehen Sie, wie Ihr Pferd auf eine veränderte Körperhaltung reagiert: Gehen Sie geknickt, mit Buckel und unsicherem Gang neben Ihrem Pferd her. Tun Sie dies ein paar Runden lang und achten Sie auf die Reaktion Ihres Pferdes. Dann achten Sie auf eine gesunde Atmung, richten sich auf und gehen entschlossen, aber ruhig neben Ihrem Pferd her. Bemerken Sie einen Unterschied? Vor allem dominante Pferde werden bei Menschen, welche die erste Körperhaltung zeigen, meistens verunsichert, gelegentlich regelrecht frech. Übernimmt sie ein Mensch mit aufrechter, selbstbewusster Körperhaltung, werden sie oft von einer Minute zur anderen „lammfromm". Oft ist dies sogar bei selbstbewussten Menschen zu beobachten, die zwar keine Erfahrung mit Pferden haben, dafür aber völlig unbedarft mit diesen umgehen. Leider funktionieren solche Mechanismen bei der eigenen Bezugsperson meist nicht auf Anhieb, da sich hier oft schon deutliche Kommunikationsprobleme festgesetzt haben. Ist dies bei Ihnen der Fall, so sollten Sie regelmäßig Ihre Körperhaltung von einer außenstehenden Person überprüfen und korrigieren lassen oder sich bei der Arbeit mit Ihrem Pferd selbst filmen. Sie werden bald am Verhalten Ihres Pferdes ablesen können, ob Sie selbstbewusst und souverän oder eher müde, unschlüssig oder unsicher auf Ihr Pferd wirken.

Da Sie nun wissen, wie Ihr Befinden und Ihre damit meistens korrespondierende Körperhaltung auf Ihr Pferd wirken, können Sie damit beginnen, sich auf Ihr Pferd einzustellen. Gehört Ihr Pferd eher zur dominanten Sorte, wird es eventuelle Schwächen schnell ausnutzen. Ist es ein selbstbewusster, aber leistungswilliger Typ, haben Sie vielleicht Glück und Ihr Pferd lässt Ihnen gewisse Fehler „durch". Ängstlichen Pferden tun Sie einen Gefallen, wenn Sie durch Ihre Körperhaltung absolute Ruhe, Sicherheit und freundliche Güte ausstrahlen. Allzu forsches Auftreten wäre hier fehl am Platz. Auch die Art, wie Sie sich bewegen und gehen, wirkt sich auf das Gehverhalten Ihres Pferdes aus. Wenn Sie ein ängstliches Pferd beruhigen möchten, bleiben Sie selbst ruhig und sehen zu, dass Sie das Pferd nicht mit Ihrer Energie oder einem dominanten Auftreten weiter verunsichern.

Das Gegenteil ist bei ungehorsamen, frechen oder faulen Pferden angesagt. Hier dürfen Sie Ihre Energie auf das Pferd übertragen (bitte keine Hektik), entschlossen mitgehen und vor allem immer selbstbewusst und aufrechtbleiben. Achten Sie auf Ihre gleichmäßige, tiefe Atmung. Diese hilft Ihnen, aufrechtzubleiben und sich „gut" zu fühlen. Kurz gesagt: Für eine erfolgreiche Longenarbeit passen Sie Ihre Körpersprache, Ihren Gang und das, was Sie mit beidem ausdrücken, dem Temperament und Nervenkostüm Ihres Pferdes an.
Sie können von so einer Haltungsschulung auch im Alltag viel profitieren, vor allem, wenn Sie bisher zu den eher unsicheren Menschen gehörten.

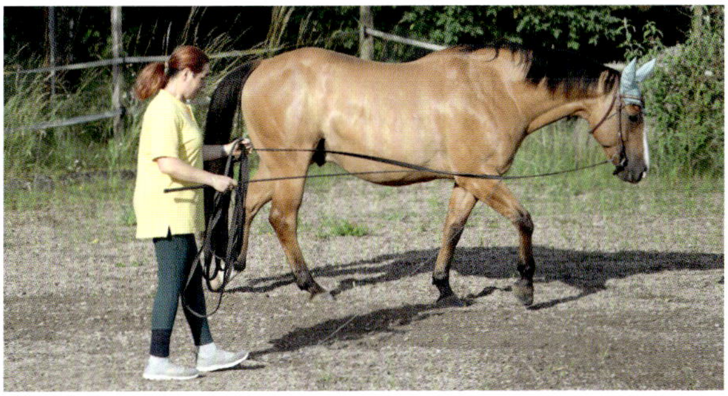

Die Peitsche an der Schulter lässt das Pferd geradeaus gehen, wenn der Longenführer ebenfalls möglichst rhythmisch geradeaus mitgeht. Körperspannung von Pferd und Mensch sind hier eher entspannt.

Fällt das Pferd wie hier nach innen, können Sie bei gleichzeitigem Justieren der Longe einen Schritt auf das Pferd zu gehen und es mit Körperhaltung und Peitsche wieder nach außen weisen.

Nachziehen der Longe mit der rechten Hand und Halten der Spannung mit der linken. Das Pferd kommt im Brustkorb etwas höher, sodass Sie die Hinterbeine besser unter den Schwerpunkt treiben können.

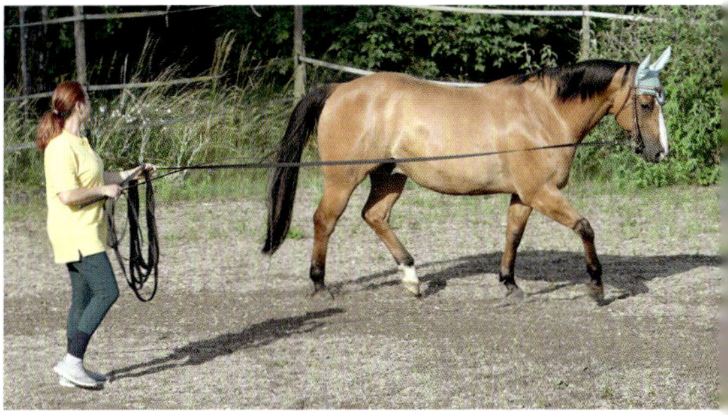

Mit aufgerichteter Körperhaltung wird über die Longe die Körperspannung im Pferd gehalten. Um die Dynamik weiter zu erhöhen, geht die Peitsche unter der Longe hindurch nach hinten.

POSITIONEN DES LONGENFÜHRERS

Schon bei der Handhabung der Peitsche haben wir besprochen, wo diese eingesetzt werden kann, um eine bestimmte Wirkung zu erzielen. Da die Peitsche Ihr verlängerter Arm ist, ergibt sich aus dem Peitscheneinsatz auch Ihre aktuell richtige Position. Aktuell richtig daher, da gerade Pferde, die Probleme haben, oft sehr viel Unterstützung benötigen und Sie deshalb Ihre Position immer wieder den Gegebenheiten anpassen müssen. Stellen Sie sich dazu Ihre Arbeit als gegenseitige Kommunikation vor. Sie „fragen" Ihr Pferd etwas und es „antwortet". Sie reagieren wiederum auf diese Antwort, indem Sie entweder die Position beibehalten (falls die gestellte Aufgabe richtig umgesetzt wurde) oder aber wechseln (falls Ihre Anfrage anders als gewünscht oder nicht beantwortet wurde und Sie daraus schließen, dass Sie Ihr Pferd doch an einer anderen Position besser unterstützen können). Da Pferde sehr individuell reagieren, müssen auch geübte Trainer gelegentlich etwas ausprobieren, an welcher Stelle sie dem Pferd am besten helfen können.

Sie haben die Möglichkeit, weit vorne an der Schulter, in der Mitte des Pferdekörpers oder eher auf Höhe der Hinterhand mitzugehen; mit sämtlichen Varianten dazwischen, versteht sich. Bei Pferden, die zwar deutliche Unterstützung benötigen, aber weder zum Wegeilen noch zum Umdrehen neigen, wählen Sie am besten eine neutrale Position etwa in Höhe der Schenkellage eines Reiters. Von hier aus können Sie sowohl verhaltend als auch treibend einwirken und vor allem gut die Schulter kontrollieren. Fällt Ihr Pferd gerne auf die innere Schulter und ist in seiner Motorik noch nicht genügend umgeschult, dass Sie das Problem über sein Hinterbein lösen können, müssen Sie vorne korrigieren und bleiben daher besser vorne an der Schulter. Auch eilige Pferde „bremsen" Sie am besten, indem Sie eine Position recht weit vorne wählen. Dort stehen Sie Ihrem Pferd quasi optisch etwas im Weg, was bremsend wirkt. Neigt ein Pferd aber zum Umdrehen oder möchte seine Hinterbeine am liebsten gar nicht rühren, stehen Sie vorne tatsächlich „im Weg". Dann müssen Sie je nachdem energisch von hinten nachtreiben, sodass eine treibende Position weiter

Beim „Walken" wird das Pferd im Schritt immer wieder rhythmisch aktiviert, sodass sich die Wirbelsäule strecken und die Schulter flacher ausrichten kann. Dazu gehen Sie rhythmisch von hinten an das Pferd und bringen dergestalt Energie in seine Hinterhand, dass es möglichst ebenso rhythmisch antritt. Die Longe lässt die Bewegung frei nach vorne heraus. Das Pferd geht dabei entweder im Vieleck oder auch ganze Bahn.

Hier fällt das junge Pferd nach innen. Also ist die Position des Longenführers wieder weiter vorne an der Schulter. Gehen Sie etwas auf die Schulter zu und halten Sie die Peitsche zwischen sich und das Pferd. Reagiert das Pferd, brauchen Sie weiter nichts zu tun, als die Longe wieder zu justieren. Kommt Ihr Pferd weiter auf Sie zu, müssen Sie sich deutlich mehr aufrichten und Ihr Pferd sehr energisch nach außen weisen.

hinten vorteilhaft ist. Drückt Ihr Pferd über die äußere Schulter weg, rahmen Sie es ebenfalls gut mit der Peitsche von hinten her ein. Ob Sie in der Mitte mehr oder weniger stehen oder aber mitgehen, ob Sie nahe am Pferd bleiben oder viel Abstand halten, hängt vom Ausbildungsstand, der Sensibilität, der Motorik der Hinterhand und daraus resultierend der Durchlässigkeit ab. Ein steifes Pferd mit schiebender Motorik kann nicht in der Last tragen. Daher wird es in einer engeren Wendung tausend Möglichkeiten suchen (und auch finden), sich der Arbeit zu entziehen. Zwingen Sie es also in eine enge Wendung, wird es, wenn es stabil ist, vermutlich widersetzlich werden. Wenn es überbeweglich ist, wird es dafür jede Menge Ausweichbewegungen finden und sich mit der Zeit in der Wirbelsäule verdrehen. Außerdem sind Pferde mit mangelhaft gymnastizierter Hinterhand in engen Wendungen einem verstärkten Verschleiß ihrer Gliedmaßen ausgesetzt. Dennoch kann es nötig sein, nahe an so einem Pferd zu arbeiten, weil Sie mit zunehmender Distanz an Einwirkung auf das Pferd verlieren. In diesem Fall müssten Sie also mit dem Pferd mitgehen. Zu Beginn der Umschulung, oder wenn Sie gezielt zur Verbesserung der Motorik die Hinterbeine Ihres Pferdes bearbeiten müssen, müssen Sie näher am Pferd sein als wenn Sie es dynamisch nach vorne arbeiten, um Schwung und Schubübertragung und damit die Streckung zu verbessern. Ist Ihr Pferd in seiner Motorik schon etwas besser geschult und in der Lage, mehr in die Last zu treten (also mit leicht federnden Gelenken unter dem Becken und nicht mehr hinter dem Becken), so werden Sie immer wieder die Zirkellinie verkleinern, um die Hinterbeine Ihres Pferdes noch besser kontrollieren und bearbeiten zu können.

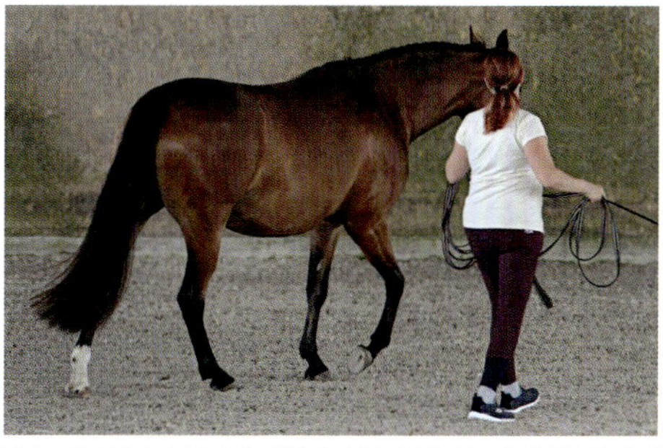

Möchten Sie mehr Streckung ins Pferd bringen oder fällt dieses gerne etwas nach innen, können Sie etwas in Richtung Pferdekopf mitgehen und mit der Peitsche von vorne die Richtung untermauern. So geht das Pferd ein paar Schritte geradeaus, ohne dass Sie es eventuell auf die innere Schulter ziehen. Beim nächsten Vorsetzen der Vorhand müssen Sie dann behutsam vorgehen, um das Pferd nicht wieder auf die innere Schulter zu bringen.

Hier ist die Balance wiederhergestellt, sodass erneut Energie ins Hinterbein gebracht werden kann. Sie wechseln also Ihre Position bei Bedarf, ohne dabei hektisch zu agieren!

Bei nahem Mitgehen können Sie auch ganz gezielt Bewegungen auslösen, welche z. B. die Wirbelsäule freimachen. **Sie gehen bei diesem Training also gezielt, wenn Sie etwas Bestimmtes von Ihrem Pferd wollen, aber laufen nicht ständig in einer gleichbleibenden Kreislinie mit.** Dies haben wir früher so gemacht, als die Pferde noch stabilere Wirbelsäulen hatten und aufgrund eines besseren Schwerpunktes meist noch in der Lage waren, Wendungen einigermaßen gleichmäßig zu beschreiten.

Da sich das Pferd nach außen verkürzt und dabei nach innen fällt, wird hier die Peitsche unter der Longe durch nach hinten genommen, um Energie ins Pferd zu bringen. Gleichzeitig geht die Longenhand in die Richtung, in welche das Pferd gehen soll. Stellen Sie sich dabei vor, dass Sie den Hals im Verlauf der Kreislinie nach vorne „ziehen". Dadurch lernt das Pferd, sich nicht nach außen zu verkürzen, sondern seine Muskelfasern in Bewegungsrichtung zu dehnen.

Aufgrund der Überbeweglichkeit, der übertriebenen Schubkraft, der dadurch verstärkten Abwärtshaltung der Wirbelsäule und des damit vorgelagerten Schwerpunktes sind unsere modernen Pferde zum Teil derart vorderlastig und schief geworden, dass ein gleichmäßiges Mitgehen auf einer kleineren Kreislinie eher zu einer Verschleierung der Tatsachen führen würde. Ist man sich seiner eigenen Kreislinie nicht hundertprozentig sicher, passt man sich dabei nämlich nur allzu gerne der Schiefe und der Vorderlastigkeit seines Pferdes an. **Man merkt somit also zu wenig, wann das Pferd nach innen fällt, wann es nach außen aus der Linie zieht, ob es schneller oder langsamer wird etc., weil man solche Dinge meist unbewusst einfach mitmacht.** Das Pferd wird schneller? Die meisten Menschen laufen dann einfach schneller mit. Sie passen sich also dem Pferd an, anstatt den Fehler zu bemerken und an einer Korrektur zu feilen. Deshalb bleiben wir bei vielen Übungen in der Mitte und bewegen uns immer wieder gezielt. Beispiel: Das Pferd fällt nach innen, hat also Streckung in der Wirbelsäule verloren und sich auf seine innere Schulter geschoben. Da gehen Sie aufgerichtet und energisch auf die Schulter Ihres Pferdes zu, schicken es nach außen und ziehen sich danach wieder an Ihren Platz zurück. Anderes Beispiel: Ihr Pferd ist der Ansicht, dass der Mensch sich ja gerne bewegen darf, wenn er das möchte. Es selbst lässt seine Hinterbeine steif und zäh. Dann gehen Sie ruhig, aber rhythmisch auf seine Hinterhand zu, aktivieren mit dem Zwick das Hinterbein unter dem Sprunggelenk und gehen an Ihren Platz zurück. Damit Sie dabei die Führung an der Longe behalten, ziehen Sie die Longe beim Aufs-Pferd-Zugehen nach und lassen sie beim Zurückgehen an ihren Platz wieder durchrutschen. Hat das Pferd nicht reagiert, wiederholen Sie diese Aktion, aber dieses Mal mit mehr Nachdruck. So lernt Ihr Pferd, auf feine Hilfen zu achten und Ihre Körpersprache zu respektieren. Wenn es dann körperlich in der Lage ist, Ihren Wünschen zu entsprechen, gibt es keinen Grund mehr, sich gegen die Arbeit zu sperren.

Was die Größe der gewählten Zirkellinie betrifft, so gelten als Faustregeln:

— Freies, dynamisches Vorwärts zur vermehrten Streckung der Wirbelsäule auf großer Zirkellinie. Dies vermindert bei raumgreifenden Bewegungen die Kurvenlage und die Schädigung der Gelenke durch Fehlhaltungen.
— Versammelnde Arbeit und Korrekturen an der Motorik auf kleinerer Linie. Ist man „im Hinterbein" bzw. hat das Pferd „am Hinterbein", kann man es auch sehr viel besser geraderichten. So kann man Fehlhaltungen wesentlich besser korrigieren, sodass die Fehlbelastungen trotz der kleineren Wendung stark reduziert werden.
— Gerät das Pferd dennoch zu stark in Kurvenlage, kann man entweder einige Meter geradeaus mitgehen, um diese zu vermindern, oder aber die Zirkellinie vergrößern. Beim Vergrößern wird allerdings die Motorik wieder deutlich mehr in den Schubmodus wechseln, was die Kurvenlage natürlich auch wieder verstärkt. Hier muss man also gut abwägen, welche Korrektur im Augenblick sinnvoller erscheint.

Um Pferden mit großen Problemen nachhaltig zu helfen, muss man stets genau hinsehen, wie sich das Pferd bewegt, und sofort den richtigen Einfluss darauf nehmen, wenn die Bewegungen in den Negativbereich gehen. **Dieses Training eignet sich also in erster Linie für Menschen, denen bewusst ist, dass die Ausbildung eines Pferdes ein langjähriger Werdegang mit Höhen und Tiefen ist und dass nur beständige, qualitativ hochwertige Arbeit ein Pferd über Jahre gesunden lässt bzw. gesund und leistungsfähig erhält.** Möchte man nur „ein bisschen" etwas für sein Gewissen tun, ohne sich dabei ernsthaft mit den Zusammenhängen im Pferdekörper zu beschäftigen, kann man ein Pferd mit diesem Training zwar durchaus ein wenig locker und „gängig" machen und Muskeln aufbauen. **Um die Abwärtshaltung zu korrigieren und damit den Körper nachhaltig zu stabilisieren, wird das jedoch nicht ausreichen.** Dabei verhält es sich ähnlich wie mit dem Fitnessstudio. Geht man einmal im Monat hin, wird man davon nicht viel merken. Trainiert man aber regelmäßig und gewissenhaft und lässt sich von Rückschlägen nicht mürbe machen, wird man über die Monate fitter und kräftiger werden.

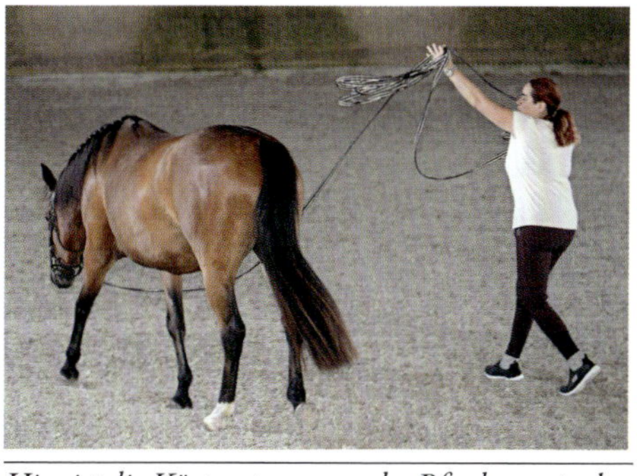

Hier ist die Körperspannung des Pferdes so stark verloren gegangen, dass es nach innen kippt. Also muss die Körperspannung des Longenführers entsprechend erhöht werden. Falls nötig, dürfen Sie sich übergroß machen und deutlich mit Longe und Ihrem Körper die Distanz wieder herstellen.

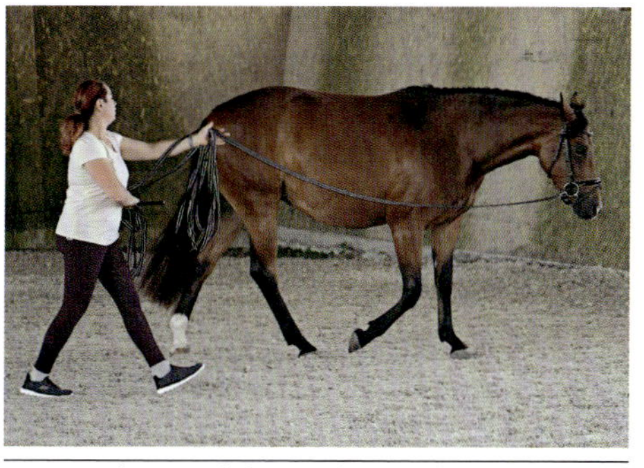

Hier noch einmal das Umlenken der Bewegung: Die Peitsche bringt von hinten unten Energie ins Pferd. Ihr Arm lenkt diese Energie nach vorne oben durch das Pferd. So entsteht eine bessere Körperhaltung mit mehr Muskelspannung und aktiveren Bewegungen.

VORBEREITENDE ÜBUNGEN ZUM LONGIEREN

GRUNDLEGENDES

Da moderne Pferde in sich nicht mehr „geschlossen“ sind, ihre Wirbelsäulen aufgrund der starken Abwärtshaltung also nicht mehr richtig in ihren Körpern funktionieren, fallen zur Vorbereitung des Trainings alle Gymnastizierungsübungen im Stehen, welche früher so wertvoll waren, weg. Es nützt also nichts mehr, Dinge wie Kopfsenken, Auslösen des Beugereflexes, Stellung im Stehen, Übertreten etc. zu üben. **Ein loser Körper würde dadurch eher noch weiter destabilisiert, die Muskelspannung herabgesetzt, und die Pferde lernen überdies nur allzu leicht, Ausweichbewegungen und Fehlhaltungen einzunehmen. Deshalb ist es besser, in der Bewegung zu arbeiten und so schnell wie möglich die nötige Dynamik für eine höhere Körperspannung, welche zur Aufrichtung der Wirbelsäule im Körper nötig ist, ins Pferd zu bringen.**

Bei diesem Training geht es zunächst darum, die **Muskelkreisläufe im Pferdekörper anzuregen.** Das ist die **Voraussetzung dafür, dass es später Tragemuskeln aufbauen kann.** Diese sind nicht nur wesentlich, wenn es um die Bewegungsmuster geht, sondern auch für die Gesundheit. Alle Übungen sollen also durch bestimmte Bewegungen etwas im Pferdekörper auslösen. Passiert nichts, kann es sein, dass das Pferd noch nicht in der Lage ist, die Übung umzusetzen, aber auch, dass der Longenführer sich selbst festhält und die Bewegungen nicht richtig durch seinen eigenen Körper durchlässt.

Eine gute Körperhaltung, welche die Wirbelsäule im Körper zunächst längsdehnt und später aufrichtet, hat immer Vorrang vor irgendwelchen Lektionen oder Kadavergehorsam. Denn was nützt es, wenn ein Pferd brav bei X anhält, dabei aber auf die Vorhand fällt und seine Wirbelsäule in der Aufhängung hinter dem Widerrist zusammenschiebt? Auch die Gangarten darf das Pferd zunächst mitbestimmen. In erster Linie gilt, Fehlhaltungen soweit möglich zu vermeiden, da sie falsche Muskeln trainieren. In zweiter Linie sollen Tragemuskeln zugeschaltet werden. Den Muskelaufbau bekommt man also bei diesem Training quasi kostenlos dazu, wenn man die Tragkraft bei seinem Pferd ausbildet.

Leider ist es aufgrund der starken Fehlhaltungen, welche moderne Pferde schon aus der Aufzucht mitbringen, oft schwer einzuschätzen, mit welchen Bewegungen man am besten beginnt. Man muss also ein wenig ausprobieren, wie man bei jedem Pferd am besten einsteigt. Somit ist die Reihenfolge nicht bindend. Deshalb werde ich Ihnen auch nur einige einfachere Bewegungen erklären, mit denen Sie einen guten Einstieg finden können. Diese sind dazu geeignet, bei den meisten Pferden schon viel zu verbessern, da Sie damit die Wirbelsäule Ihres Pferdes strecken, die Motorik umschulen sowie die Wirbelsäule anheben können. Bei schwierigen Pferden werden Sie allerdings noch viele zusätzliche Bewegungen lernen müssen, welche den Umfang eines Lehrbuches bei weitem sprengen würden. Bei heutigen Jungpferden sind zumeist Schubkraft und Abwärtshaltung so verstärkt, dass sie bereits im Stand Fehlhaltungen einnehmen. Bevor solche Pferde eingeritten werden, sollten diese Fehlhaltungen soweit möglich beseitigt sein. Denn ein Pferd, das seinen eigenen Körper nicht richtig bewegen kann, wird das mit Reitergewicht kaum besser

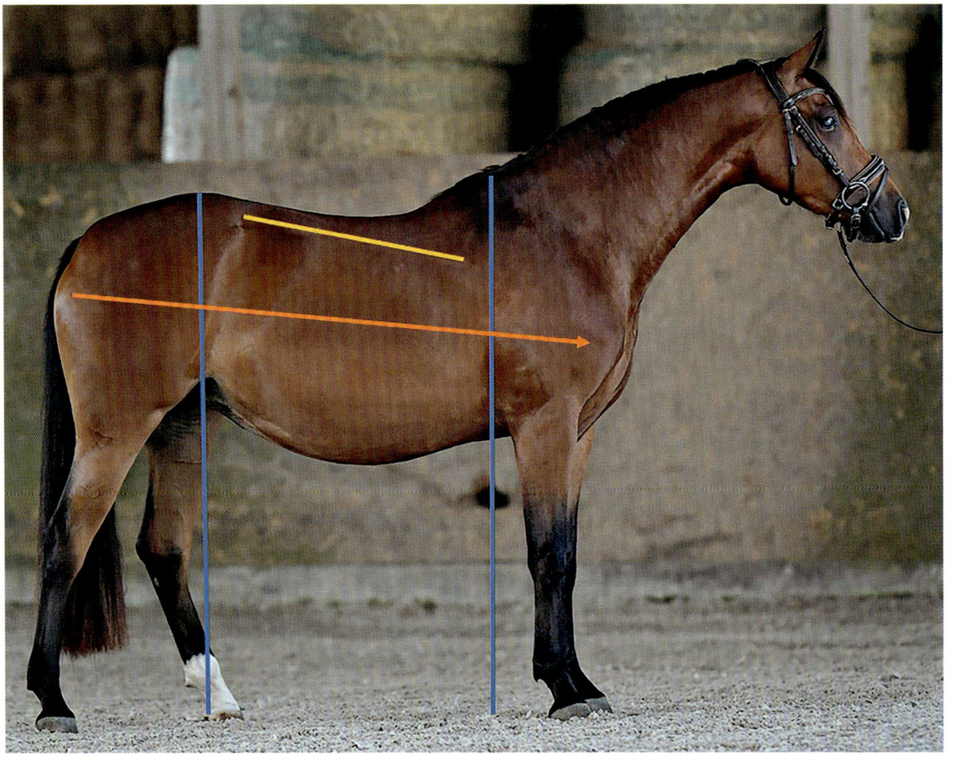

Zwei Beispiele von heutigen Jungpferden, bei denen Schubkraft und Abwärtshaltung so verstärkt sind, dass sie bereits im Stand Fehlhaltungen einnehmen.

hinbekommen. Sowohl die Abwärtshaltung der Wirbelsäule als auch die raumgreifenden, elastischen Bewegungen prädestinieren solche Pferde für eine überbewegliche Wirbelsäulenaufhängung. Lernt das Pferd also nicht, seinen Brustkorb anzuheben, ist frühzeitiges Absteigen vorprogrammiert. Da solche Pferde viel elastischeres Bindegewebe haben als die Pferde vor 30 und mehr Jahren, können sie sich auch wesentlich leichter in alle Richtungen entziehen und verbiegen. Aus diesem Grund müssen erst Muskeln arbeiten, um das Skelett zu stabilisieren, bevor man damit beginnt, die Pferde in Wendungen geradezurichten. Die früher so hilfreiche Biegearbeit als Vorbereitung für das Anlongieren fällt also weg. Widerstände setzen Ihnen Pferde entgegen, die verspannt sind, ängstlich oder unaufmerksam. Und auch Pferde, die aufgrund ihrer Statik ihren Körper nicht fühlen oder ihre Hinterhand nicht kontrollieren können. Gerade Pferde, welche stark schieben und sich dabei in ihrer Wirbelsäulenaufhängung zusammenschieben, werden gerne elektrisch und neigen dazu, unerwünschte Reaktionen zu zeigen. Macht ein Pferd also Probleme, hat das immer einen Grund, der allerdings eher selten mit der Passform des Sattels oder des Gebisses zu tun hat. Viel öfter ist es das Gebäude, das es dem Pferd unmöglich macht, das zu tun, was der Mensch gerne von ihm hätte. Und das auch noch so, wie er es gerne hätte. Beispiel: Das Pferd ist aufgrund seiner Statik zwar in der Lage, irgendwie anzuhalten. Es kann dies jedoch nicht in guter Körperhaltung und durchs Genick tun. Stellt es sich also wie ein Sterngucker hin und steht mit allen vier Beinen kreuz und quer in der Landschaft, wird es vermutlich

sauer reagieren, wenn ihm der Kopf heruntergezogen und die Hinterbeine unter das Becken korrigiert werden.
Bei ängstlichen Pferden sollten Sie deshalb zuerst das Vertrauen festigen. Dies schaffen Sie mit leichten Übungen, die das Selbstvertrauen Ihres Pferdes stärken. Klare, verständliche Signale vermitteln Ihrem Pferd den Eindruck, dass Sie wissen, was Sie wollen und was Sie tun. Das schafft Vertrauen.
Reagiert ein Pferd ängstlich auf Berührungen, ist das auf jeden Fall ein Hinweis auf nicht funktionierende Muskelkreisläufe. Womöglich hat das Pferd auch Schmerzen oder Verspannungen. Verspannungen entstehen, wenn ein Pferd Fehlhaltungen einnimmt, welche den Bewegungsapparat unphysiologisch belasten. Bei mäßigen Verspannungen üben Sie einfach mit dem nötigen Feingefühl, das Ihnen auch verrät, wenn Sie Ihr Pferd überfordern. Durch die Bewegungen, welche Sie beim Training auslösen, lösen sich normale Verspannungen auf, ohne dass Sie einen manuellen Therapeuten hinzuziehen müssten. Starke Verspannungen können auf Blockaden hinweisen und sollten einem erfahrenen Therapeuten zur Behandlung überlassen werden, sofern Sie keinen Trainer zur Hand haben, der genügend Erfahrung mit diesem Training hat, dass er ganz genau weiß, was er tut.
Denn wer eine hohe Einwirkung hat, kann zwar viel bewirken; jedoch kann sich das sowohl positiv als auch negativ auswirken.
Ist Ihr Pferd unaufmerksam und orientiert sich lieber an seiner Umwelt, anstatt Ihnen zuzuhören, kann das sehr mühsam sein.
Die Ursache ist oft, dass sich diese Pferde in ihrem Körper nicht wohl fühlen. Sie beherrschen ihre Hinterbeine, also ihren „Motor" nicht, schieben sich auf die Vorhand, fühlen sich unsicher und das nervt sie. Solche Pferde beginnen oft mit allerlei „Moden", um ihrem körperlichen Befinden Ausdruck zu verleihen. Immer häufiger beginnen solche Pferde, mit dem Hals zu schlagen, was oft als Headshaking interpretiert wird. Ursache für dieses Verhalten ist aber, dass sich ihre Wirbelsäule in der Bewegung zusammenschiebt, was Druck verursacht und so das Kopfschlagen auslöst. Sobald das Pferd in seiner Wirbelsäulenaufhängung gedehnt und etwas angehoben ist, ist das „Herumrühren" mit dem Hals weg. Also ist es am sinnvollsten, solche Pferde zunächst einfach einmal mit ihrem Körper zu beschäftigen. Natürlich dauert es so länger, im Training Fortschritte zu erzielen. Aber es bringt nichts, sie zu bestrafen. Sie würden den Grund nicht verstehen und noch unkonzentrierter werden. Also stellen Sie solchen Pferden einfache, für sie lösbare Aufgaben und seien Sie sich bewusst, dass sie ihr Verhalten nicht zeigen, um Sie zu ärgern, sondern, weil ihr Körper sie nervt. Sie können also nicht anders. Unterdrückt man solches Verhalten, werden die Pferde immer gestresster, entwickeln Magengeschwüre oder werden aggressiv. Also ignorieren Sie das Verhalten, soweit es für Sie nicht gefährlich wird, und arbeiten daran, die Fehlhaltungen

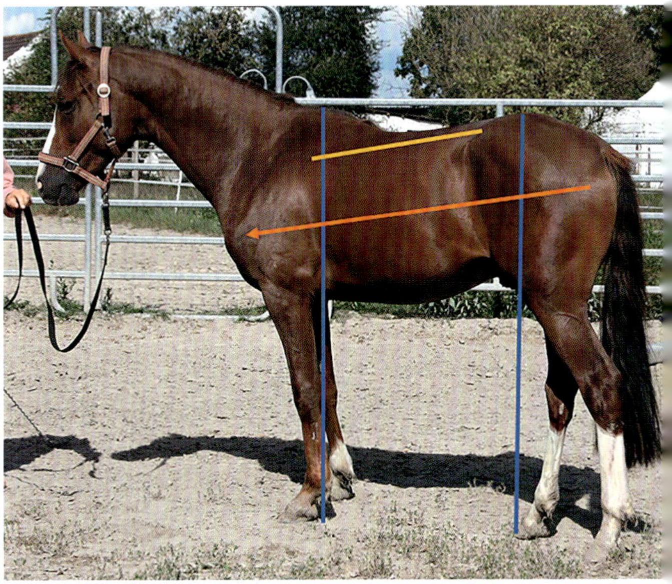

Deutlich sichtbar ist die Abwärtshaltung der Wirbelsäule. Bevor solche Pferde eingeritten werden, sollten diese Fehlhaltungen soweit möglich beseitigt sein.

zu verbessern. Damit helfen Sie Ihrem Pferd am besten und vor allem am nachhaltigsten. Versuchen Sie auf jeden Fall, die Hilfen so leicht wie möglich zu halten, und lassen Sie sich niemals auf ein Kräftemessen ein. Unaufmerksame Pferde sind oft rüpelhaft. Daher ist Ihre überlegte, natürliche Autorität gefordert.

GEWÖHNUNG AN DIE PEITSCHE

Falls Sie den Eindruck haben, dass Ihr Pferd übersensibel reagieren könnte, sollten Sie seine Reaktion auf die Peitsche überprüfen. Für das gezielte Auslösen von Bewegungen, das für den körperlichen Aufbau eines Pferdes notwendig ist, sollte sich Ihr Pferd an verschiedenen Stellen mit der Peitsche berühren lassen, ohne gleich unkontrolliert loszupreschen. Es soll die Peitsche zwar respektieren, darf aber nicht vor Angst seine Muskeln sperren oder davonlaufen. Es soll diese einfach als Hilfsmittel – als Ihren verlängerten Arm – und nicht als Strafwerkzeug betrachten. Um einem ängstlichen Pferd die Angst vor der Peitsche zu nehmen, empfiehlt es sich, es mit dieser abzustreichen, wie mit einer Bürste. Dabei ist, genau wie bei der späteren Anwendung der Peitsche, Feingefühl gefragt. Eine freundliche Stimme wirkt beruhigend, und Grenzen seitens des Pferdes müssen beachtet werden. Denn wenn sich das Pferd wie im Schlangenkäfig fühlt, wird es für kein Training dieser Welt offen sein. Ist Ihr Pferd so weit, dass es eine ruhige, passive Peitsche in seiner Nähe duldet, und kennt es die Arbeit an der Longe bereits, so kann das Training beginnen.

Ist Ihr Pferd ängstlich, können Sie es zur Gewöhnung überall mit der Peitsche abstreichen.

Um vom Führen zum Longieren zu kommen, ziehen Sie sich allmählich ein paar Meter zurück und beginnen damit, das Pferd von sich wegzutreiben. So können Sie den Abstand zu Ihrem Pferd immer weiter vergrößern.

FÜHRÜBUNGEN

Sollte Ihr Pferd bisher noch nicht longiert worden sein, können Sie so beginnen, dass Sie zunächst Führübungen, wie sie Ihr Pferd schon vom normalen Umgang her kennt, auf einen eingezäunten Platz verlegen. So können Sie alle möglichen Führübungen, wie Halten, Rückwärtsrichten, Wiederantreten, Trab- und Schrittübergänge und Wendungen wie gewohnt abfragen. Dabei verlängern Sie allmählich den Strick, um den Abstand zum Pferd zu vergrößern. Machen Sie Ihre Übungen auf beiden Händen und gehen Sie wie beim Longieren jeweils auf der Innenseite.

Entfernen Sie sich nun auf beiden Händen mehrere Meter von Ihrem Pferd, möglichst ohne dass es Ihnen nachläuft oder nach außen wegdrängelt. Schön ist, wenn es dabei einen ruhigen, fleißigen Schritt geht. Bei statisch veränderten Pferden klappt das leider nicht selbstverständlich. Oft werden die Pferde unsicher, wenn man sich weiter von ihnen entfernt. Sollte Ihr Pferd hektisch werden oder ungestüm wegrennen, so bleiben Sie ruhig, lassen die Longe etwas herausrutschen und versuchen, wieder Ruhe in die Sache zu bringen. Herumziehen an einem ängstlichen Pferd wird dieses nur zusätzlich verunsichern. Von solchen Pferden können Sie am Anfang auch keinen unbedingten Gehorsam verlangen. Sie müssen ihnen ein bestimmtes Mitspracherecht einräumen, welches Sie aber zunächst durch das Umlenken von Dynamik und möglichst rasch durch das Umtrainieren der Motorik zu Ihren Gunsten verändern. Gefährliches Verhalten korrigieren Sie ruhig und konsequent. Falls Sie das Gefühl haben, dass Ihnen ein wilder Jungspund entgleitet, suchen Sie bitte frühzeitig kompetente Unterstützung. Verzogene Pferde sind genauso schwierig zu korrigieren wie solche, die man dazu gezwungen hat, etwas zu tun, was sie aufgrund ihrer Körperhaltung nicht können (z. B. wenn man Pferde mit Hilfszügeln oder durch Müdelongieren zur Ruhe bringt oder zwingt, zu galoppieren, wenn sie das noch gar nicht in einer vernünftigen Balance schaffen).

TECHNIK DES RÜCKEN-TRAININGS AN DER LONGE

EINFÜHRUNG

Bevor Sie sich mit der Technik des Rückentrainings auseinandersetzen, beachten Sie bitte Folgendes:
Halten Sie Ihre Trainingseinheiten kurz. Viel mehr als eine halbe Stunde zu longieren, macht bei den meisten Pferden weder für die Gymnastizierung noch ausbildungstechnisch Sinn. Anders verhält es sich bei extrem versteiften Pferden, welche eine längere Lösungsphase benötigen und die man in so kurzer Zeit gar nicht richtig in die Arbeit bekommt, oder aber auch, wenn man Unterricht hat. Denn dann sollte man bestimmte Bewegungen so lange wiederholen können, bis man sie beherrscht. Auch für die Erklärung der biomechanischen Zusammenhänge sollte genügend Zeit eingerechnet werden. Im Unterricht ist die Qualität der Bewegungen meist schlechter, als wenn der Trainer das Pferd selbst arbeitet. Es muss also weniger arbeiten und kann so auch etwas länger gehen, als wenn es anstrengende Bewegungen am laufenden Band ausführen muss.
Gerade alte Pferde können von dieser Arbeit ungemein profitieren. Da das Training bei richtiger Ausführung aber in erster Linie Tragemuskeln anspricht, ist es sehr anstrengend. Ältere oder schwächere Pferde können also schon nach 15 – 20 Minuten müde sein. Fällt der Hals in die Tiefe und lässt sich nicht mehr hochtreiben, sollten Sie auf Ihr Pferd hören und es für den Tag gut sein lassen. Möchten Sie Ihr Pferd länger bewegen, bietet sich ein anschließender Spaziergang an. Allerdings sollten Sie auch dabei auf die Körperhaltung Ihres Pferdes achten und es nicht bequem mit der Nase am Boden und schleifenden Hinterbeinen laufen lassen.
Lassen Sie Ihr Pferd wenn möglich zu Beginn einige Minuten im Schritt arbeiten und nehmen erst dann die Trabarbeit mit dazu. Sollte das bei jungen Pferden nicht gelingen, können Sie ein ungestümes Pferd auch einige Runden führen, bevor Sie mit dem Longieren beginnen. Ist ein Pferd weit trainiert und hat kräftige Tragemuskulatur aufgebaut, kommt der Aufwärmphase weit weniger Bedeutung zu. Solche Pferde zeigen nachweislich eine deutlich verbesserte Durchblutung des gesamten Körpers inklusive der Beine und sind daher viel weniger auf langes Aufwärmen angewiesen als Pferde, welche nur ihre Laufmuskulatur nutzen.
Pferde mit deutlichen statischen Schwächen haben bekanntlich auch eine verstärkte Schiefe. Deshalb kann es anfangs sinnvoller sein, auf einer Hand einige Übungsfolgen zu machen und am nächsten Tag gegebenenfalls auf der anderen Hand. Das hat damit zu tun, dass man auf der kurzen linken Seite tendenziell mehr in die Tragkraft arbeiten kann, während sich die lose rechte Seite – ebenfalls tendenziell – mehr für die Arbeit in die und in der Streckung eignet. Zeigen Pferde links eine stark hängende Schulter, rollen also sichtbar über den linken Ellbogen, zeigen sich oft Taktunreinheiten. Diese hängende Schulter kann man zunächst auf der linken Hand nicht korrigieren. Daher ist es bei solchen Pferden zum Trainingsbeginn sinnvoller, erst mal auf der rechten Hand – also ausweichend – zu beginnen. Denn auf der rechten Hand kann man bei jedem Vorsetzen der Vorhand die linke

Schulter etwas nach vorne holen und damit die linke Rumpfseite etwas dehnen. Macht man das zwei bis drei Mal, kann man meistens auf der linken Hand wieder sehr viel besser arbeiten und dort dann die Ursache des Problems, nämlich das steife linke Hinterbein, bearbeiten. Schafft man es, das linke Hinterbein besser zum Tragen zu bringen, kann man auf linker Hand die Wirbelsäule etwas hochtreiben. Gelingt das, kann man später auf der rechten Hand versuchen, die Wirbelsäule in die Mitte zu holen, sodass man sie ganz anheben kann. Weiter trainierte Pferde können und sollen auf beiden Händen weitgehend gleichmäßig gearbeitet werden.

Wesentlich für den Erfolg des Trainings ist, dass **Sie in allererster Linie konsequent auf die Körperhaltung Ihres Pferdes achten.** Dazu müssen Sie wissen, dass Pferde **im Schritt die beste Beckenstellung** haben. So können z. B. alte Pferde mit Schädigungen wunderbar vornehmlich im Schritt wieder aufgebaut und umtrainiert werden; oft mit beachtlichem Erfolg! Auch Pferde, welche durch jahrelanges Gehen in Fehlhaltungen Lahmheiten erworben haben, können Sie im Schritt so weit aufbauen, bis wieder weitere Arbeit möglich ist. Solche Pferde auf die Koppel zu stellen und zu hoffen, dass sie selbst aus ihren Fehlhaltungen herausfinden, wäre jedenfalls der falsche Ansatz.

Auch wenn das Pferd seine Hanken wenig beugen möchte, hilft die Arbeit im Schritt, die Beckenstellung zu verbessern. Das ist nötig, um den Körper so weit zu stabilisieren, dass die Bewegungen die Wirbelsäule strecken und damit auch vorne den Rahmen verbessern. Dabei misst sich ein guter Rahmen nicht an der Halslänge, sondern daran, wie gut sich der Übergang der Brust zur Halswirbelsäule streckt und damit eine muskuläre Verbindung zwischen Rumpf und Hals entsteht (wie es der Haflinger auf dem Foto rechts zeigt).

Der eindeutige Nachteil der Arbeit im Schritt ist, dass Ihnen da die Dynamik der schwunghaften Gangarten Trab und Galopp fehlt. So kann es passieren, dass Pferde, welche tatsächlich nur Schritt gehen dürfen, zäh werden. Oft reicht aber ein leichtes „Antanzen", also ein paar Tritte in einem Bergauf-Trab, wieder die nötige Energie ins Pferd zu bringen, sodass der Schritt an Wert gewinnt.

Im Trab ist die Beckenstellung deutlich schlechter; dafür hat der Trab genügend Dynamik, um zähe Pferde lebhafter zu machen. Auch mit Pferden, welche im Schritt

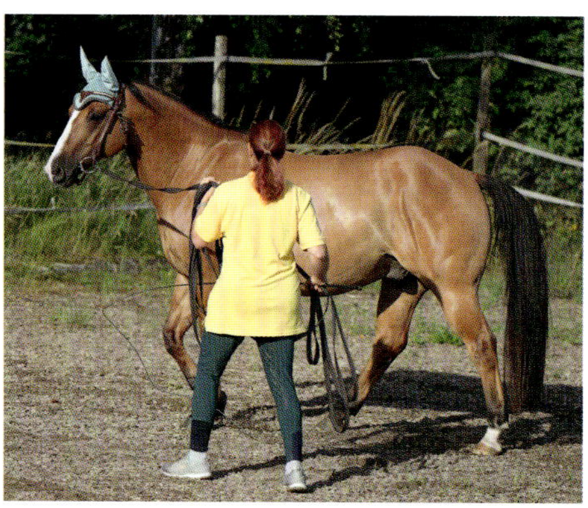

Im Schritt ist die Beckenstellung am besten. Daher eignet sich der Schritt vermehrt, um diese zu verbessern und um Übungen zu machen, welche das Anziehen des Beckens fördern.

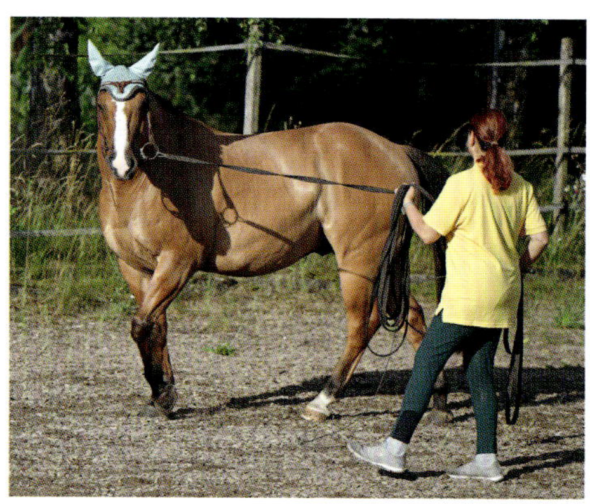

Eine gute Körperhaltung steht im Vordergrund. Abwärts konstruierte Pferde müssen lernen, ihre Wirbelsäule im Körper aufzurichten, also im Körper aufwärts zu gehen.

Obwohl dieses Pferd seine Hanken wenig beugen möchte, hilft die Arbeit im Schritt, die Beckenstellung zu verbessern und den Körper so weit zu stabilisieren, dass die Bewegungen die Wirbelsäule strecken.

sehr raumgreifende, langsame Bewegungen seitlich am Rumpf vorbei machen, ist zu Beginn des Trainings oft der Trab die bessere Wahl, da diese Art des Schritts nur am Rücken vorbeigehen kann. Schließlich ist das Einschalten des Rückens in den Bewegungsablauf das A und O eines Trainings, welches die Gesundung und Gesunderhaltung des Pferdekörpers zum Ziel hat.

Auch der Galopp dient dazu, Dynamik in die Bewegungen zu bekommen. Denn lose gehende Pferde können ihre Wirbelsäule nicht anheben. **Dazu braucht es Energie im Motor, welche dynamisch im gesamten Körper umgesetzt wird.** Der Nachteil im Galopp ist die Tatsache, dass er mit seiner Einbeinstütze auf dem inneren Vorderbein auch **die stärkste Abwärtshaltung aller Gangarten** hat. Schwerfällige Pferde oder solche mit einer massiven Abwärtshaltung fallen dabei oft so stark auf ihr Vorderbein, dass man schon gut abwägen muss, ob der Nutzen des Galopps den Schaden auch wirklich übersteigt. Es ist eine Unsitte zahlreicher Trainer, Pferde mit schlechtem Galopp mit allen möglichen Tricks in den Galopp zu bringen, und noch viel schlimmer, solche Pferde durch tieferes Einstellen und energisches Vorwärtstreiben

Bei diesem Pferd ist sehr deutlich zu sehen, dass die Beckenstellung im Trab schlechter ist als im Schritt. Für die Dynamik sind aber die schwunghaften Gangarten wichtig.

Dieses schubstarke Reitpony im modernen Typ klappt mit dem inneren Hinterbein zu stark vor. Richtig sollte das Absprungbein (rechts) unter dem Becken abspringen und das innere Hinterbein in gebeugter Haltung vorspringen. Da das Absprungbein bei diesem Pony hinter dem Becken schiebt, muss es sein Becken schief stellen, um das lange Hinterbein so gestreckt nach vorne führen zu können. Das führt insgesamt zu einer Schräglage; das Pferd bleibt im Körper nicht gerade. Die Bewegungen gehen damit am Rücken vorbei. Viele moderne Pferde haben im Galopp dieses Problem, sodass dieser zwar für die Erhöhung der Dynamik hilfreich ist, aber wenig hilft, um die Beckenstellung zu verbessern.

über längere Strecken zum Galoppieren zu zwingen. Denn der Galopp in einer so schlechten Körperhaltung schädigt den Körper! Besser ist es, bei solchen Pferden, den Galopp erst später wieder zu entwickeln, wenn sie bereits im Schritt und Trab etwas mehr Tragkraft erworben haben. Und auch dann macht es mehr Sinn, nur wenige, qualitätsvolle Galoppsprünge zu fordern, anstatt rundenweise mit schief gelegtem

Dieses Fohlen zeigt im Galopp schon von Natur aus ein gutes Anziehen des Beckens sowie einen kräftigen Absprung in die Last. Das äußere Hinterbein trägt unter dem Becken und ermöglicht so das Anheben der Wirbelsäule.

Auch dieses Pferd hatte bereits eine starke Abwärtshaltung. Da es aber noch stabil war und nicht übermäßig in der Schubkraft stand, war die Beckenstellung im Galopp noch recht ordentlich. Es bleibt hier in sich einigermaßen gerade.

Lernen Pferde, das Becken anzuziehen, kann nach und nach eine Verbindung vom Becken in den Rücken hinein hergestellt werden. Hier hebt sich die Lendenwirbelsäule recht gut an. Die Bewegung geht aber nicht ganz bis nach vorne durch. Dem Pferd fehlt nach schwerer Krankheit und Pause die Kraft, die Wirbelsäule vollständig anzuheben.

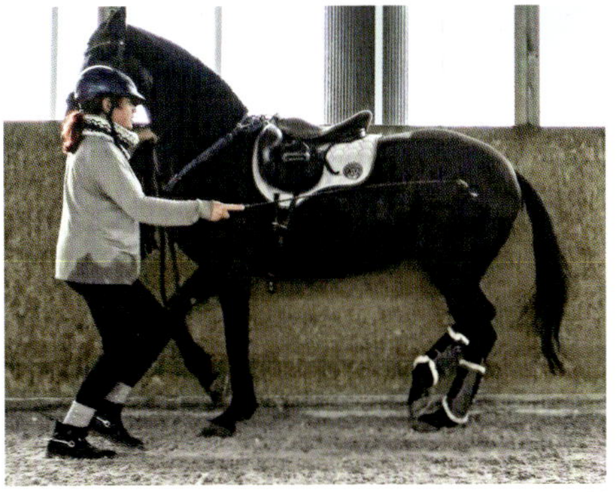

Diese Aufnahme entstand wenige Tage vor der Erkrankung: Hier ist die Verbindung vom Becken in den Rücken sehr schön und die Wirbelsäule hebt sich bis in die Wirbelsäulenaufhängung hinein an. Zu erkennen ist das an der flacheren Schulterstellung und der muskulär besseren Verbindung vom Schulterbereich in den Halsbereich hinein.

Becken und auf der Vorhand zu galoppieren. Da eine möglichst gute Körperhaltung das A und O eines gesunden, aufbauenden Trainings ist, versteht es sich von selbst, dass Lektionen nicht erarbeitet werden, um sie zeigen zu können, sondern, um z. B. die Motorik zu verbessern. Denn statisch veränderte Pferde sind z. B. oft lange Zeit nicht in der Lage, nutzbringend zu piaffieren. Anstatt ihren Brustkorb nach oben zu drücken, schieben sie eher das Becken hoch. Dennoch wird die Piaffe beim körperlichen Aufbau gelegentlich genutzt, um „Leben" in ein träges Hinterbein zu bringen, dieses also zum Winkeln unter den Körper anzuregen, oder auch, um im fortgeschrittenen Training das Becken besser hinzustellen. Das Ziel ist dabei also nicht die Piaffe, sondern **das Anziehen des Beckens und dass sich damit eine Verbindung vom Becken in die Lendenwirbelsäule schaffen lässt, welche Becken und Rücken stabilisiert**.

BEEINFLUSSUNG DES BEWEGUNGSABLAUFS

Um Ihr Pferd nutzbringend zu longieren, lösen Sie gezielt Bewegungen aus, welche die Tragemuskeln zum Arbeiten anregen, die Hinterhandmotorik verbessern und so die Körperhaltung Ihres Pferdes nach und nach verbessern. Wie bei Menschen auch, entstehen durch langjährige Fehlhaltungen Schädigungen. Und genauso kann man durch eine Verbesserung der Körperhaltung Schädigungen entgegenwirken oder deren Auswirkungen abschwächen. Denn werden Strukturen im Körper physiologisch belastet, sind sie viel weniger Verschleiß ausgesetzt, als wenn sie in ständiger Fehlhaltung abgenutzt werden.

Die physiologisch funktionierende Muskulatur arbeitet harmonisch, „Hand in Hand". Das bedeutet, dass im Körper Ihres Pferdes Muskelkreisläufe aktiv sind, welche das

Was hier etwas „interessant" aussieht, ist der Versuch des Pferdes, mit angezogenem Becken den Rücken anzuheben. Das Pferd kann schon in kleinen Bewegungen das Becken anziehen und im dynamischen Vorwärts den Rücken anheben. Das angezogene Becken ins Vorwärts mitzunehmen, sodass sich dabei der Rücken anhebt, schafft es noch nicht. Dieses Sich-vorne-Anheben ist nun der Versuch, beide Bewegungen zu verbinden. Wie schwierig das für ein Pferd mit diesem Körperbau ist, wird hier sichtbar. Das Pferd klappt mit seinen Hinterbeinen etwas vor, schiebt sich dabei aber auf die innere Schulter und versucht, sich durch das Anheben zu „retten". Der vordere Rücken hebt sich dabei einigermaßen an, aber insgesamt sieht die Bewegung doch noch sehr gewöhnungsbedürftig aus. Trotzdem haben wir in dieser Bewegung verschiedene Bewegungen, welche für den körperlichen Aufbau wichtig sind: Die steifen Gelenke der Hinterhand müssen Körperlast übernehmen. Das Becken wird angezogen. Und die Rumpfstabilisatoren sind genötigt, zu arbeiten, sodass der Brustkorb deutlich angehoben wird.

Pferd befähigen, selbst eine aufrechte Körperhaltung einzunehmen (Selbsthaltung). Dazu müssen Schub- und Tragkräfte bzw. die Muskulatur, welche durch diese Kräfte angesprochen wird, gut ausbalanciert zusammenarbeiten. Doch bei modernen Pferden ist das viel mehr das Ziel der Arbeit als deren Ausgangspunkt. Bei einem statisch für Reitzwecke geeigneten Pferd, bei welchem die Wirbelsäule stabil in der Mitte seines Rückens liegt, können Sie problemlos über Stellung und Biegung arbeiten, wie es die klassischen Reitlehren seit Jahrhunderten empfehlen. Lässt Ihr Pferd die anfängliche Stellung gut durch, dehnt sich die äußere Halsmuskulatur etwas. Kommt später die Biegung ebenfalls durch, holt der Biegereflex die innere Hüfte nach vorne und innen. Die innere Schulter geht dabei geringfügig zurück (bleibt dabei aber angehoben!), sodass die gesamte äußere Muskulatur des Pferdes gedehnt wird. So können Sie sowohl die äußeren Muskelketten als auch das innere Hinterbein kontrollieren, vorausgesetzt, Ihr Pferd entzieht sich nicht durch ein „Abknicken" in einem Bereich, meistens zwischen Hals und Schulter oder manchmal auch im Lendenbereich, der Biegung. Sie erkennen diesen Fehler meist am Verwerfen im Genick oder daran, dass Ihr Pferd über seine äußere Schulter ausbricht sowie schief fußt bzw. sein Becken schief stellt.

Machen Sie nun dieselbe Arbeit mit einem statisch veränderten Pferd, bei welchem sich die Wirbelsäule durch die verstärkte Abwärtshaltung des Rückens verdreht hat (häufig im vorderen Bereich nach vorne links und in der hinteren Sattellage nach hinten rechts), wird dieses durch herkömmliche Biegearbeit höchstens noch schiefer. Stellen Sie sich vor, Sie möchten eine krumme Banane gerade machen. Würden Sie diese einfach in die andere Richtung biegen, würde die Schale aufplatzen und die Frucht darin zerbrechen. Würden Sie Ihre Banane aber über längere Zeit langsam gerade machen, hätten Sie mehr Chancen darauf, dass die Schale und die Frucht intakt bleiben (vorausgesetzt natürlich, dass Ihre Banane so lange hält ...). Auf jeden Fall hat Ihr Pferd mit seiner verstärkten Abwärtshaltung ja nicht nur eine krumme Wirbelsäule, sondern auch noch eine, die tief im Körper liegt. Also muss diese zunächst in ihrer Längsachse gedehnt und später vom Pferd aktiv gestreckt werden, damit sie möglichst gerade im Körper liegt. Erst dann kann sie im Körper angehoben werden. Ist die Wirbelsäule angehoben, sieht das Pferd auch im Ruhezustand in sich aufgerichtet auf, also erhaben. Die Statik kann also durch Umdehnung von Muskeln bis zu etwa 30 Prozent verändert werden; zum Guten, wenn man gezielt mit dem Pferd an der Tragkraft arbeitet. Aber auch zum Schlechten, wenn man denkt, dass sich die schlechte Körperhaltung mit der Zeit von alleine verbessern wird. Bedenken Sie dabei, dass der Pferderücken aufgrund seiner Aufspannung zwischen vier dünnen Pfosten der Schwerkraft wesentlich stärker ausgesetzt ist als der menschliche Körper, welcher auf zwei dicken, kräftigen Pfosten steht. Und dennoch wissen viele von Ihnen aus eigener Erfahrung, dass auch unsere aufrechte Haltung konsequent trainiert werden muss. Tun wir das nicht, fällt auch unsere Wirbelsäule in sich zusammen. Denn wenn die Schwerkraft uns beständig nach unten zieht, wer zieht uns nach oben, wenn nicht wir selbst?

Mit Ausweichbewegungen und Meideverhalten in allen Schattierungen müssen Sie bei Ihrem Aufbautraining sowohl bei unsensibler Einwirkung als auch bei allen verspannten, undurchlässigen oder vor allem auch bei hypermobilen Pferden rechnen. Verständlicherweise versuchen auch Pferde mit gesundheitlichen Einschränkungen oder Gebäudeproblemen, sich der anstrengenden Tragearbeit zu entziehen. Da solche Pferde ohnehin verspannt sind und darüber hinaus meist mangelhafte oder falsche Muskulatur haben, wird Ihre Arbeit weiter erschwert. In solchen Fällen sind Ihre besondere Geschicklichkeit, Ihr Einfühlungsvermögen und Ihre endlose Geduld gefordert. Das Angewöhnen eines gesünderen Gangmusters ermöglicht es aber, weiteren Schaden abzuhalten und die Lebensqualität der betroffenen Pferde zu erhöhen. Die Pferde bleiben dadurch viel länger nutzbar oder werden wieder nutzbar. Auf jeden Fall kann man Folgeerkrankungen deutlich abschwächen, welche sich automatisch einstellen, wenn die Muskulatur im Körper ihren Arbeitsvertrag gekündigt hat. Dabei seien besonders die immer häufiger auftretenden

Dieses Pferd hat eine ganz andere Motorik. Auch es versucht sich anzuheben, springt dabei aber ins Terre à terre. Auch hier spielen sich im Körper verschiedene Bewegungen ab, die für den körperlichen Aufbau wertvoll sind.

Für den Trainingsbeginn eignen sich solch einfache Bewegungen besser, weil sie auch von weniger erfahrenen Longenführern ausgelöst werden können. Sie sind aber ohne entsprechende Zusatzbewegungen nicht dazu geeignet, eine Hinterhandmotorik umzuschulen und die Wirbelsäule vollständig anzuheben.

Stoffwechsel- und Atemwegserkrankungen genannt.

In den nächsten Kapiteln erfahren Sie Schritt für Schritt, wie Sie das Rückentraining aufbauen können, damit Ihre Arbeit von nachhaltigem Erfolg gekrönt wird.

Die Aufteilung in einzelne Ausbildungsabschnitte ist deshalb sinnvoll, weil zum Erreichen gewisser Ausbildungsziele bestimmte Vorbedingungen nötig sind. Wie beim Reiten ist es nicht möglich, einen oder mehrere Schritte einfach zu übergehen, ohne dass sich daraus erhebliche Rückschritte ergeben werden. Dennoch überlappen und ergänzen sich die beschriebenen Schritte. Sie werden auch keinen Punkt als erledigt abhaken können, **sondern diese Bewegungen quasi im Rundlauf mit immer höherem Wert für den Pferdekörper durcharbeiten.**

Wie die Erfahrung gezeigt hat, stellen sich bei Pferden mit verstärkter Abwärtshaltung und Schiefe aufgrund des nach vorne verschobenen Schwerpunktes während des Trainings immer wieder fast schon typische Probleme ein. Wenn Sie das bereits vorher wissen, können Sie schneller darauf reagieren. Deshalb werden die typischen Ausweichreaktionen, mit welchen Sie rechnen müssen, bereits an dieser Stelle angesprochen und nicht erst am Ende des Buches.

Obwohl dieses Quarter Horse wahrlich keinen für die Dressur geeigneten Körperbau besitzt, sieht man ihm die Arbeit an. Das Pferd steht stolz und erhaben und ist seit Jahren wieder problemlos reitbar.

DAS TEMPO

Auch wenn es erstaunlich klingt: Das richtige Tempo ist für das Gelingen Ihrer Arbeit entscheidend! Der Grund dafür ist in der Muskelspannung zu suchen. Wenn gesunde Pferde entspannt auf der Weide herumtrotten, sind ihre Muskeln locker. Je schneller sich ein Pferd dagegen bewegt, desto höher muss die Muskelspannung sein, um den Bewegungsapparat zu stabilisieren. Damit kann der Körper Verletzungen, z. B. durch Fehltritte, vorbeugen. Am deutlichsten ist dieser hohe Muskeltonus in Fluchtsituationen zu erkennen. Das erregte Pferd reißt den Kopf hoch, spitzt die Ohren, stellt den Schweif und spannt den Rücken, bereit zur unverzüglichen Flucht. In dieser Situation ist das Pferd meilenweit vom Zustand der Entspannung entfernt.
Natürlich ist ein Ziel unserer gymnastischen Arbeit, das Pferd dahingehend zu schulen, dass es sich bei der Arbeit mit tätiger Muskulatur bewegen kann. **Tätig bedeutet bei unseren meist überbeweglichen Pferden nicht mehr nur losgelassen, sondern auch mit einer hohen positiven Körperspannung, welche die Überbeweglichkeit im Skelett zumindest weitgehend kompensieren kann. Ein ungeschultes Pferd ist nicht in der Lage, bei höherer Muskelspannung die Muskulatur weiterhin an- und abzuspannen; sie wird festgehalten, oder „gesperrt", und damit nicht mehr richtig durchblutet. Die Fähigkeit, auch schnelle Bewegungen und schwere Arbeit mit tätiger Muskulatur zu bewältigen, muss einem Pferd deshalb erst antrainiert werden.**
Bis es so weit ist, helfen Sie einem verspannten oder eilig gehenden Pferd, indem Sie es zunächst in ruhigem Tempo arbeiten. Dabei ist auch eine ruhige Arbeitsatmosphäre wichtig. Ruhig bedeutet dabei keineswegs energielos oder schlapp. Das Ziel ist dabei, die negative Muskelspannung etwas herabzusetzen, sodass das Pferd sich zunächst lösen kann. Sobald die Muskulatur in ruhigem Tempo losgelassen arbeitet, muss die Körperspannung auch schon durch dynamischeres Arbeiten der Hinterhand so weit erhöht werden, dass die Wirbelsäule nicht lose im Körper schwingt. Denn das lose Schwingen lässt eine im Körper abwärts weisende Wirbelsäule immer tiefer absinken. Um also eine bessere, positive Körperspannung zu erreichen, können Sie beginnen, das Tempo zu variieren. Sie lassen also Ihr Pferd aus seiner Hinterhand antreten und sich auf dieser wieder auffangen. Beachten Sie immer: Fleiß und Dynamik sind nötig und erwünscht. Eilen geht dagegen immer mit einem Balanceverlust einher.
Sind überbewegliche Pferde dagegen von Anfang an eher lose und schwingen in der Wirbelsäule, sollten diese schon sehr früh mit mehr Dynamik gearbeitet werden. Da die Muskulatur des Pferdes in höherem Tempo fester wird, kann man solche Pferde mit dosiertem Vorwärtstreiben in die Last

In hohem Tempo schützt eine hohe Muskelspannung die Gelenke vor Schäden.

☞ BEISPIELE

Beim ungeschulten Pferd hängt das Tempo eng mit der Körperspannung zusammen. Besonders im Schritt neigen untertourig gehende Pferde dazu, im negativen Sinn loszulassen. Deshalb sollte man sich bewusst machen, dass der Schritt eine schreitende, aktive Bewegung ist. Zu raumgreifende, untertourige Bewegungen führen eher zu einem wackelnden Becken, was den Rücken des Pferdes instabil macht.

Überhöhtes Tempo führt gerne zu Taktverschiebungen und einer verspannten Körperhaltung.

Stabile Pferde sind bei entsprechender Schulung auch bei höheren Anforderungen an die Muskeltätigkeit in der Lage, sich losgelassen zu bewegen.

Langsame Bewegungen in hoher Körperspannung auszuführen, erfordert eine Dynamik, welche das Pferd IM Körper umsetzen kann und die es nicht nach vorne schiebt. Weit ausgebildete Pferde können also die Körperspannung unabhängig vom Tempo erhöhen. Hier in der Piaffe wird die Dynamik so umgelenkt, dass das Pferd beginnt, im Körper aufwärts zu gehen.

Bei diesem Edelbluthaflinger reichte das Reiten mit losgelassener Muskeltätigkeit nicht mehr aus, um den Rücken zu stabilisieren. Zu stark war bereits die Abwärtshaltung der Wirbelsäule. Hier ist diese schon zu erahnen, weil das 10-jährige Pferd nicht in der Lage ist, mit den Hinterbeinen weiter vorzuschwingen. Bei genauem Hinsehen ist auch schon erkennbar, dass das Becken nach oben und die Wirbelsäulenaufhängung nach unten gehen. Damals waren diese Zusammenhänge jedoch noch völlig unbekannt.

22-jährig, sieht das Pferd zwar immer noch sehr gut aus. Deutlich ist aber zu sehen, dass sich das Becken weiter hochgestellt hat und die Wirbelsäulenaufhängung weiter in den Körper gesackt ist. In der Arbeit kann das über die richtig dosierte Dynamik bis zu einem gewissen Grad abgeschwächt werden. Da das Pferd aber bis vor wenigen Jahren streng in Losgelassenheit gearbeitet wurde, schafft es in seinem Alter nicht mehr, diese erhöhte positive Körperspannung in den Ruhezustand mitzunehmen.

Bei diesem sehr modernen Pony, hier 9-jährig, sind Statik UND Bindegewebe schon so weit verändert, dass die Arbeit in Losgelassenheit den Rücken nach unten durchfallen lässt. Da die Motorik in den freien Gangarten immer noch hinter dem Becken arbeitet, kann der Rücken nur dann genügend gestützt werden, wenn die „Drehzahl" des Motors (Hinterhand) so weit stimmt, dass der Rücken von hinten nach vorne durchgespannt wird.

Hier zum Vergleich: die Körperspannung hat nachgelassen; das Becken kippt nach hinten oben und der Rücken lässt nach unten los ... Das wirkt sich sofort negativ auf die Statik, Motorik und den gesamten Bewegungsablauf aus. Der Durchschwung der Hinterbeine verkürzt sich. Der Brustkorb schiebt sich sofort nach unten und das Pferd drückt im negativen Sinn gegen die Anlehnung.

stabilisieren. Allerdings ist dabei Feingefühl gefragt. Auch hier gilt: Es ist der Fleiß, die Aktivität, die zählt! Das eilende Pferd wird zwar fester, weil es sich stabilisieren muss. Aber dieses Eilen führt zu einer krampfhaften Stabilität (festhalten), die wir nicht gebrauchen können.

Hier in den Ansätzen der Piaffe steht das Becken richtig. Die Hinterbeine treten in die Last und der Rücken hebt sich deutlich an. Hier hat das Pferd also eine gute Verbindung vom Becken in den Rücken hinein. Aufgrund der überlangen Hinterbeine schafft das Pferd es aber nicht, diese Motorik in die raumgreifenderen Bewegungen mitzunehmen. Daran muss weiter gearbeitet werden.

Um Muskeln nun einen Anreiz zu bieten, sich immer wieder kräftig an- und abzuspannen, ist es sinnvoller, Pferde immer wieder aktiv antreten zu lassen, anstatt sie die ganze Zeit über in gleichmäßigem Tempo zu arbeiten. Dieses kräftige Antreten, verbunden mit dem sich wieder auffangen, wenn Sie als Longenführer passiv werden, schult die Hinterbeine. **Denn so muss das Pferd ständig seinen Spannungszustand ändern und sich neu ausbalancieren. Muskeln, Bindegewebe und Gelenke werden so laufend neuen Bewegungsreizen ausgesetzt. Vor allem die Muskulatur wird durch diese beständigen Veränderungen in den Anforderungen viel aktiver gefordert, baut damit also besser auf und wird kräftiger.** Zudem wird in diesen veränderten Tempi (z. B. Arbeitstrab, Mitteltrab) regelmäßig die Winkelung der großen Hinterhandgelenke verändert, sodass auch die Gelenke geschult und damit mit der Zeit beugefähiger und geschmeidiger werden.

DIE SCHULTER-KONTROLLE

Wie bereits besprochen, neigt das ungeschulte Pferd dazu, sich auf der Vorhand zu bewegen (Vorderlastigkeit). Die natürliche Schiefe bringt das Pferd dazu, sich vermehrt auf einer bestimmten Schulter abzustützen. Je mehr nun die Statik eines Pferdes vom Ideal abweicht, desto ausgeprägter werden Sie das „Abwärtsgehen" und die verstärkte Schiefe Ihres Pferdes zu spüren bekommen. Für das Gelingen Ihrer Arbeit benötigen Sie also zuerst einmal eine gewisse Schulterkontrolle, damit Ihr Pferd sich nicht wie ein Motorrad in die Kurven legt (rudimentäres Geraderichten).

Als Beispiel für die weiteren Ausführungen wähle ich das rechtshändige Pferd, welches sich links hohl macht. Dies aus folgendem Grund: Während sich die älteren Jahrgänge noch zumeist in ihre lose rechte Seite hineinfallen ließen und man ihre Schiefe oft an den rechten Hufen erkennen konnte, zeigen die jüngeren Jahrgänge gehäuft ein Überrollen über ihre linke Schulter. Diese „hängt" also, was bedeutet, dass das linke Vorderbein beim Zurückfußen extrem lange am Boden kleben bleibt, bis es erneut vom Boden abgehoben und wieder nach vorne geführt wird. Somit fußt es weit unter den Körper zurück. Müssten Sie sich so bewegen, würden Sie hinfallen, wenn Sie sich nirgends abstützen könnten. Da Pferde aber vier Beine haben, können sie diesen kompletten Balanceverlust für das ungeschulte Auge lange Zeit kaschieren. Pferde fallen deshalb ja nicht auf die Nase; zumindest so lange nicht, bis sie mit ihrer Wirbelsäulenaufhängung quasi auf dem Fußboden angekommen sind.

Während die älteren Jahrgänge erst mit der Rückendehnung anzeigten, dass sie links kürzer sind, zeigen dies jüngere Jahrgänge zumeist schon nach der Aufzucht. Entsprechend finden wir bei den jüngeren Jahrgängen auch die typischen Deformationen der Hufe aufgrund der Schiefe auf der linken Körperseite. Dehnt man bei solchen Pferden den Rücken, zeigen sie die kurze linke Seite verstärkt an. Verzichtet man auf diese Rückendehnung, schieben sich diese instabilen Skelette jedoch so schnell zusammen, dass die Pferde oft gar nicht mehr angeritten werden können oder bereits nach ein oder zwei Jahren Probleme bekommen. Deshalb führt meiner Erfahrung nach bei den modernen, instabilen Skeletten kein Weg mehr an der Rückendehnung vorbei.

Aufgrund dieser jüngsten Entwicklungen der Pferdezucht können Sie die Schiefe Ihres Pferdes auch nicht mehr wie früher nach Links- und Rechtshänder getrennt bearbeiten. Daher behandeln wir der Einfachheit halber zunächst mal alle Pferde gleich. Haben Sie die Schiefe verstanden, werden Sie schnell merken, wie Sie den individuellen Auswirkungen der Schiefe bei Ihrem eigenen Pferd entgegenwirken können.

Denn nach wie vor gilt, dass Pferde in der Arbeit ihre hohle Seite wechseln können und zudem ausgesprochen erfinderisch darin

Das „Überrollen" über den Ellbogen ist hier recht ausgeprägt. Müsste ich auf meinen zwei Beinen so gehen, wie das Pferd sich bewegt, würde ich umfallen. Deshalb muss ich mich hier am Pferd festhalten. Das Pferd fällt nur deshalb nicht um, weil es vier Beine zum Ausbalancieren hat.

sind, wie sie die anstrengende Tragearbeit vermeiden können. Aus diesem Grund kann sich die Schiefe auf unterschiedlichste Weise zeigen, was von Ihnen gelegentlich kreative Lösungsansätze erfordert. So fallen gerade stark in der Schubkraft stehende Pferde mit ausgeprägter Abwärtshaltung ihres Rückens oft auf beiden Händen gerne auf ihre innere Schulter. Andere laufen gerne auf beiden Händen über ihre äußere Schulter weg oder lassen sich gar nicht lenken. Wieder andere sind hier sehr flexibel und wechseln nach Gutdünken und Anforderungen in der Arbeit. Sie müssen also ganz genau hinsehen und auf das reagieren, was Ihr Pferd gerade tut. Je besser Sie die Theorie verstanden haben, desto leichter wird es Ihnen fallen, in der Praxis richtig zu reagieren. Bedenken Sie stets, dass es sich bei Ausweichbewegungen nicht um Ungehorsam handelt, sondern in erster Linie um Balanceverlust, resultierend aus statischen Schwächen des Körpers. Selbstredend kann dieser aber zu Ungehorsam führen, wenn er sich durch falsche Ausbildungsarbeit weiter verstärkt oder man denkt, dass sich das Problem mit der Zeit in Wohlgefallen auflösen wird, wenn man nur lange genug wartet. Das funktioniert leider nicht mehr; denn eine schlechte Körperhaltung kann das Pferd alleine nicht korrigieren; schon gar nicht, wenn diese aus ungünstigen Gelenkwinkelungen und Körperproportionen resultiert. Deshalb sollte man Pferde mit Problemen nicht auf die Weide stellen, sondern an der Körperhaltung arbeiten; und sei es nur im Schritt, falls sie gesundheitliche Probleme haben.

Obwohl das Pony sein Becken anzieht, schiebt es sich voll auf seine linke Schulter. Bei einem statisch günstig konstruierten Pferd würde sich die innere Schulter anheben; sie würde also frei werden.

Stabilere Pferde ziehen auf der linken Hand gerne deutlich nach außen. Dabei können sie sich auch festmachen und sind oft schwer vorzusetzen.

Instabile Pferde hingegen neigen dazu, dem Longenführer ihren Hals entgegenzustrecken. Es besteht also noch keine Verbindung von hinten nach vorne.

DAS WEGDRIFTEN ÜBER DIE ÄUSSERE SCHULTER

Das rechtshändige, ungeschulte Pferd neigt dazu, auf der linken Hand nach außen zu ziehen, also seiner rechten Schulter nachzulaufen und somit den Zirkel von sich aus zu vergrößern. Ursache ist das linke Hinterbein, welches mehr schiebt als das rechte. Ist der Schwerpunkt durch großen Raumgriff, einen kurzen Rücken und einen überlangen Hals nach vorne verschoben, ist damit auch die Schiefe verstärkt. **Ist das Bewegungsmuster zu raumgreifend, als dass es in einem kurz geratenen Rücken genügend umgesetzt werden könnte, ist das Pferd zudem genötigt, seine Hinterbeine entweder nach hinten herauszuschieben oder seitlich am Rumpf vorbeizuführen.** Das stärker schiebende linke Hinterbein führt also dazu, dass solche Pferde gerne das Becken links hoch stellen oder damit vorne nach links kippen. Dabei verkürzt sich die linke Seite; sie ist also die feste Seite. Je kräftiger ein Pferd nun schiebt, desto stärker driftet das linke Hinterbein unter dem Körper durch in Richtung der rechten Schulter. Das linke Vorderbein wird dadurch vermehrt belastet. Oft nehmen die Pferde es schräg unter ihren Brustkorb und überrollen sichtbar über ihren linken Ellbogen. Verkürzt man den Raumgriff und nötigt das Pferd, mit seinem linken Hinterbein vermehrt unter dem Becken zu bleiben, ohne es zuvor in seiner Motorik verbessert zu haben, schiebt sich aufgrund des steifen Hinterbeines zunächst einmal die linke Beckenseite hoch. Da diese nun höher steht als die rechte, schiebt sich das Pferd somit gegen seine linke Schulter, wenn es mehr in die Last treten muss. Das ist der Grund, weshalb moderne Pferde z. B. beim Schulterherein links gerne nach innen drängeln, anstatt ihre innere Schulter anzuheben. **Es reicht also nicht aus, die Hinterbeine unter das Becken zu bringen, damit sie tragen und die Wirbelsäule stützen können, sondern sie müssen sich dabei auch noch vermehrt winkeln (Hankenbeugung).** Da aber moderne Pferde oft mehr Stelzen als vernünftige Hinterbeine haben, fällt ihnen ganz genau das unheimlich schwer. Um dennoch ein Anziehen des Beckens zu erreichen, welches bei dieser

Möchten Sie die Vorhand Ihres Pferdes nach innen holen, ohne dabei den Hals herumzuziehen, müssen Sie Ihr Pferd zunächst dazu bringen, sich in der Wirbelsäule zu strecken. Dadurch entsteht eine Verbindung vom Pferdemaul zum Hinterbein. Die Undurchlässigkeit verbessert sich später durch die Gymnastizierung der Hankengelenke.

schlechten Statik allein das Winkeln der Hinterbeine in einem runden Fußungsbogen unter den Pferdekörper ermöglicht, müssen die ganzen Muskelgruppen im hinteren Gesäß- und Beckenbereich sowie im Rücken umgedehnt werden. Nur so kann es gelingen, auch solche Pferde tragfähig zu machen.
Hinzu kommt, dass wir bei modernen Pferden aufgrund ihrer Beckenfehlstellung keine Verbindung mehr vom Becken in den Rücken hinein haben. Damit ist auch keine Verbindung von der Hinterhand zur Vorhand vorhanden; die Pferde sind „zweigeteilt“. Stabile Pferde mit unzureichend geschulten Hinterbeinen ziehen Sie gerne durch die Halle. Zweigeteilte Pferde klappen einfach ihren Hals vor der Schulter nach innen, sodass Sie keinerlei Einwirkung mehr auf das linke Hinterbein haben. Versuchen Sie, dem entgegenzuwirken, indem Sie es nach innen auf die Zirkellinie ziehen, ziehen Sie zudem die Wirbelsäule schief. Dasselbe passiert im Übrigen, wenn Sie Ihr schiefes Pferd beim Reiten auf der linken Hand mit dem inneren Zügel in die Wendung zwingen.

Je beweglicher Ihr Pferd ist, desto leichter können Sie seine Wirbelsäule schief ziehen. Die modernste Version sind Pferde, welche bereits aus der Aufzucht eine nach links verdrehte Wirbelsäule mitbringen. Dass Sie eine nach links gedrehte Wirbelsäule zunächst also auf linker Hand nur schwer korrigieren können, dürfte einleuchten. Dazu müssen erst einige Voraussetzungen geschaffen werden.
Zeigt Ihr Pferd auf der linken Hand durch sein Verhalten an, dass es zweigeteilt ist, seine Wirbelsäule also keine Verbindung von hinten nach vorne hat, bleibt Ihnen zu Beginn Ihrer Arbeit nichts anderes übrig, als auf die rechte Hand auszuweichen. Haben Sie es dort geschafft, etwas Streckung in die Wirbelsäule Ihres Pferdes zu bringen, können Sie vorsichtig auch auf der linken Hand Korrekturmaßnahmen ergreifen, indem Sie die Motorik des linken Hinterbeines bearbeiten.
Hat ein Pferd einmal gelernt, sich Ihrer Einwirkung zu entziehen, so werden Sie ein Stück Arbeit vor sich haben, um dies wieder zu korrigieren. Lassen Sie es also am besten gar nicht erst so weit kommen. Merken Sie, dass Ihr Pferd auf linker Hand gar keine Wendung gehen kann, so bleiben Sie bewusst im Vieleck, lassen es also immer wieder etwas geradeaus gehen und richten dann die Vorhand wieder auf die Hinterhand ein, indem Sie die äußere Schulter etwas nach innen holen. Dies muss sehr gefühlvoll gemacht werden, damit Ihr Pferd auch wirklich seine äußere Schulter mit nach innen nimmt und eben nicht nur seinen Hals.
Wie viele Ecken Ihr Vieleck hat, hängt davon ab, wie groß Ihre Linie ist und was Sie erreichen möchten. Das Prinzip ist gleich wie beim Reiten. **Ein Zirkel ist bekanntlich eine Aneinanderreihung von Ecken. Die Kreislinie wird dann rund, wenn das Pferd in der Lage ist, sein inneres Hinterbein entsprechend der Größe des Kreises zu beugen.** Entsprechend muss das Pferd eine

deutlich höhere Beugefähigkeit des inneren Hinterbeines aufweisen, wenn man eine kleine Volte rund reiten möchte. **Versucht man aber, ein Pferd durch das zu frühe Verkleinern der Kreislinie dazu zu zwingen, sein inneres Hinterbein vermehrt zu beugen, wird es lernen, dieser Beugung auszuweichen und seine Schiefe dadurch verstärken. Aus diesem Grund arbeiten wir zunächst auch an der Longe im Vieleck, welches ständig den Anforderungen angepasst wird.**

Im Vieleck haben Sie im Prinzip zwei Hauptbewegungen, welche Sie auslösen: Als erste Bewegung müssen Sie Ihr Pferd anregen, durch das Aktivieren seines Hinterbeines seine Muskeln zu dehnen und später die darunter liegende Wirbelsäule zu strecken. **So bekommen Sie die nötige Verbindung von hinten nach vorne, die Sie benötigen, um Hals UND Schulter nach innen zu holen.** Dazu müssen Sie also zunächst das innere Hinterbein etwas aktivieren. Aktivieren bedeutet, dass Sie Dynamik in dieses Hinterbein bringen**, welche von hinten unten nach vorne oben durch den gesamten Pferdekörper gehen soll. Sie treiben also zunächst von hinten unten in Richtung Sprunggelenk und lenken mit der Longe die Bewegung nach vorne oben um.** Ob Sie dazu von Ihrer Position her aktiv auf die Hinterhand Ihres Pferdes zugehen müssen oder nur darauf zeigen, hängt davon ab, wie Ihr Pferd die Hilfen im Körper umsetzen kann. Dieses Aktivieren hat nichts mit einem erhöhten Tempo zu tun. Vielmehr soll das Pferd seine Gelenke mehr durchfedern lassen und mehr in seiner

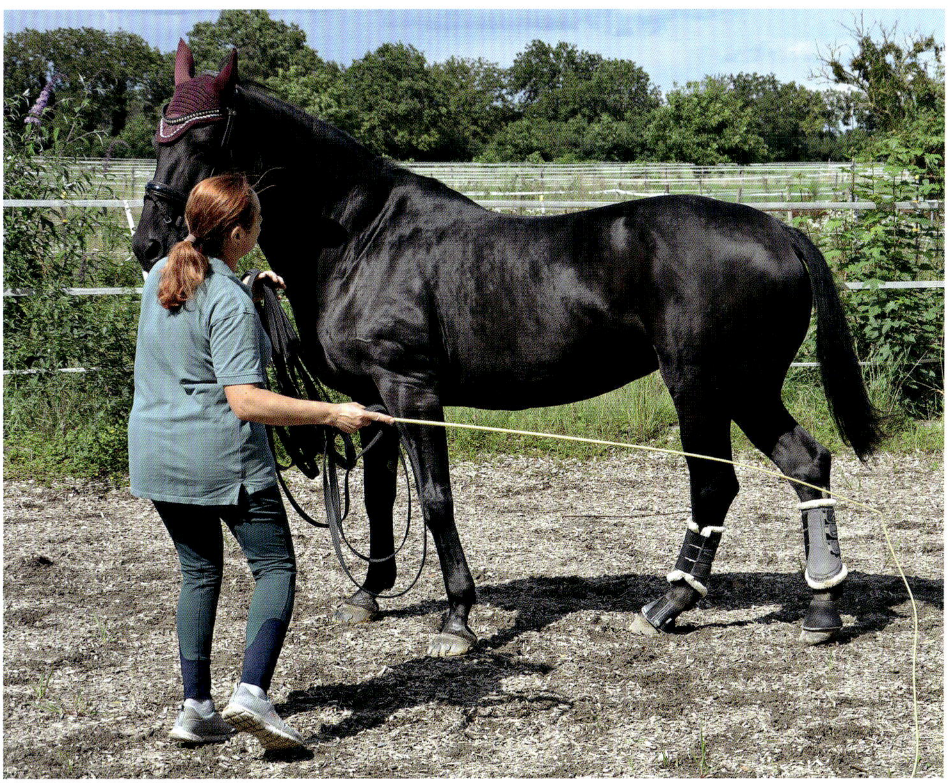

Hier wird die Vorhand so weit nach innen geholt, dass das innere Hinterbein vermehrt in die Last treten muss. Das gibt dem Longenführer mehr Kontrolle über die Hinterhand.

Das Pferd zieht über die äußere Schulter. Also wird es beim Vorsetzen der Vorhand von hinten mit der Peitsche eingerahmt.

Tragemuskulatur arbeiten; früher nannte man das Fleiß. Der Fleiß darf nicht mit Eile verwechselt werden. Stellen Sie sich eher kürzere, aktivere Tritte mit mehr Kadenz nach vorne oben vor, anstelle von langen,

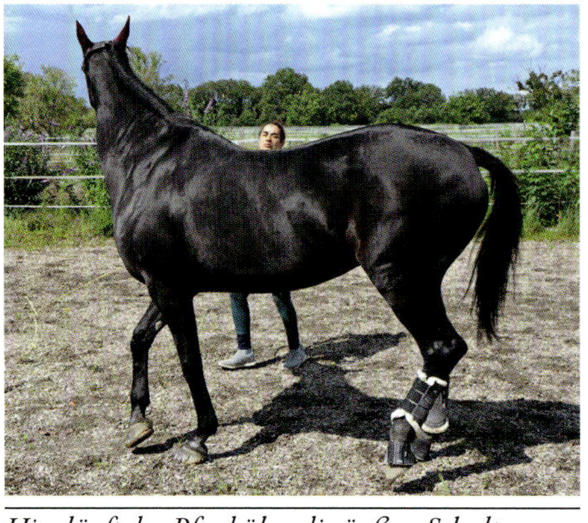

Hier läuft das Pferd über die äußere Schulter weg. Beim Einrichten der Vorhand auf die Hinterhand (Hereinholen der äußeren Schulter) kommt nur der Hals herum. Das Pferd bleibt in sich komplett schief.

langsamen Bewegungen, welche Muskeln und Gelenke weniger federn lassen.
Die zweite Hauptbewegung dieser Übung ist das Einrichten der Vorhand auf die Hinterhand, welches Sie bestimmt schon vom Reiten her kennen. Wir nennen **das „die Schulter vorsetzen". Gemeint ist damit, dass Sie die äußere Schulter des Pferdes so weit nach innen vor das innere Hinterbein holen, dass dieses mehr Last aufnehmen muss.** Bei Pferden, welche sich mit dem Abwenden schwertun, müssen Sie zum Vorsetzen der äußeren Schulter vermutlich Ihre Position ändern; hier müssen Sie also aus einer Position weiter vorne an der Schulter das Pferd in die Wendung zurückholen. Sie drehen dazu Ihren Oberkörper eine Vierteldrehung in Bewegungsrichtung und gehen etwas nach vorne, um Ihr Pferd mit einem offenen Winkel der Longe zum Pferdekopf abwenden zu können (mindestens 90 Grad, eher weiter). Versuchen Sie, ein so schiefes Pferd aus Ihrer vorherigen Position

weiter hinten nach innen zu holen, bekommen Sie einen spitzen Winkel von der Longe zum Pferdekopf. Das wirkt rückwärts, sodass Sie Ihr Pferd auf seine innere Schulter ziehen würden.
Ist Ihr Pferd im linken Hinterbein schon weiter geschult und in der Lage, dort mehr Körperlast abzufedern, so können Sie ein Wegziehen nach außen korrigieren, indem Sie es von hinten mit der Peitsche deutlich einrahmen und an die Hand herantreiben, welche dann ruhig zum Pferdemaul steht. Läuft Ihr Pferd dabei weiter über seine äußere Schulter weg, ist vermutlich die Kreislinie etwas zu klein. Vergrößern Sie diese etwas, dann sollte das Problem behoben sein.
Versucht Ihr Pferd, sich beim Vorsetzen der äußeren Schulter loszureißen, wirken Sie dem am besten entgegen, indem Sie keinesfalls mehr Dynamik in seine Hinterhand bringen, als es umsetzen kann. Das kann mitunter sehr wenig Energie sein. Zudem bleiben Sie beim Vorsetzen weit vorne; von hinten hätte Ihr Pferd jede Chance, sich loszureißen oder zumindest geradeaus weiterzugehen. Umgekehrt verfahren Sie, wenn Ihr Pferd sich umdrehen möchte: Dann bleiben Sie weiter hinten und treiben Ihr Pferd mit Nachdruck nach vorne durch. Hilfreich kann auch das Ausweichen in eine Ecke sein, wo Sie wenigstens an zwei Seiten eine Begrenzung vorfinden.
Was auch immer Ihrem Pferd einfällt; ziehen Sie sich niemals fest! Eine Parade erfolgt, indem Sie Ihre eigene Körperspannung halten, mehr oder weniger viel Energie in die Hinterhand bringen und diese mit der Longe umlenken. Sie locken diese Bewegungsenergie also in die gewünschte Richtung: Nach vorne, nach vorne oben oder deutlich nach oben. Dieses Locken erfolgt aus Ihren geschmeidigen Gelenken. Ihre Arme müssen wie Gummiarme durchfedern, aber bei Bedarf auch arretiert werden können. Müssen Sie die Finger deutlich schließen, um mit Ihren Paraden durchzukommen, öffnen Sie diese nach JEDER Parade, um die Longe etwas rutschen zu lassen. Je nach Situation können das Millimeter oder Zentimeter sein. Nur so stellen Sie sicher, dass Ihr Pferd auch wirklich beginnt, Muskeln zu bewegen, und diese nicht einfach festhält und gegen Sie arbeitet.
Bei Pferden, die mit dem Wegdrängeln schon oft Erfolg hatten, kann sich aus dem Balanceverlust schnell Ungehorsam entwickeln, der im Zweifelsfall Sie und Ihr Pferd gefährden kann! Suchen Sie sich also kompetente Hilfe, wenn Sie merken, dass Sie das Problem nicht selbst lösen können. Geschicklichkeit hilft dabei immer mehr als Kraft.

ABSTÜTZEN AUF DER INNEREN SCHULTER

Auf der rechten Hand wird Ihr Rechtshänder wahrscheinlich erst einmal mit deutlicher Außenstellung gehen und sich auf seiner inneren Schulter abstützen. Er lässt sich also in seine lose Seite hineinfallen. Die Pferde laufen dann oft wie in einer verunglückten Renversstellung. Gerne laufen diese Pferde auch nach innen, also in Ihre

Das Pferd fällt auf die innere Schulter und balanciert mit dem Hals dagegen.

Linie hinein. Manche trampeln dem Longenführer dabei regelrecht auf den Füßen herum, sodass dieser, oft unbewusst, rückwärts ausweicht. Falls Ihr Pferd dabei nicht schon die Anlehnung unterbricht, wird es dies vermutlich tun, sobald Sie versuchen, es in die Wendung zu führen. Es wird dann der Parade einfach nach innen folgen und sich noch mehr „in die Kurve" legen. So können Sie weder eine Kreislinie erreichen noch Ihr Pferd geraderichten. Gelegentlich ist die Außenstellung auch nicht so deutlich, aber das Pferd legt sich auf die Longe und versteift sich gegen Ihre Paraden. Bei stark zweigeteilten Pferden zeigt sich zudem auf der rechten Hand gerne eine Rückwärtsbewegung im Hals, wenn Sie versuchen, das Pferd in die Wendung zu holen. Die Ursache ist auch hier die Statik: Die schiebenden Hinterbeine schieben das Pferd auf beiden Händen auf seine Schultern. Nur eben ein wenig „anders". Versucht Ihr Pferd also, Ihnen auf Ihren Füßen herumzutreten, müssen Sie es zunächst an der inneren Schulter nach außen weisen. Da die Ursache für das Verhalten aber wie stets hinten im Motor und in der nicht funktionierenden Wirbelsäule liegt, sollten Sie so schnell wie möglich beginnen, die Hinterhand in die Last zu treiben, um ein Streckbedürfnis auszulösen. Das Streckbedürfnis führt dazu, dass das Pferd selbst nach außen zieht. Die Renversstellung resultiert ja aus der nach links verdrehten Wirbelsäule. Die Lösung führt also über die aktive Streckung der Wirbelsäule. Ein einfaches Loslassen des Rückens reicht dafür keineswegs aus. Das Pferd muss lernen, sich aktiv zu strecken, da nur dann der Rücken auch durchgespannt werden kann. Erst durch diese Vorarbeit kann die innere Schulter angehoben werden.

Ein geschickter Reiter richtet immer die Vorhand seines Pferdes auf dessen Hinterhand ein, um dieses geradezurichten und um die Streckung der Wirbelsäule zudem etwas aufzurichten. Im Klartext: Vor jeder Ecke treibt der Reiter, um die Streckung in der Wirbelsäule zu halten. Denn das innere Hinterbein muss in der Ecke mehr Körperlast übernehmen, sodass das Pferd danach

Immer häufiger zu sehen: Nicht nur der Hals, sondern der gesamte Rumpf ist nach links verkürzt. Das Pferd geht also in „Außenbiegung". Bevor an eine richtige Biegung zu denken ist, muss die Wirbelsäule gestreckt und in der Streckung angehoben werden.

trachten wird, sich dem zu entziehen, indem es sich abbremst. Erst nach diesem Treiben kann das Pferd Schultervor gestellt werden. Die äußere Schulter wird also etwas nach innen gebracht, sodass das innere Hinterbein zwischen den Vorderbeinen fußt. Durch dieses Schultervorrichten kommt beim richtig geschulten Pferd die Vorhand etwas hoch; die Streckung wird also angehoben. **Fazit: Hat man Streckung in die Wirbelsäule gebracht, kann man jede Wendung nutzen, um diese Streckung etwas anzuheben.** Dies kann man zunächst weder sehen noch fühlen; mit der Zeit wird das Pferd aber unter dem Trapezmuskel sichtbar aufmuskeln; ein untrügliches Zeichen dafür, dass die Wirbelsäule sich im Pferd anhebt.
Dasselbe tun Sie nun beim Longieren. Da Ihr Pferd aber aufgrund seiner statischen Schwächen noch weit von obigem Ausbildungsstand entfernt ist, erreichen Sie das wieder auf einem Umweg: Sie bringen Energie ins innere Hinterbein und lassen die Longe so weit durchrutschen, dass Ihr Pferd geradeaus von Ihnen weggehen kann. Damit regen Sie Ihr Pferd dazu an, sich zu strecken, was im weiteren Ausbildungsverlauf zu einer aktiven Streckung der gesamten Wirbelsäule führen soll. Da Ihr Pferd sich aber in seine lose Seite hineinfallen lassen möchte, behalten Sie die Peitsche in Ihrer rechten Hand. Sie aktivieren das rechte Hinterbein, indem Sie unter der Longe hindurch das rechte Hinterbein unter dem Sprunggelenk antouchieren. Da Sie dabei die Peitschenschnur von der inneren Schulter zum inneren Hinterbein führen, behalten Sie die rechte Schulter besser unter Kontrolle, als wenn Sie von hinten her treiben würden. Von hinten können Sie dann anfangen zu treiben, wenn die Energie aus der Hinterhand Ihr Pferd nicht mehr auf seine innere Schulter schiebt. Ist Ihr Pferd wunschgemäß geradeaus angetreten, hat es auf jeden Fall weniger Kurvenlage, als wenn Sie es jetzt schon in die Wendung hineintreiben würden. Es wird den

Kippt das Pferd nach innen, machen Sie sich groß und gehen energisch auf Ihr Pferd zu. Je nach Pferd dürfen Sie ruhig auch Ihre Hand heben und gegebenenfalls auch mit der Longe und der Peitsche in Richtung des Pferdes wedeln.

Hals dabei etwas lang machen. Je nachdem, wie schief die Wirbelsäule im Pferd liegt, kann sich auch die Außenstellung verstärken, da Ihr Pferd bei starker Streckung nach links gezogen wird. Sollte das der Fall sein, **lassen Sie die Longe so weit durchrutschen, dass Sie die Streckung nicht behindern, aber auch nur so viel, dass Ihr Pferd sich nicht angewöhnt, ruckartig nach außen zu reißen.** Die nächste Bewegung besteht dann darin, dass Sie etwas nach vorne gehen und **mit der longenführenden Hand die Bewegung zuerst nach vorne und dann in einem sanften Bogen nach innen umlenken. Locken Sie den Hals zuerst nach vorne, reduziert sich die Rückwärtsbewegung, welche das Pferd macht, weil es sich in seiner Wirbelsäulenaufhängung nach unten drückt.** Erst wenn die Wirbelsäule einigermaßen gestreckt ist, können Sie in Ihrem Vieleck häufiger die Vorhand vorsetzen, sodass Sie diese Streckung der Wirbelsäule immer mehr anheben können. Getreu der Richtlinie: Der Zirkel ist eine Aneinanderreihung von Ecken. Das tun Sie so lange, bis die Streckung nach außen und das Wiedervorsetzen der

Um das Pferd in der Aufrichtung nach außen zu bringen, kann man mit der Peitsche vor der Brust den Weg versperren, während man dynamisch auf das Pferd zugeht.

äußeren Schulter dazu geführt haben, dass sich das innere Hinterbein besser in die Last geschult hat. **Nimmt das innere Hinterbein also mehr Last auf, nähern Sie sich der Kreislinie an und können damit die Wirbelsäule immer weiter anheben, bis das Pferd in der Lage ist, sich selbst zu tragen.** Dieses „Das-Pferd-von-sich-Wegtreiben" und „Die-Vorhand-wieder-nach-innen-Holen" nennen wir **Navigieren** des Pferdes.

Da die Statik Ihr Pferd auf seine Vorhand schiebt, sind Konsequenz und Durchhaltevermögen bei der Umsetzung für den Erfolg ausschlaggebend. Denn es reicht nicht, zu „lernen", sich anders zu bewegen. Damit ein neues Bewegungsmuster mit einer neuen Körperhaltung in Mark und Bein übergehen können, müssen die beteiligten Tragemuskeln eingeschaltet werden, sich durch Dehnung so zu verändern, dass das Skelett in einer besseren Statik gestützt wird und durch eine positive Körperspannung in dieser Haltung gefestigt werden.

Da moderne Pferde durch das reine Anheben ihrer Schultern genauso wenig ausbalanciert gehen können wie durch exzessives Setzen der Hinterhand, muss immer der ganze Körper in die Umschulung mit einbezogen werden. Durch das Setzen und Verbessern der Hinterhandmotorik wird das Pferd hinten kleiner. Durch das Anziehen der Rumpfstabilisatoren wird es vorne größer. Schaffen Sie es, diese Bewegungen der Vor- und Hinterhand über einen funktionierenden Rücken miteinander zu koppeln, stellen sich die oberen Gelenke Ihres Pferdes so zueinander, dass sein Rücken gestützt wird und es sich tragen kann. Hüftgelenk und Buggelenk passen sich also von der Winkelung her so weit an, dass das Pferd in seinem Skelett stabiler wird.

ERZEUGEN EINER AKTIVEN STRECKUNG, UMLENKEN VON BEWEGUNGEN

Bereits in einem früheren Kapitel hatten wir festgehalten, dass unsere modernen, sehr beweglichen Pferde von der Arbeit in Stellung und Biegung längst nicht mehr so viel profitieren, wie das früher bei stabilen Pferden mit einer festen Wirbelsäule der Fall war. Um die Abwärtshaltung der Wirbelsäule abzuschwächen und die Wirbelsäule soweit möglich zu stabilisieren, ist es also sehr viel sinnvoller, Bewegungen im Pferd auszulösen, welche das Pferd veranlassen, seine Wirbelsäule aktiv zu strecken, sodass diese später im Körper angehoben werden kann. Nur so kann sich der Brustkorb anheben und die meist viel zu langen Hinterbeine bekommen den Raum, den sie benötigen, um unter den Körper treten zu können.
Um zu erkennen, wann sich ein Pferd schief macht, können trotzdem Parameter zu Hilfe genommen werden, die altbekannt sind.
Ist ein Pferd im Körper gerade, wächst sein Hals vollkommen gerade zwischen seinen Schultern heraus. Somit muss der Hals sowohl in der Halsbasis gerade sein als auch im Genick. Stehen die Ohren auf ungleicher Höhe, ist das Pferd im Genick verworfen, also schief. Ursache für einen schiefen Halsansatz oder ein schiefes Genick sind meist Schiefen bereits im Beckenbereich, welche sich in der Regel durch den gesamten Körper hindurchziehen. Schiefe Pferde stellen gerne ihr Becken schief hin bzw. kommen z. B. mit der linken Beckenhälfte in der Bewegung höher als mit der rechten. Die Ursache ist das Ausweichen eines der Hinterbeine bzw. die ungleichmäßige Beugung derselben.
Möchten Sie also die Wirbelsäule Ihres Pferdes gerader bekommen, empfiehlt es sich, vor allem nach hinten zu schauen. Soll das Becken gerade stehen, müssen beide Hinterbeine gleichmäßig tragen. Um das mit der weiterführenden Ausbildung zu erreichen, sollten Sie vor allem danach trachten, die Hinterbeine so gerade wie immer möglich

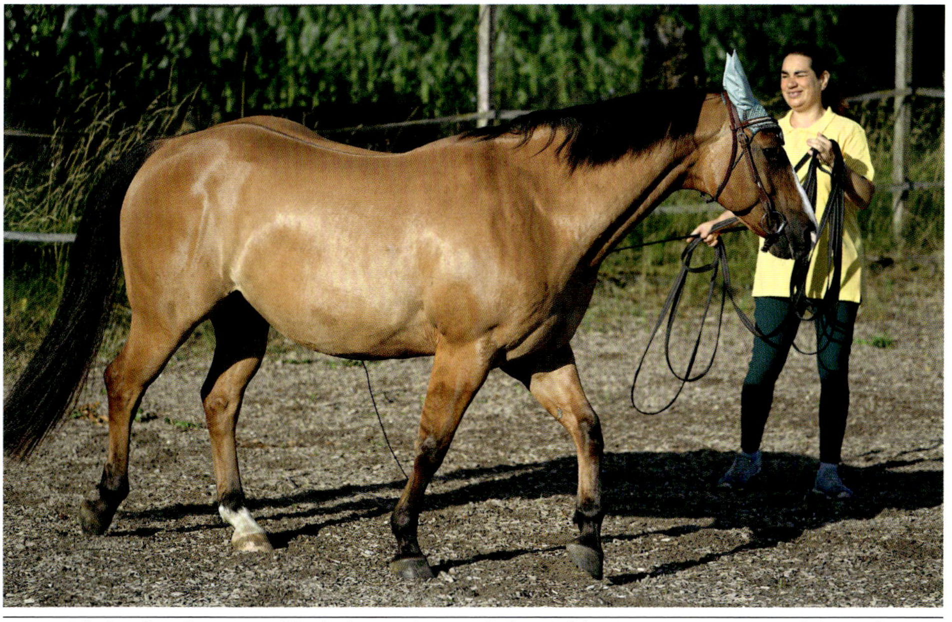

Dieses Pferd stellt sich gerne auf der linken Beckenseite höher. Solche Bewegungen setzen sich bis nach vorne zum Genick fort. Hier laufen die Vorderbeine geradeaus, während das Pferd eigentlich in einer Wendung ist.

Hier ist zwar der Hals lang und tief, aber es kommt keine Streckung in Rücken und Hinterbein an. Die Hanken bleiben steif; das Pferd fällt im Brustkorb stark nach unten. Es ist „gekippt". Das passiert gerne, solange die Rückenlinie verkürzt ist. Je besser der Rücken längs gedehnt ist, desto besser kommt die Streckung auch hinten an.

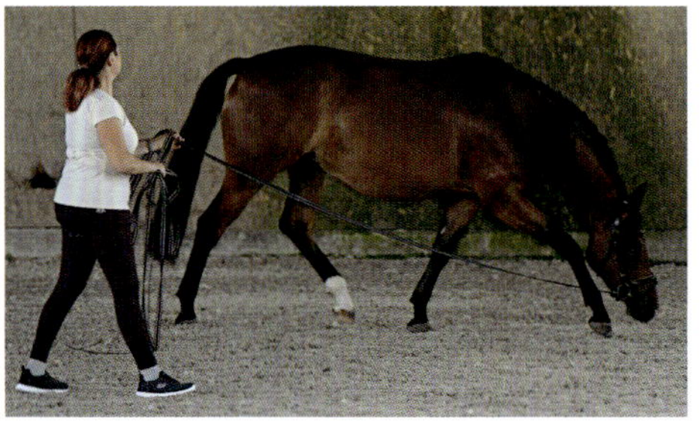

Hier sehen wir eine aktive Streckung. Die Oberhalslinie rundet sich, der Kopf zieht nach vorne. Ein wenig dieser Streckung kommt auch schon im Rücken an; das Bewegungsmuster der Hinterhand verschlechtert sich nicht. Trotzdem gut zu sehen: Bei diesem modernen Pferd reicht es nicht mehr, die Wirbelsäule zu strecken, um den Brustkorb anzuheben.

in Richtung der jeweiligen Schulter treten zu lassen. Weicht ein Hinterbein seitlich oder nach hinten aus, können Sie das gegebenenfalls daran erkennen, dass das Becken schief hingestellt wird. Meist wird dabei die linke Beckenseite etwas höher genommen. Werden in der Bewegung beide Beckenhälften ungefähr gleich bewegt, haben Sie die Hinterbeine zumindest einigermaßen unter Kontrolle und können in diese Körperhaltung Energie bringen. Wirkt diese Energie tatsächlich von hinten nach vorne in eine gerade Wirbelsäule, wird Ihr Pferd seine Rückenmuskeln immer mehr dehnen. Je besser Sie in den Rücken „hineinkommen", desto eher wird das Pferd eine aktive Streckung suchen. Dieses Streckbedürfnis ist wichtig für Ihre weitere Arbeit. Denn loses Hängenlassen des Halses und des Rückens schwächt den Körper aufgrund der Schwerkraft eher. Für eine gute Körperhaltung braucht es also Körperspannung. Positive Körperspannung. Streckt sich ein Pferd, haben Sie nicht nur diese Körperspannung, sondern auch eine Verbindung von hinten nach vorne durch die gesamte Wirbelsäule. Damit können Sie Paraden geben, die auch beim Pferd „ankommen", also nicht irgendwo im Körper „stecken bleiben".

TEMPIUNTERSCHIEDE

Nun gibt es verschiedene Möglichkeiten, das Pferd dazu anzuregen, sich strecken zu wollen. Bei muskulär verkürzten Pferden lösen grundsätzlich alle Bewegungen, bei welchen das Pferd das Becken anzieht, ein Streckbedürfnis aus. Ob dies nun ein energisches Antreten aus der Hinterhand nach vorne ist oder eher das Verkürzen der Schritte mit angezogenem Becken, hängt von der Ausgangsposition ab. Sind Pferde nur leicht aus der Balance gekommen, ist es allemal leichter, das Streckbedürfnis über Tempounterschiede und sanftes Hin- und Herbewegen zu erreichen als durch anspruchsvolle Übungen wie das Einrichten und in die Last treten lassen. Ist Ihr Pferd aber so „gekippt", dass jedes noch so kleine Antretenlassen es „anzackeln" lässt oder so schief, dass es seine Vorderbeine zu den Hinterbeinen bewegt anstatt umgekehrt, kann es doch ratsam sein, dem Pferd zunächst eine Idee zu vermitteln, wie es sein Gewicht von vorne nach hinten verlagern kann, ohne dabei umzufallen. Denn Pferde mit überlangen, steifen „Stelzen" anstelle gut gewinkelter, in der Länge zum Körper passender Hinterbeine, fühlen sich oft einfach nur gestresst, weil sie das Gefühl haben, dass von hinten jemand

schiebt und sie das nicht kontrollieren können. Kein Wunder also, dass solche Pferde entweder nicht vorwärtsgehen wollen oder aber dazu neigen, wegzulaufen.
Wenden wir uns zuerst der einfacheren Variante zu, Dehnung in die Muskeln und Streckung in die darunter liegende Wirbelsäule zu bringen. Diese ist eine Kombination aus folgenden Bewegungselementen:

— Sie aktivieren das innere Hinterbein Ihres Pferdes, indem Sie es unter dem Sprunggelenk antouchieren. In derselben Sekunde öffnen Sie die Finger der longenführenden Hand und lassen das Pferd zunächst einige Schritte geradeaus von sich weggehen. Kippen Pferde sehr stark auf die innere Schulter, können Sie als Variante das Pferd auch erst einmal direkt an der Schulter energisch nach außen treiben. Dabei müssen Sie aber die Longe so weit nachziehen, dass Sie eine leichte Verbindung zum Pferd behalten, damit Sie weiterhin eine Führung haben.

Dabei soll Folgendes passieren: Ihr Pferd soll durch das Antreten die Muskeln seiner Oberlinie dehnen sowie deren Gegenspieler anziehen. Kommt tatsächlich Streckung in die Wirbelsäule, wird das Pferd automatisch nach außen ziehen. **Diese Streckung sollten Sie, sobald Sie diese gezielt auslösen können, nach Bedarf begrenzen.** Tun Sie das nicht, kann es passieren, dass das Pferd Ihre Einladung, sich zu strecken, falsch versteht, und beginnt, Sie durch die Bahn zu ziehen. Ist Ihr Pferd schon weiter geschult, wird der Betrachter diesen Zug nach außen nur noch daran erkennen können, dass Ihr Pferd eine gleichmäßige Anlehnung sucht. **Dieses Sichstrecken und An-Ihre-Hand-Heranziehen ist also nichts anderes als das Suchen der Anlehnung durch das Pferd.** Sie als Longenführer gestatten diese Anlehnung, indem Sie Ihre Hand ruhig halten, aber bei Bedarf ständig die Finger öffnen bzw. die Longe gleitend nachziehen.

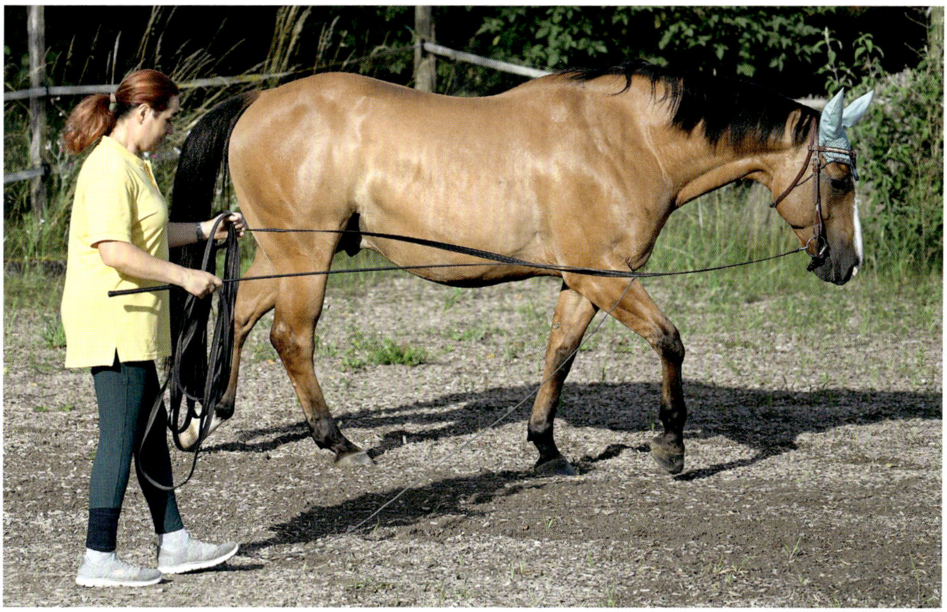

Das Pferd wird leicht nach außen getrieben; dabei rutscht die Longe so weit durch, dass das Pferd seine Muskeln frei bewegen kann.

— Ist Ihr Pferd nun wie gewünscht angetreten und hat die Longe gespannt, entsteht ja eine Verbindung von der Hinterhand bis zum Genick. Wenn Sie nun also die Longe nachziehen und die Vorhand Ihres Pferdes zu sich holen, um es wieder auf die Kreislinie zu bringen, sollte die gesamte Vorhand mitkommen. **Kommt Ihnen nur der Hals entgegen oder kippt Ihr Pferd auf seine innere Schulter, zeigt Ihnen das an, dass es zu wenig Streckung in seiner Wirbelsäule hat.** In diesem Fall müssen Sie es deutlicher aktivieren und die Vorhand vorsichtiger vorsetzen. Durch das Vorsetzen der äußeren Schulter muss Ihr Pferd gleichzeitig mehr Last auf seinem inneren Hinterbein aufnehmen. Es wird sich also in aller Regel abbremsen. Dies ist dann der geeignete Augenblick, um erneut das innere Hinterbein zu aktivieren, da es in diesem Moment wenig Möglichkeiten hat, auszuweichen. **Möchte sich Ihr Pferd nicht auf die Kreislinie zurückführen lassen, liegt das daran, dass die Hinterhand noch viel zu stark schiebt und das Pferd entsprechend undurchlässig ist.** In diesem Fall müssen Sie zunächst etwas Energie herausnehmen und flinkere sowie geschicktere Paraden geben, damit Ihnen Ihr Pferd beim Aktivieren nicht entgleitet. Sollte Ihr Pferd sich schlecht wenden lassen, treiben Sie es natürlich auch nicht mehr gezielt nach außen von sich weg, sondern gleich in die Wendung hinein. Manchmal müssen Sie auch in der Größe der Kreislinie Zugeständnisse machen, wenn Ihr Pferd sehr stark schiebt und/oder sehr undurchlässig ist. Diese Übungsfolge ist eine sanfte und relativ leicht zu erlernende Variante, die Motorik Ihres

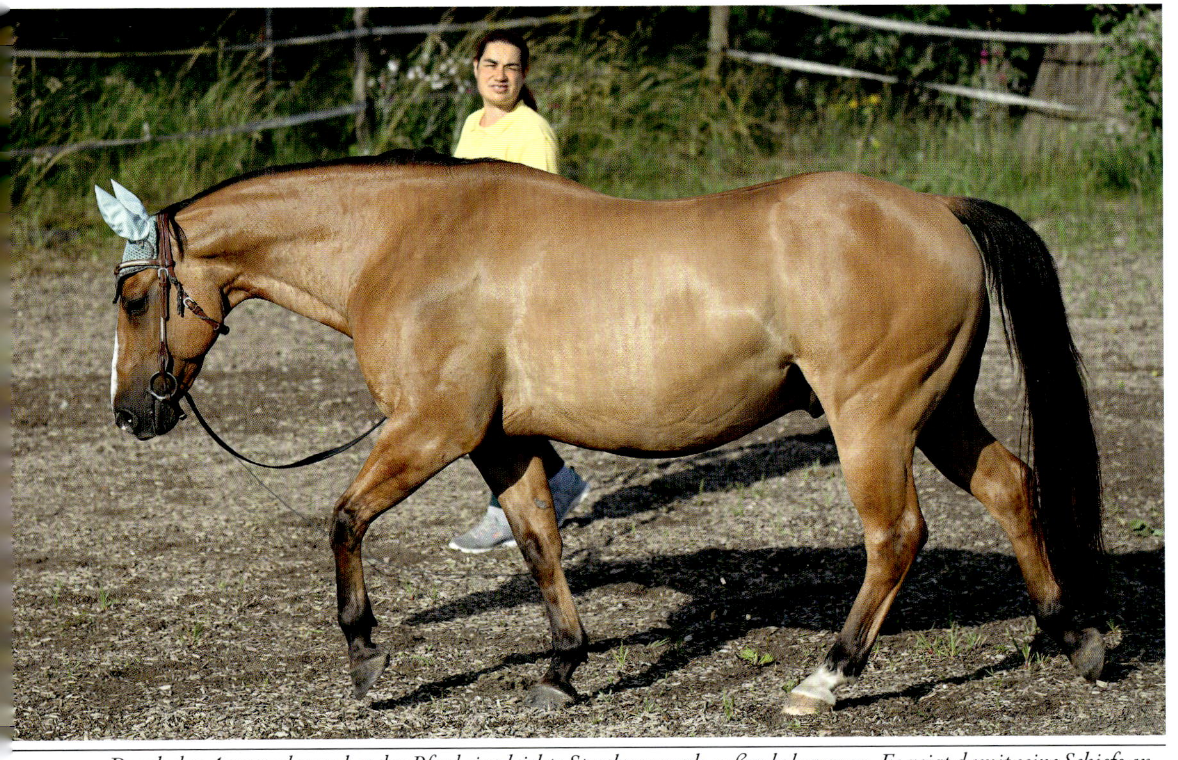

Durch das Antretenlassen hat das Pferd eine leichte Streckung nach außen bekommen. Es zeigt damit seine Schiefe an.

Pferdes zu verbessern und die Wirbelsäule zu mobilisieren. Sie wird zwar für eine Umschulung der Motorik bei weitem nicht ausreichen, aber dennoch das Hinterbein schulen und somit viel für die Gesundheit Ihres Pferdes leisten. Sie eignet sich auch für alle Pferde, welche aus gesundheitlichen Gründen zum Beispiel überwiegend im Schritt gearbeitet werden sollten.

— Wie stark Sie Ihr Pferd nach außen treiben und wieder zu sich holen und wie groß oder klein die Kreislinie dabei ist, hängt sowohl vom Ausbildungsstand als auch davon ab, was Sie damit erreichen möchten. Als Richtlinie gilt wie immer: Je kleiner die Wendung, desto besser muss das innere Hinterbein geschult sein. Zwingen Sie ein ungeschultes Pferd in eine enge Wendung, wird es Wege finden, sich der Lastaufnahme zu entziehen. Im dümmsten Fall ziehen Sie Ihr Pferd dabei noch schiefer. Schauen Sie also genau hin, wie Ihr Pferd die Übung umsetzt!

— Als Variante dieser Übung bietet sich an, das Pferd auf eine etwas größere Kreislinie herauszulassen und bei nur leicht anstehender Longe Übergänge zwischen den Gangarten sowie Tempoübergänge zu erarbeiten. Dabei gilt: Sie traben nicht mit einem Stimmkommando an, sondern aktivieren den Schritt und beobachten, WIE Ihr Pferd dieses Aktivieren in seinem Körper umsetzt. Tritt es aktiver in die Last, ist das wesentlich wertvoller, als wenn es sich sofort in den Trab schiebt oder in den Trab kippt. Achten Sie also immer ganz genau darauf, WIE Ihr Pferd etwas tut, also in welcher Körperhaltung. Sie parieren Ihr Pferd nun auch nicht durch, indem Sie es abbremsen. Vielmehr warten Sie einen Augenblick ab, wie Ihr

Diese Streckung kann nun durch gefühlvolles Vorsetzen der Vorhand etwas angehoben werden.

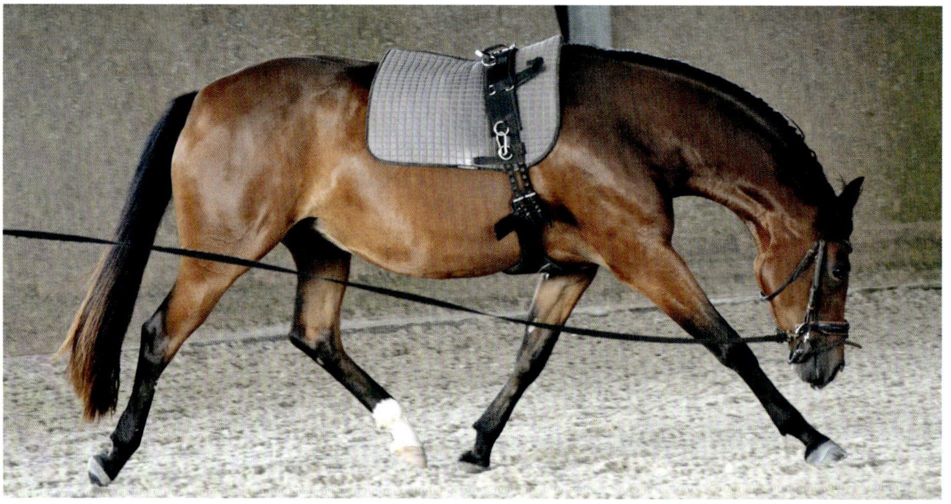

Durch diese Arbeit verbessern sich sowohl die Streckung der Wirbelsäule als auch die Aufwärtsbewegung im Körper beständig. Hier bewegt sich das junge Pferd in der Vorwärts-abwärts-Streckung bereits in sichtbar besserer Balance.

Pferd das Aktivieren umgesetzt hat, und reagieren entsprechend. Sie schauen also, was Ihr Pferd tut, wenn Sie passiv bleiben.

— Rennt es kopflos davon, wissen Sie, dass es sich derart auf die Vorhand schiebt, dass es sich ohne Ihre Hilfe gar nicht halten kann. Mit Gehfreude hat das gar nichts zu tun, sondern mit fehlender Balance, was für Pferde als Fluchttiere purer Stress ist. Deshalb ist wichtig, dass Sie nun nicht mit Stress reagieren. Sie lassen die Longe durchrutschen, damit Ihr Pferd nicht genötigt ist, in Schieflage durch enge Wendungen zu schleudern. Auch ein davonstürmendes Pferd kann man vorsichtig navigieren, also immer wieder die Vorhand vorsetzen, um es abzubremsen. Sie können auch versuchen, Ihr Pferd gerade gegen die Bande laufen zu lassen, um ihm eine optische Hilfe zum Bremsen zu geben. Wenn es sich durch das Weglaufen Ihrer Einwirkung zu entziehen versucht, holen Sie die Vorhand nach innen, geben dabei deutliche Aufwärtsparaden, damit der Brustkorb nach oben kommt, drehen die Hinterhand nach außen und bremsen so. Ansonsten beruhigen Sie Ihr Pferd in aller Ruhe und denken beim nächsten Aktivieren daran, dass Ihr Pferd offensichtlich nur sehr wenig Aktion umsetzen kann.

— Bremst Ihr Pferd sofort auf der Vorhand, wenn Sie passiv werden, liegt seine Wirbelsäulenaufhängung ebenfalls tief; jedoch haben solche Pferde keine Hinterhandmotorik, die sie aktiv macht. Meist sind das Pferde mit steilen und daher auch steifen Hinterbeinen. Das können Sie sehr viel leichter korrigieren, indem Sie erneut Aktion ins Hinterbein bringen und mit einer geschmeidigen Bewegung der Longe die Bewegung durch den Körper nach vorne herauslocken, und zwar vorwärts-aufwärts, nicht vorwärts-abwärts! Der Vorteil bei solchen Pferden ist, dass Sie den Schritt sofort wieder aktivieren können. Nach dem Motto: Schritt darfst du gerne gehen, aber bitte aktiven Schritt! Der Nachteil ist, dass sich Pferde mit einer schlechten Winkelung der Hinterhandgelenke nicht mal so schnell umschulen lassen; gut Ding will hier meist viel Weile haben.

- Häufig werden Pferde aber einfach langsamer und trotten gefühlte Stunden um Sie herum, wenn Sie passiv werden. Ähnlich einem Marathonläufer. Das ist für solche Pferde am kraftsparendsten, sodass sie das theoretisch stundenlang praktizieren könnten. Hier hilft, die Kreislinie allmählich zu verkleinern, indem Sie immer wieder die Vorhand auf die Hinterhand einrichten. Dabei holen Sie die Kopf-Halsposition entsprechend der Größe der Kreislinie immer höher. Sie erinnern sich? Je kleiner die Volte, desto höher muss die Versammlung sein. Je höher die Lastaufnahme des inneren Hinterbeins, desto höher kommt der Brustkorb. Je höher Sie also den Brustkorb in diesem Augenblick holen, desto mehr wirkt diese Kraft gegen das Becken und bremst das Pferd auf seinem Hinterbein ab. Wichtig ist hierbei, dass Sie Ihr Pferd nie in einer (zu) hohen Kopf-Halsposition festhalten. Da die Wirbelsäule noch tief im Körper liegt, nimmt das Pferd ja beim Hochnehmen des Brustkorbes anfangs eine fehlerhafte, aufgesteckte Halshaltung an. Da Sie nicht auf seinem Rücken sitzen, passiert dem Pferd dabei nichts. Würden Sie es aber in dieser Haltung festhalten, würde es falsche Muskeln trainieren und fest werden. Sie fordern Ihr Pferd deshalb durch Ihre Parade lediglich dazu auf, eine aufgerichtetere Körperhaltung einzunehmen, und lassen es dann ein paar Schritte selbst versuchen.
- Richtig wäre also, wenn Ihr Pferd sich, sobald Sie passiv werden, abbremst; aber mit dem inneren Hinterbein unter dem Becken und entsprechend gebeugten Gelenken. Es soll also in die Last bremsen, und nicht hinter der Last aufhören zu laufen. Um Ihr Pferd so weit zu bringen, müssen Sie aber seine Hinterbeine lange Zeit schulen. Diese Übung hilft Ihnen schon mal dabei.

EINRICHTEN DER SPUR

Die zweite, deutlich anspruchsvollere Möglichkeit, in Ihrem Pferd ein aktives Streckbedürfnis auszulösen, ist das **Einrichten der Spur**. Diese Übung eignet sich gut, um Ihr Pferd mit ganz verschiedenen Bewegungen vertraut zu machen, auf welche Sie im Training immer wieder zurückgreifen können. Es lernt, seine Hinterbeine vermehrt unter das Becken zu bringen und dort auch zu bewegen, also in die Last zu treten. Es lernt, sein Becken anzuziehen, sodass das Hüftgelenk in eine günstigere Winkelung kommt, um die Hinterbeine unter den Körper zu bewegen. Es lernt, seine Rumpfstabilisatoren zu nutzen und diese nicht einfach nur schlaff hängen zu lassen. Und es lernt, sein Gleichgewicht von der inneren Schulter in Richtung des äußeren Hinterbeins zu verlagern. Vor allem aber nötigt es Ihr Pferd, sich auf seiner Hinterhand abzubremsen. Das gibt Ihnen damit Kontrolle über die Hinterbeine, sodass Sie zum Treiben kommen. Nur so kann es gelingen, die Motorik der Hinterhand zu verbessern. Denn entzieht sich ein Pferd Ihren Hilfen durch Weglaufen (oder besser gesagt Wegschieben), haben Sie keine Chance, die Motorik „umzudrehen“. Sie können also immer dann im Training auf das Einrichten oder eine Variante davon zurückgreifen, wenn Sie das Hinterbeine „zu fassen“ bekommen müssen.
Wie funktioniert nun dieses „Einrichten“? Dabei holen Sie die Vorhand Ihres Pferdes etwas zu sich; wie viel, hängt davon ab, wie weit Ihr Pferd schon geschult ist. Auf jeden Fall muss es so viel sein, dass das Pferd mit seinen Hinterbeinen deutlich kleinere Schritte macht. Und zwar mehr unter dem Becken, also in die Last. Es muss sich also abbremsen, sodass Sie zum Treiben kommen. Stellen Sie sich dabei vor, dass Sie eine kleine Kreislinie beschreiten und Ihr Pferd eine etwas größere um Sie herum. Dabei geht es schulterhereinartig und tritt

je nach Abstellung mit der Hinterhand mehr oder weniger stark über. Ist Ihr Pferd weit in die Last geschult, reicht es oft, nur eine leichte Drehung im Pferd auszulösen, also die Vorhand etwas zu sich zu holen und die Hinterhand leicht nach außen zu drehen, um Ihr Pferd wieder deutlicher in die Last zu bringen und / oder besser zum Treiben zu kommen (ähnlich einer Viertelvorhandwendung). Zu Beginn werden Sie aber deutlich mehr machen müssen, damit Ihr Pferd sich bereit erklärt, sein Gewicht nach hinten zu verlagern und dabei hinten mehr Last aufzunehmen. Wenn Sie also die Longe nachziehen, um die Vorhand Ihres Pferdes zu sich hereinzuholen, müssen Sie darauf achten, dass die ganze Vorhand mitkommt. Nimmt Ihr Pferd nur seinen Hals nach innen, läuft also über die äußere Schulter weg, können Sie mit der Peitsche die äußere Schulter etwas zu sich holen. Steht Ihr Pferd mit seinem Becken sehr hoch, ist die Wahrscheinlichkeit groß, dass es sich auf seine innere Schulter drückt und auf Sie zuläuft. In diesem Fall tippen Sie mit der Peitsche die innere Schulter an und weisen diese nach außen, sodass das Pferd eine Kreislinie UM SIE HERUM beschreitet. Sie dürfen nicht rückwärts ausweichen, sonst kann die Übung nicht gelingen.

Als Nächstes kommt es darauf an, dass Ihr Pferd sich auf seinen Hinterbeinen abbremst und im Idealfall auch gleich sein Becken anzieht. Das erkennen Sie daran, wenn es aussieht, als würde Ihr Pferd „seinen Hintern einziehen". Besonders Pferde mit stelzigen Hinterbeinen sehen dabei so aus, als müssten sie mal. Zu Beginn des Trainings sind auch die meisten Pferde kaum dazu in der Lage, sich mit angezogenem Becken vorwärtszubewegen. Wenn die Gesäßmuskeln weiter umgedehnt sind und das Becken besser steht, können die Pferde diese Bewegungen so nach vorne umsetzen, dass das Anziehen des Beckens die Verbindung vom Becken in den Rücken stabilisiert. Das macht den Rücken tragfähig. Meistens wird es so sein, dass Ihr Pferd mit einem Hinterbein kürzer tritt und mit dem anderen auszuweichen versucht, indem es einen großen, zur Seite schiebenden Ausfallschritt macht. Das führt dazu, dass das Becken schief gestellt wird. Da das Einrichten vor allem dazu dient, das Pferd in eine aufgerichtetere Körperhaltung zu brin-

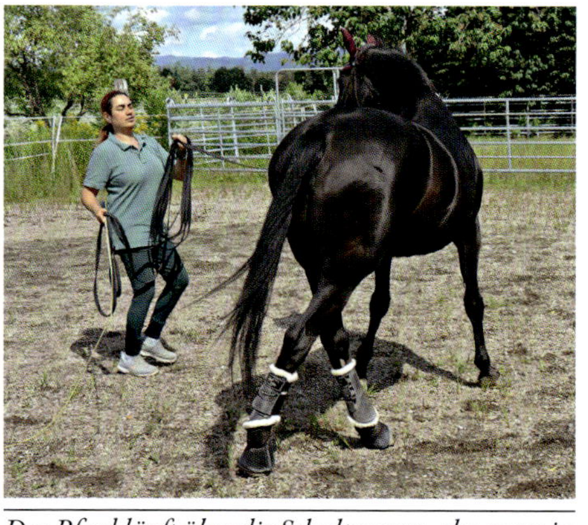

Das Pferd läuft über die Schulter weg, also muss in der Spur korrigiert werden. Nun laufen schnelle Prozesse ab: Die Vorhand wird nach innen geholt, die Hinterhand etwas nach außen korrigiert. Noch während das passiert, bringe ich von hinten unten nach vorne oben Energie ins Pferd.

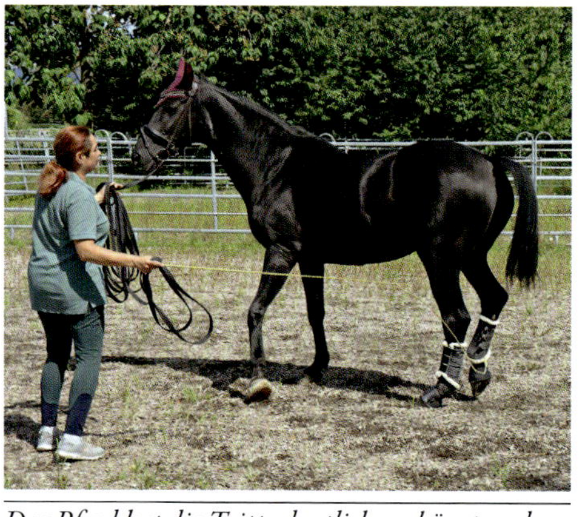

Das Pferd hat die Tritte deutlich verkürzt und stellt seine Hinterbeine vermehrt in die Last. Es hat also seinen Schwerpunkt nach hinten verlagert und bremst sich ab, sodass ich zum Treiben komme. In diese Körperhaltung kann ich nun vermehrte Energie bringen.

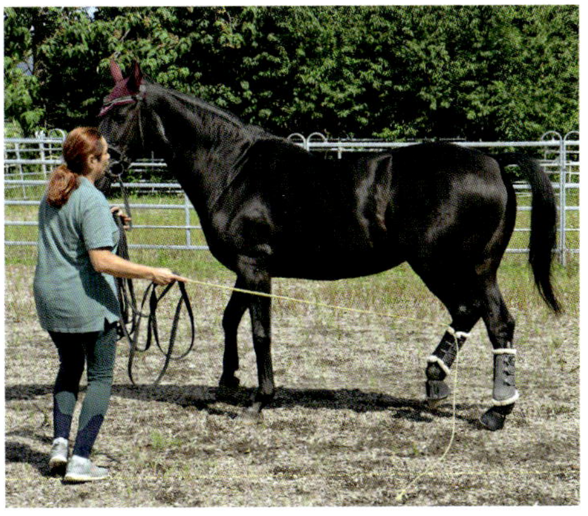

Das vortretende Hinterbein sollte idealerweise vorwärts-aufwärts unter den Rumpf geführt werden, um diesen anzuheben. Wieder lasse ich die Bewegungen durch meinen Körper laufen, wie ich sie gerne im Pferd hätte.

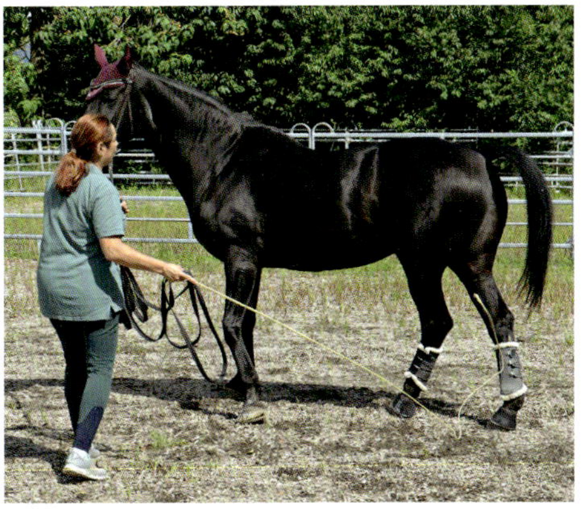

Hier nimmt das Pferd schon etwas mehr Last auf. Das zuvor sehr hoch stehende Becken hat sich etwas abgesenkt. Das Pferd ist hinten also „kleiner" geworden. Gleichzeitig haben sich Brustbein und vorderer Rücken angehoben.

gen, in welcher Sie zum Treiben kommen und Energie in eine möglichst gerade Wirbelsäule bringen können, dürfen Sie erst dann Energie in diese Körperhaltung bringen, wenn Sie Ihr Pferd am Hinterbein zu fassen haben. **Solange Sie vorne viel manipulieren müssen und Ihr Pferd sich nicht selbst auf der Hinterhand halten kann, wäre die Gefahr groß, dass Ihr Pferd einen Weg findet, seitlich auszuweichen und an Ihnen vorbeizulaufen („an der Seite vorbeikommen"). Da die Wirbelsäule sich aber nur anheben kann, wenn die Energie der Hinterbeine gerade in Richtung der Schulter wirkt, wäre das fatal. Ihr Pferd würde sich in seiner Wirbelsäulenaufhängung eher nach unten drücken, anstatt seinen vorderen Rücken mit dem Brustkorb anzuheben.**

Zu erkennen, wann die Wirbelsäule Ihres Pferdes beim Einrichten gerade genug ist, damit Sie die Hinterbeine dynamischer treten lassen können, wird einiges an Blickschulung und Gefühl erfordern. Bringen Sie Energie ins innere Hinterbein und Ihr Pferd donnert davon, ist es seitlich am Schwerpunkt vorbeigekommen. Wird es schneller, ebenfalls. Richtet es sich vorne selbst auf, sind Sie vermutlich auf der richtigen Spur. Bremst sich das Pferd hinten stark ab und kommt kaum noch vorwärts, haben Sie vermutlich auch richtig gearbeitet; Ihr Pferd schafft es dann aber nicht, in dieser Körperhaltung vorwärtszukommen. Also öffnen Sie die Finger der longenführenden Hand und geben den Weg nach vorne etwas frei. Würden Sie dabei Druck machen, könnte es sein, dass Ihr Pferd sich blockiert und entweder nicht mehr vorwärtsgehen möchte oder steigt.

Klappt die Übung, können Sie das innere Hinterbein wie aus Versehen mit der Peitschenschnur unter dem Sprunggelenk touchieren. Wie Ihr Pferd reagiert, hängt von seiner Motorik und der Gesamtstatik sowie seinem Temperament ab. Ideal wäre ein Anziehen des Hinterbeins unter dem Rumpf mit guter Winkelung aller beteiligten Gelenke. Wahrscheinlicher ist, dass das Pferd sein Hinterbein nach hinten hochzieht, auskeilt oder wegzulaufen versucht. Sie müssen also mit der Longe bereit sein, eine Parade zu setzen, welche das Pferd auf seinem Hinterbein hält. Ganz egal, wie Ihr Pferd reagiert. Es gibt kein richtig oder falsch. Das Verhalten Ihres Pferdes zeigt Ihnen lediglich an,

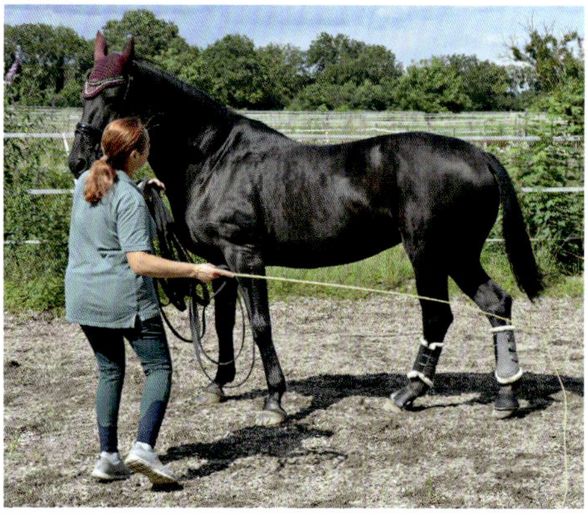

Allmählich entsteht eine Verbindung vom Becken in den Rücken hinein. Das Pferd bewegt sich in einer aufgerichteten Körperhaltung und führt die Bewegung immer selbstständiger aus.

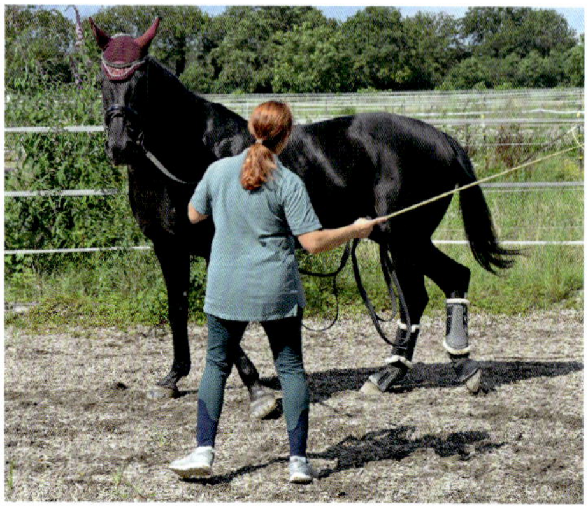

Langsam wird die Bewegung abgeschwächt und von der Tendenz her mehr auf die Kreislinie mitgenommen. Das Bewegungsmuster sollte soweit möglich erhalten bleiben.

WIE es diese Bewegungen in seinem Körper gerade umsetzen kann. **Mit etwas Geschick schaffen Sie es mit der Zeit, dieses Anziehen des inneren Hinterbeins unter den Rumpf gezielt auszulösen; damit können Sie die Lendenwirbelsäule Ihres Pferdes aufdehnen und somit mobilisieren. Ist diese erst aktiv, wird es viel leichter, auch den Rest der Wirbelsäule aktiv zu bekommen, sodass sie in den Bewegungsablauf eingeschaltet ist.**

Sie beenden das Einrichten, indem Sie die Finger Ihrer longenführenden Hand leicht öffnen und die Bewegung wohldosiert nach vorne herauslassen. Erschrecken Sie nicht, falls Ihr Pferd ruckartig seinen Hals in Richtung Boden streckt. Das ist das Streckbedürfnis, welches gezieltes In-die-Last-Setzen auslöst. Diese Streckung zum Boden können Sie so lange zulassen, bis Ihr Pferd sein Bewegungsmuster verändert. Denn jede so tiefe Streckung lässt ein statisch verändertes Pferd unweigerlich auf seine Vorhand fallen. **Sie brauchen die Streckung zwar, um die Wirbelsäule zu strecken und gerader zu bekommen, müssen aber auch darauf achten, dass das Pferd dabei nicht allzu stark kippt.** Wird es also schneller, tritt deutlich raumgreifender oder trabt gar an, wissen Sie, dass es gekippt ist. Streckt es sich vorne und stellt seine Hinterbeine steiler hin, zeigt das, dass die Rückenlinie noch stark verkürzt ist. Erst wenn der ganze Rücken gedehnt ist, werden die Hinterbeine beim Strecken unter den Körper gezogen. Verschlechtert sich also das Bewegungsmuster deutlich oder beginnt Ihr Pferd, wieder nach vorne wegzulaufen, können Sie durch Nachziehen der Longe sofort wieder zum Einrichten zurückkehren.

Hiermit haben Sie zwei sehr gute Übungen mit verschiedenen Bewegungselementen zur Verfügung, mit welchen Sie Ihr Pferd dazu anregen können, Muskeln zu dehnen und sich aktiv zu strecken.

Um dem Pferd helfen zu können, schneller in die jeweils gewünschte Körperhaltung zu finden, müssen Sie nun auch noch lernen, **wie Sie die Dynamik aus der Hinterhand mit der Longe in die gewünschte Richtung umlenken.** Dazu benötigen Sie selbst eine gute, aufgerichtete Körperhaltung mit einer gesunden Körperspannung. Die Gelenke Ihres Armes bleiben durchlässig; stellen Sie sich einfach vor, Sie hätten Gummiarme. Sobald Sie Dynamik in die Hinterhand Ihres Pferdes gebracht haben, müssen Sie diesem mit der Longe auch zeigen, wie es diese

Dynamik im Körper umwandeln soll. **Eine höhere Halshaltung bringt den Körper in eine aufrechtere Haltung. Eine tiefere in eine gestrecktere. Sie werden sowohl in diesen beiden Extremhaltungen als auch sehr viel dazwischen arbeiten, denn Ihr Pferd soll lernen, seine Wirbelsäule zu strecken (Längsdehnung) und diese gestreckte Wirbelsäule anzuheben (Aufdehnung und Aufrichtung). Grundsätzlich sollen Ihre Hilfen immer von hinten unten (treibende Hilfen) durch den Körper nach vorne oben (umlenkende Paraden) wirken, sodass sich Ihr Pferd aufwärts durch seinen Körper bewegt.** Denn abwärts kann es schon ganz alleine gehen. Dazu braucht es keine Hilfe. **Um Bewegungen vorwärts-aufwärts durch den Körper Ihres Pferdes zu locken, können Sie zupfende Bewegungen machen, welche in der Verlängerung der Halswirbelsäule mit dem Faserverlauf der Muskulatur den Hals nach vorne oben „ziehen".** So lässt sich z. B. eine verspannte Halsbasis recht schnell lösen, sodass das Pferd die Bewegungen besser von hinten nach vorne durch seinen gesamten Körper hindurchfließen lassen kann. **Möchten Sie generell mehr Körperspannung, benötigen Sie selbst eine erhöhte Körperspannung, welche Sie mittels der Longe auf Ihr Pferd übertragen. Dazu halten Sie eine leichte Spannung auf der Longe, sodass die Bewegungen die Wirbelsäule des Pferdes etwas anheben.** Dazu benötigen Sie viel Gefühl, aber keine Kraft. Halten Sie die Longe gefühlvoll unter Spannung, können Sie diese oft mit zwei Fingern halten. Halten Sie die Longe aber mit Kraft auf starker Spannung, werden Sie keinen Erfolg haben. Das Pferd wird sich dann eher eine Stütze auf der Longe suchen und vor allem die Bewegungen nicht selbstständig ausführen. Und das ist beim Training wichtig: **Ihr Pferd muss immer wieder die Gelegenheit erhalten, einige Tritte selbstständig auszuführen. Nur so wird es lernen, selbstständig eine gute Körperhaltung einzunehmen,** was notwendig ist, wenn Pferde sich auch in ihrer Freizeit besser und gesünder bewegen sollen. Und das sollte eigentlich das Hauptziel einer Ausbildung sein: Selbsthaltung.

Während des Nachtreibens geht die Hand bereits in Bewegungsrichtung vor, um die Bewegung gleich in die richtige Richtung umzulenken.

ARBEIT IN DER AUSGELÖSTEN STRECKUNG

Wie wir bereits gesehen haben, ist die Losgelassenheit nur die Voraussetzung dafür, dass Muskeln arbeiten können. Bei den alten, stabilen Pferdetypen mit festen Wirbelsäulen ermöglichte die Losgelassenheit das zwanglose An- und Abspannen der Bewegungsmuskulatur und damit auch den Abtransport der Abfallprodukte aus dem Muskelstoffwechsel. Bei unseren modernen, schon von Natur aus „gummiartigen" Pferden fällt das Skelett meist wie ein Kartenhaus in sich zusammen, wenn die Muskeln losgelassen sind. So erklärt es sich, wie aus dem hochelastischen Dreijährigen binnen weniger Jahre ein stocksteifes Pferd werden kann. Würde Losgelassenheit reichen, dürfte das gar nicht passieren können. Zudem haben wir ja auch gesehen, dass der Halteapparat moderner Pferde weniger Unterstützung aus dem Bindegewebe erfährt als bei den alten Pferdetypen. Gerade im Übergang der Brust- zur Halswirbelsäule führt die sich progressiv zurückbildende Nackenplatte bei vielen Pferden zu einem schon von außen sichtbaren Absinken des Brustkorbs. Also kann diesem verschleißträchtigen Prozess nur durch den Aufbau kräftiger Tragemuskeln wirkungsvoll entgegengewirkt werden.
Aus diesen Fakten ergibt sich die Vorgehensweise im Training. **Hat ein Pferd durch eine zusammengeschobene Wirbelsäule feste Muskeln, müssen diese erst gedehnt werden, um zur Losgelassenheit zu gelangen. Sobald diese erreicht ist, muss aber die Körperspannung sukzessive erhöht werden, indem mehr Dynamik in die Körperhaltung gebracht wird. Erst dadurch kann Muskeltätigkeit entstehen, sodass die Muskeln tatsächlich arbeiten.** Denn lockere Muskeln lassen solche Pferde komplett „kippen", also im Skelett in sich zusammenfallen. Wie meistens, ist der Übergang oft fließend.

Hier wölbt sich die Lendenwirbelsäule gut auf.

Regelmäßiges Aufdehnen der Lendenwirbelsäule führt mit der Zeit zu einer kräftigen, wohl bemuskelten Verbindung zwischen Becken und Rücken.

Ob die Muskulatur eines Pferdes schneller zu arbeiten beginnt, wenn es gelöst wird oder wenn es mit höherer Körperspannung kräftig arbeiten muss, machen Sie also zunächst von der Muskelstruktur Ihres Pferdes abhängig. Feste, kurze Muskelfasern sind stabil, dehnen sich aber ungern. Längere Muskelfasern sind wesentlich dehnfähiger, leiern aber auch schnell aus, wenn sie nicht straff gehalten werden. Moderne Pferde haben in aller Regel den zweiten Muskeltyp. Hat sich bei ihnen aber die Wirbelsäule zusammengeschoben, ist oft vor allem die Tiefenmuskulatur stark verspannt. Denn etwas muss schließlich das Skelett zusammenhalten. Um bei Ihrem Pferd ein Streckbedürfnis auszulösen, haben Sie vermutlich beide im vorherigen Kapitel beschriebenen Übungen bereits ausprobiert. Dabei werden Sie festgestellt haben, dass bei manchen Pferden die kleinen Bewegungen beim Navigieren sehr effizient Muskeln dehnen und damit entspannen können. Andere Pferde schieben sich aufgrund ihrer Statik derart stark in der Wirbelsäulenaufhängung zusammen, dass Sie den Eindruck bekommen, mit diesen kleinen Bewegungen überhaupt nichts zu bewirken. Bei einem solchen Pferd hilft es normalerweise, wenn Sie es mit dem Einrichten der Spur in eine aufgerichtetere Körperhaltung bringen und in dieser Körperhaltung das innere Hinterbein unter dem Sprunggelenk derart antouchieren, dass das Pferd dieses anzieht. Dann hebt sich im Allgemeinen die Lendenwirbelsäule, sodass sich dort erste Rückenmuskeln lösen und dieser Wirbelsäulenabschnitt aktiv wird. Die weiteren Wirbelsäulenabschnitte werden Sie mit der weiterführenden Arbeit in den Bewegungsablauf mit integrieren müssen, damit der Rücken im Endeffekt physiologisch „funktioniert". **Einen „funktionierenden" Rücken erkennen Sie unter anderem**

Dieses Pferd hat zwar schon eine ausgeprägte Abwärtshaltung; der Bewegungsablauf ist aber noch koordiniert.

Dieses Pferd koordiniert seine Beine nicht mehr; sie strampeln wild in alle Richtungen. Hier funktioniert die Wirbelsäule nicht.

daran, dass die Bewegungen von Vor- und Hinterhand koordiniert ablaufen. Bewegt sich Ihr Pferd dagegen eher mit „Einzelradaufhängung", können Sie sicher sein, dass der Rücken Ihres Pferdes nicht richtig in den Bewegungsablauf integriert ist. Ist es Ihnen also bisher nicht gelungen, ernsthaft Muskeln zum Arbeiten zu bringen, bedeutet das nicht, dass Sie etwas falsch gemacht haben. Vielmehr dürfte Ihr Pferd zu den zahlreichen statisch veränderten Pferden gehören, in deren Körpern nichts funktioniert, wie es die biomechanischen Lehren erklärt haben. Das bedeutet dann, dass Sie sich noch intensiver mit diesen Zusammenhängen beschäftigen müssen, um weiterzukommen.

Kommen Sie mit diesen Grundübungen (noch) nicht weiter, weil Ihr Pferd so zusammengeschoben ist, dass es sich gar nicht mehr strecken mag, oder weil seine Hinterbeine so versteift sind, dass es diese lieber nicht mehr gebrauchen möchte, oder weil seine Wirbelsäule so tief im Körper liegt, dass es keinerlei Energie durch seinen Körper umsetzen kann, gibt es noch zahlreiche andere Bewegungen, Variationen und Kombinationen, welche Sie einsetzen können, um zum Ziel zu gelangen.

Haben Sie also den Eindruck, dass Ihr Pferd die Einladung, sich zu dehnen, nur unzureichend annimmt, oder dass es lediglich den Hals fallen lässt, anstatt sich aktiv zu strecken, können Sie auch wieder auf verschiedenen Wegen zum nächsten Etappenziel gelangen. Gehört Ihr Pferd eher zu den „Rennsemmeln", werden Sie über dynamisches Vorwärts im Moment nicht weiterkommen, weil Ihr Pferd dann immer mehr kippen und ins Laufen kommen würde. Also wählen Sie für ein solches Pferd am besten den Schritt und später Übergänge zwischen Schritt und Trab sowie einen eher ruhigen Trab. Können Sie nur wenig Energie in die Hinterhand bringen, weil Ihr Pferd sonst sofort antrabt, ist wichtig, dass Sie sich bewusst machen, warum das so ist. Ihr Pferd ist kein Ausbund an Arbeitswilligkeit, sondern kann aufgrund seiner Statik seine Hinterbeine nicht kontrollieren. Also kippt es auf seine Vorhand und weil die Hinterbeine seinen Körper vor sich herschieben, kann es sich nur schlecht abbremsen. Damit Sie also dennoch zum Arbeiten und so schnell wie möglich zum Treiben kommen, dürfen Sie **am Anfang nur so viel Energie ins Pferd bringen, wie es auch wirklich im Körper umsetzen kann beziehungsweise wie SIE umgelenkt bekommen.** Und das kann mitunter sehr wenig sein. Um dennoch Muskeln in Bewegung zu bekommen, dürfen Sie Ihr Pferd deutlich von sich weggehen lassen. So können Sie beim Vorsetzen seiner Vorhand den gesamten Brustkorb viel deutlicher nach innen holen, was allerdings nicht allzu kantig geschehen sollte. Bewegen Sie so sanft den Brustkorb Ihres Pferdes, holen Sie die äußere Schulter immer wieder vor das innere Hinterbein, sodass dieses automatisch etwas mehr Last übernehmen muss. Sie kommen so also über das „Hintertürchen" dennoch an die Hinterhand heran, auch wenn Sie jetzt noch sehr wenig zum Treiben kommen. Je mehr Streckung Sie durch diese Bewegungen in Ihr Pferd bekommen, desto mehr Last muss sein inneres Hinterbein beim Vorsetzen übernehmen. Und hier haben Sie die Chance, mit der Zeit doch noch zum aktiven Treiben zu kommen. Gehört Ihr Pferd dagegen zu denjenigen Exemplaren, welche sich „bitten" lassen, wenn es um die Fortbewegung geht, dann ist es in der Regel ratsamer, zuerst einfach mal dynamisch vorwärtszuarbeiten. Denn diese Pferde haben sich in der Wirbelsäulenaufhängung so stark nach unten geschoben, dass sie ihre Vorderbeine kaum noch nach vorne bringen können, und vor allem bleibt die Bewegung bei ihnen in der Wirbelsäule stecken. Also muss diese erst einmal einfach in Bewegung gebracht werden. Natürlich ist auch bei diesen Pferden die Ursache, dass sie eine schiebende Motorik und eine verstärkte Abwärtshaltung haben. Solche Pferde aber auch noch damit zu plagen, dass sie mit den Hinterbeinen in die Last treten sollen, wird sie bei den ersten Trainingsversuchen kaum motivieren. Besser ist also, sie erst ins horizontale Gleichgewicht zu bringen, damit sie überhaupt vorwärtslaufen können, und dann ein paar Mal dynamisch vorwärtszuarbeiten. **Denn um ein horizontales Gleichgewicht selbst halten zu können, braucht das Pferd Energie in seinen Hinterbeinen; und Sie brauchen diese, um etwas umlenken zu können.** Müssen Sie sich tottreiben, können Sie noch lange versuchen, Ihr Pferd vorwärts-aufwärts zu locken. Das funktioniert nur, wenn Ihr Pferd sich auch energisch vorwärtsbewegt. Um das wiederum zu ermöglichen, gehen Sie ruhig, aber entschlossen auf dessen Hinterhand zu und fassen dabei die Longe so weit nach, dass Sie eine Verbindung behalten. Dann touchieren Sie Ihr Pferd mit der Peitschenschnur von hinten unten am Sprunggelenk und lassen die Longe durchrutschen, damit es auch wirklich antreten kann. Das weitere Vorgehen hängt von der Reaktion Ihres Pferdes ab. Ignoriert es Sie, bleibt Ihnen keine Alternative, als die

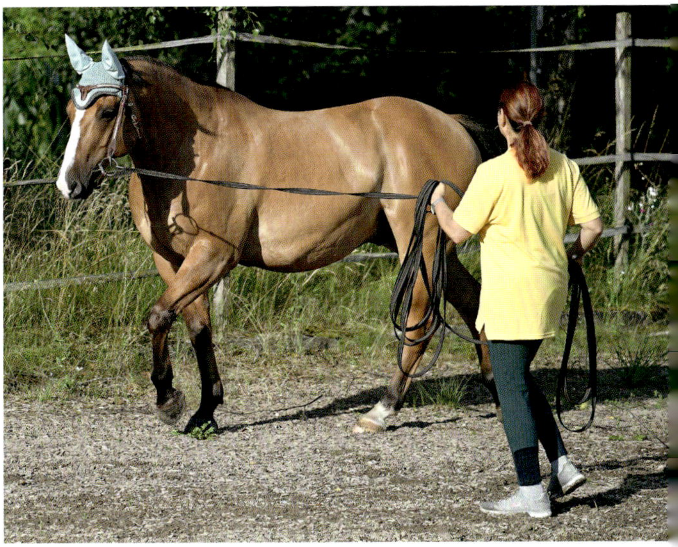

Neigt Ihr Pferd zum Weglaufen, helfen Sie ihm zunächst mit koordinierter Schrittarbeit.

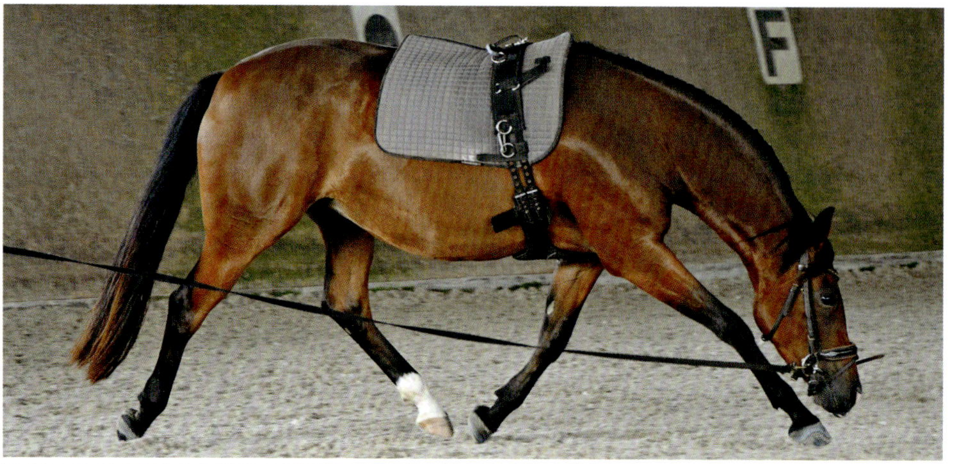

Andere Pferd brauchen erst mal eine gewisse „Drehzahl", damit eine Verbindung von hinten nach vorne entsteht, mit welcher Sie Bewegungen umlenken können.

treibende Hilfe energisch zu wiederholen; das kann aber nur helfen, wenn Sie sofort mit der Longe eine Parade nach vorwärts-aufwärts geben. Denn hat Ihr Pferd den Kopf am Boden und wird aktiviert, drückt es sich noch mehr in den Boden. Sie müssen also die erzeugte Energie nach vorne-oben durch den Pferdekörper lenken, bis Ihr Pferd gelernt hat, dass es sich auch alleine so bewegen kann. Wichtig ist, dass Sie Ihr Pferd nun nicht ständig treiben. Sie werden nach jedem Treiben erst mal passiv. Sie warten, bis Ihr Pferd aufhören will zu laufen, und dann gehen Sie wieder auf seine Hinterhand zu und aktivieren es. Je geschickter Sie das machen, desto schneller können Sie zu feinen Hilfen übergehen. Es nützt also nichts, halbherzig einzuwirken und zu hoffen, dass Ihr Pferd von selbst darauf kommt, seinen Brustkorb anzuheben, damit es vorwärtskommen kann.

Haben Sie Ihr Pferd nun so weit, dass es kontrollierbar vorwärtsgeht, können Sie das dynamische Vorwärts immer dann wählen, wenn Ihr Pferd etwas Streckung verloren hat oder wenn Sie mehr Körperspannung benötigen. Die kleinen, sanften Bewegungen helfen vor allem nervösen Pferden, damit diese sich nicht überfordert fühlen.

Da Sie in diesem Training die Motorik in tragend-aktiv umschulen und diese Motorik über die aktivierte Wirbelsäule durch den gesamten Pferdekörper transportieren möchten, um die Wirbelsäule aufrichten zu können, werden Sie immer wieder zwischen der Bearbeitung der Hinterhandmotorik, der Aufrichtung und der Streckung hin und her arbeiten.

Denn richten Sie Ihr Pferd auf, wird es dazu neigen, seinen Hals zu hoch zu nehmen, sich also aufzustecken. Strecken Sie Ihr Pferd, wird es auf die Vorhand kippen. Und das Setzen allein reicht bei modernen Pferden allemal nicht mehr aus, um die Vorhand anzuheben; Ihr Pferd muss also lernen, seine Rumpfstabilisatoren zu nutzen, um zusammen mit der Hinterhandmotorik seinen Brustkorb hochzubringen.

Haben Sie also ein paar Tage vermehrt in die Aufrichtung gearbeitet und stellen plötzlich fest, dass Ihr Pferd sich im Hals aufzustecken beginnt, zäh wird oder sich in der Bewegung blockiert, wissen Sie sofort, dass Sie die Bewegungen wieder mehr in die Streckung bringen müssen. Natürlich möglichst, ohne den ganzen Rest wieder zu verlieren. Aber schon zu Beginn Ihres Trainings werden Sie schnell herausfinden, wann Sie mehr Streckung benötigen. Möchten Sie die Vorhand Ihres Pferdes vorsetzen und kommt Ihnen nur der Hals entgegen, fehlt Streckung. Tritt Ihr Pferd nicht an die Hand heran bzw. unterbricht die Anlehnung, fehlt ihm Streckung. Diese können Sie nun also mit den Übungen, welche Sie bereits gemacht haben, meist schnell wieder erreichen. Sind Pferde schon weiter geschult, reicht es in der Regel, sie ein paar Mal deutlich von sich wegzutreiben, um die Streckung wieder zu bekommen. Damit Sie irgendwann so weit kommen, dass Ihr Pferd nicht nur „locker" wird, sondern eine kräftige Muskeltätigkeit entwickelt, sollten Sie es, sobald Sie zum Treiben kommen, immer wieder frisch nach vorne antreten lassen. **Dazu bringen Sie so viel Energie in die Hinterhand, wie Ihr Pferd gut umsetzen kann.** Es sollte mit der Zeit in jeder Gangart zwei Tempi entwickeln. Also Mittelschritt und verstärkten Schritt. Arbeitstrab und Mitteltrab. Arbeitsgalopp und Mittelgalopp. Auch hierbei werden Sie nach dem Antretenlassen passiv, bis Ihr Pferd sich auf dem Hinterbein auffängt.

Dann können Sie entscheiden, ob Sie es z. B. im Trab wieder antreten oder aber in den Schritt parieren lassen. Beides schult das Hinterbein, sodass es in den Gelenken besser durchfedert und dabei seine Tragemuskeln stärker nutzt. Und **das ständige Verändern der Muskelspannung sowie der Trainingsreize auf alle Bewegungsstrukturen erhöht auch die positive Körperspannung.** Hebt Ihr Pferd mit seinen Hinterbeinen fast ab, ist das kein Zeichen von Leichtfüßigkeit, sondern zeigt, dass Ihr Pferd schiebt. **Statisch veränderte Pferde „kleben" in der Lastaufnahme in der ersten Zeit mit ihren Hinterbeinen fast am Boden, weil der Höhenunterschied von hinten nach vorne einfach zu groß ist.** Erst wenn sie weit geschult sind, können Sie sich in dieser Körperhaltung leichtfüßig vorwärtsbewegen. Haben Sie also das Gefühl, Ihr Pferd „ackert" mit seinen Hinterbeinen, sind Sie auf dem richtigen Weg. Die Muskeln der Hinterhand sollten so ähnlich arbeiten, wie bei einem Pferd, welches einen schweren Pflug ziehen muss. Mit kräftig arbeitenden Gelenken und Muskeln!

Ist der Höhenunterschied zwischen Hüft- und Buggelenk so enorm, schiebt ein hohes Abfußen der Hinterbeine das Pferd eher noch stärker auf seine Vorhand. Beginnen Pferde also, IN DIE Last zu treten, ist es zunächst völlig normal, dass ihre Hinterbeine „am Boden kleben" bleiben. Schon das erfordert viel Kraft.

Hier fußt das Pferd mit dem Hinterbein höher ab: Dabei schiebt sich aber das Becken hoch und das Pferd sich auf seine Vorhand. Das Pferd darf also erst dann hinten „leichtfüßig" werden, wenn die Abwärtshaltung ausgeglichen werden konnte und die Motorik umgeschult ist. Dazu muss es noch sehr viel mehr Kraft aufbauen!

VERBESSERUNG DER RÜCKENTÄTIGKEIT

Einen fixen Zeitpunkt, wann man sagen kann, dass die Wirbelsäule funktioniert, gibt es nicht. Sie wird in der Arbeit zunächst aktiviert, sodass sie mobil werden kann. Diese Mobilität ist nötig, damit alle Wirbelgelenke möglichst verschleißfrei in der Bewegung agieren können. Schwingt die Wirbelsäule aber in einem nicht stabilisierten Körper, besteht die Gefahr, dass sie nach unten nachgibt. Rückentätigkeit im physiologischen Sinn kann also nicht die losgelassen schwingende Wirbelsäule bezeichnen, sondern die stabilisierte Wirbelsäule, welche im Körper aufgerichtet und in kräftige, gut arbeitende Tragemuskeln eingebettet ist. Ein solcher Aufbau verspricht die langfristigste Gesunderhaltung des Bewegungsapparates, da nur er Gelenke, Sehnen, Bänder und die Wirbelsäule schont.

Grundsätzlich sollte Ihr Pferd bis zu diesem Zeitpunkt bereits begonnen haben, vermehrt Muskeln in seinem Körper zu bewegen. Konnten Sie die bisher erklärten Übungen erfolgreich umsetzen, müssten Sie bei Ihrem Pferd schon sehen können, dass sich die kleinen Muskeln links und rechts der Wirbelsäule bewegen. Haben Sie richtig gearbeitet, beginnen die Muskeln im Lendenbereich zuerst zu arbeiten. Später – mit dem Einschalten der weiteren Wirbelsäulenbereiche – arbeiten Muskeln im gesamten Rücken-, Nacken- und Halsbereich. Die weiteren Muskeln schalten sich dann nach und nach zu. Wichtig sind auch die Muskeln im Bauch- und Rumpfbereich. Pferde mit Atemwegsproblemen fangen oft dann besser an zu atmen, wenn diese Muskeln Bewegung bekommen; dann arbeitet auch das Zwerchfell. Sie hören das meist an häufigerem Abschnauben und regelmäßigerem Atmen. War Ihr Pferd im Rücken sehr „dicht", also stark zusammengeschoben, und zeigt nach wie vor nur wenig Anzeichen von Muskeltätigkeit (und letztendlich auch Muskelaufbau), liegt der Verdacht nahe, dass es Ihnen schwerfällt, die richtige Dosis Energie in die Hinterhand zu bringen und diese auch richtig nach vorwärts-aufwärts umzulenken. Das geschieht oft, wenn Sie untertourig arbeiten, weil Sie merken, dass es Ihnen nicht gelingt, vermehrte Energie in positive Aufwärtsbewegung zu verwandeln. Natürlich macht es keinen Sinn, wenn Sie Ihr Pferd auf Teufel komm raus aktivieren und es Ihnen dabei nur davonläuft, ohne dass es im Körper zu arbeiten beginnt. Trotzdem müssen Sie sich in diesem Fall damit beschäftigen, **WIE Sie vermehrte Dynamik in Aufwärtsbewegung verwandeln können**. Denn im Augenblick geht Ihr Pferd immer noch abwärts. Ginge es in seinem Körper aufwärts, würden sich die Muskeln ganz automatisch lösen und aufbauen. Seien Sie aber auf der Hut. Viele Pferde bauen in diesem Training eine optisch toll aussehende Muskulatur auf, ohne dass ihr Rücken dabei richtig in den Bewegungsablauf integriert ist. Man kann also auch schön um die Wirbelsäule herum trainieren. Sicherlich bleiben solche Pferde gesünder als solche, welche schlecht bemuskelt sind. Viele Pferde sind damit auch zufrieden und gehen gut. Sollte Ihr Pferd aber trotz guter Muskelbildung weiterhin Probleme zeigen, dürfte der Rücken noch nicht eingeschaltet sein. Was können Sie dann tun?

Bei der Übung „Einrichten" hatte ich bereits die Möglichkeit beschrieben, **durch Antouchieren des inneren Hinterbeins unter dem Sprunggelenk ein Anziehen desselben unter den Körper und dadurch ein Anheben der Lendenwirbelsäule auszulösen.** Die Herausforderung ist dabei, auch wirklich **ein Anziehen unter den Körper** auszulösen, da unsere oft völlig falsch herum gewinkelten Pferde genau diese Bewegung sehr schlecht ausführen können. Zudem muss diese Einzelbewegung auch in den Bewegungsablauf integriert werden, um die gesamte Wirbelsäule zu mobilisieren. Ansonsten bleibt es eine Einzelbewegung, die nur punktuell wirkt. Es nützt also wenig, wenn das Pferd dabei stehen bleibt, das Hinterbein nach hinten hochzieht oder immer wieder nur nach hinten auskeilt. **Es muss lernen, sich in diesen Bewegungen leicht vorwärtszubewegen, damit die gesamte Wirbelsäule angesprochen wird. Das erkennen Sie daran, dass zunächst der Lendenbereich angehoben wird, und die Bewegung später bis in den Sattel- und Widerristbereich mitgenommen wird.** Sind Hinterbeine und Wirbelsäule steif, so kann es auch helfen, zunächst in der Handarbeit die Hinterbeine etwas beweglicher zu machen. Diese Bewegungen mobilisieren die Wirbelsäule etwas mit. Dazu können Sie sich eine lange Dressurgerte nehmen und Ihr Pferd auf der linken Hand an der Bande aufstellen. Dann tippen Sie von oben nach unten im Halbkreis die Kruppe, den Sitzbeinhöcker und hinten am Knie an und beobachten, wie Ihr Pferd reagiert. Ideal wäre ein Anheben der Hinterbeine vorwärts-aufwärts unter den Körper. **Dabei sollte die Kruppe sich möglichst gerade an die Lende anschließen, sodass eine Verbindung vom Becken in den Rücken entsteht. Vorne sollte das Pferd den Brustkorb hochnehmen und sich selbst tragen.** Diese Bewegungen können von der Idee her in Richtung versammelter Schritt, aber auch in Richtung Piaffe gehen. Aber natürlich wird das statisch ungünstig konstruierte Pferde eher allerlei Ausweichbewegungen und Fehlhaltungen anbieten, bevor auch nur Einzelteile der gewünschten Bewegungen zustande kommen. Zieht Ihr Pferd sein Sprunggelenk nach hinten hoch, kommt meistens auch das Becken nach hinten oben. Viele Pferde keilen auch aus. Oder sie ziehen ihre Hinterbeine zwar an, aber blockieren sich dabei gegen die Schulter und bleiben stehen. Oder aber

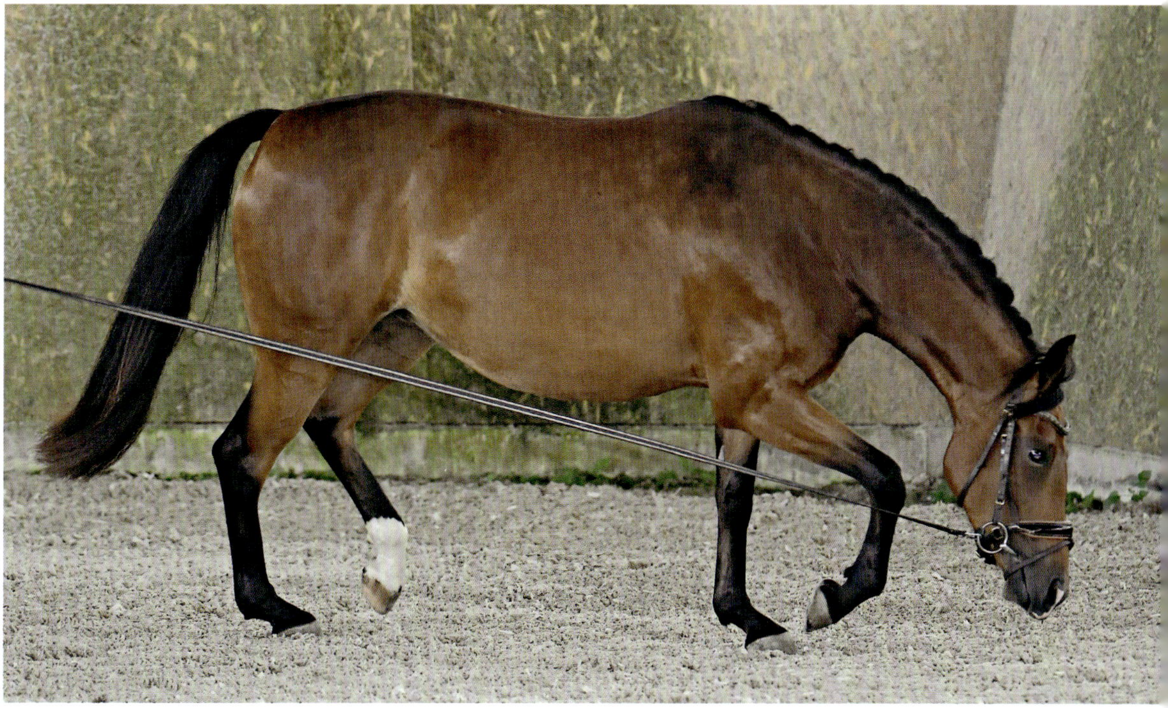

Bei diesem jungen Pferd schwingt die Wirbelsäule noch lose im Körper. Das darf so nicht bleiben!

sie kippen im Schwerpunkt nach vorne und drängeln entsprechend nach vorne und/ oder nach innen. In diesem Fall ist wichtig, dass Sie nicht am Zügel rückwärtsziehen, sondern die Bewegung mit einer Aufwärtsparade nach oben umlenken. Hat Ihr Pferd überlange, falsch gewinkelte Hinterbeine und womöglich auch noch ein nach hinten hochgestelltes Becken, brauchen Sie einiges an Einfühlungsvermögen und jede Menge Geduld, um das zu ändern. Sie werden aber schnell feststellen, dass auch Bewegungen, welche weit vom Ideal entfernt sind, Ihre Longenarbeit unterstützen können. Möchte Ihr Pferd z.B. an der Longe seine Hinterbeine überhaupt nicht winkeln, so können ein, zwei Runden Handarbeit zu Beginn des Trainings Wunder wirken, sodass Ihr Faultier sich danach an der Longe plötzlich aktiver bewegt. Bei sensiblen Pferden müssen Sie jedoch sehr fein und gefühlvoll vorgehen. Die Handarbeit aktiviert die Hinterhand und wirft bei schiebenden Pferden schnell mal den Turbo an. Sollte Ihr Pferd

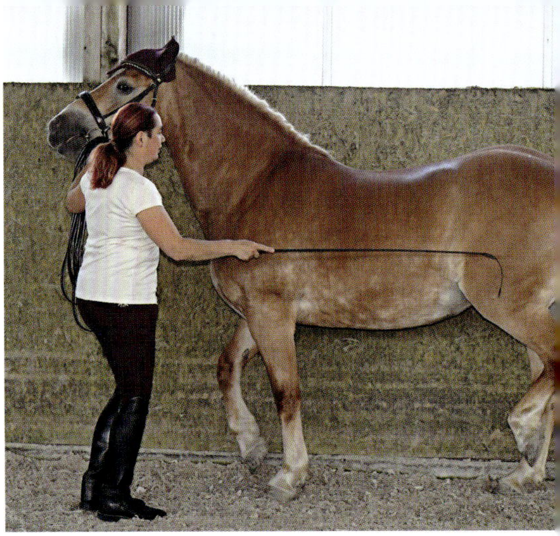

01

02

03

01 Mit diesem hochgestellten Becken fällt es dem Pferd schwer, seine Hinterbeine vorwärts-aufwärts unter den Körper zu winkeln. Deshalb hilft die Handarbeit hier noch nicht, das Becken besser hinzustellen. Wohl aber, die Hinterbeine zu mobilisieren.

02 Schafft das Pferd es nicht, die Bewegung ins Vorwärts umzusetzen, kommt es also in seiner vorderen Wirbelsäule nicht nach oben, wird es die Bewegung nach hinten umsetzen. Hier keilt es aus. Das passiert so lange, bis es schafft, seinen Rücken bis nach vorne anzuheben. Dieses Auskeilen kann durchaus helfen, den Lendenbereich zu mobilisieren.

03 Hier versucht das Pferd, sein Hinterbein vermehrt vorwärts-aufwärts unter den Körper zu setzen. Dabei schiebt es sich aber auf seine linke Schulter. Auch das zeigt, dass die Bewegung nicht genügend nach vorne durchgeht.

nach der Handarbeit an der Longe davonpreschen wollen, so müssen Sie die Energie auf der großen Kreislinie herauslassen und die Bewegungen so gut es geht nach vorne oben umlenken. Dabei ist es wichtig, dass Sie nicht passiv werden, sondern Ihr Pferd aktiv arbeiten muss. Ansonsten lernt es nur, sich durch Weglaufen der Arbeit zu entziehen. Sollte Ihr Pferd dergestalt auf die Handarbeit reagieren, empfehle ich zunächst eine andere Übung.

Eine etwas sanftere Variante der Handarbeit ist es, das Pferd in einer Abstellung entsprechend dem Schulterherein in die Last treten zu lassen. Genau das ist aber auch die Gefahr bei dieser Ausführung: Ihr Pferd kann sehr viel leichter ausweichen. Sie müssen also ausprobieren, welche Variante Ihnen und Ihrem Pferd besser hilft.

Die Gegenbewegung wäre dann auf der rechten Hand ein In-die-Last-treten-Lassen in einer Abstellung, welche in etwa der des Schulterhereins entspricht. Auch hier geht es nicht um spektakuläres Herumtanzen, sondern darum, eine Verbindung vom Becken in den Rücken zu bekommen. Dazu muss das Pferd vor allem sein Becken anziehen und lernen, sich dabei in kleinen Schritten vorwärts-aufwärts zu bewegen.

Im Endeffekt ist das Ziel der Handarbeit, die Winkelung der Hinterhandgelenke zu verbessern, damit das Pferd überhaupt tragend-aktiv gehen kann. Dazu muss es natürlich auch sein Becken besser hinstellen, sodass der Hüftgelenkwinkel richtig steht. In der Regel wird sich das Pferd dafür mehr setzen müssen. **Wichtiger als das Setzen ist aber das Anziehen des Beckens und dass dieses Anziehen seine Fortsetzung im Rücken findet, sodass dieser sich bis vorne anhebt und durchspannt.** Im Idealfall hebt sich der Rücken durch diese Arbeit mit der Zeit so stark an, dass das Becken sich gerade mit dem Rücken verbindet. Bei statisch ungünstig konstruierten Pferden wird sich dieser Idealzustand nur selten erarbeiten lassen. Bei diesen ist vor allem wichtig, dass durch die Arbeit **eine stabile Verbindung vom Becken in den Rücken entsteht.** Das kann man daran erkennen, wenn der Lendenbereich gut nach oben kommt, sodass die Lendenwirbelsäule schön aktiv wird.

Wie oft und wie intensiv die Handarbeit im Training eingesetzt wird, muss individuell entschieden werden. Man darf keinesfalls versuchen, mit der Handarbeit etwas zu erzwingen, was man beim Longieren nicht hinbekommen hat. Sie dient lediglich zur Verfeinerung der dort erarbeiteten Bewegungen. In der Handarbeit kann man das Pferd zum Tanzen bringen. Man kann es aber auch verbiegen. Deshalb sollte man viel Verständnis für die statischen Zusammenhänge und Bewegungsabläufe haben, wenn man die entsprechende Einwirkung auf das Pferd hat.

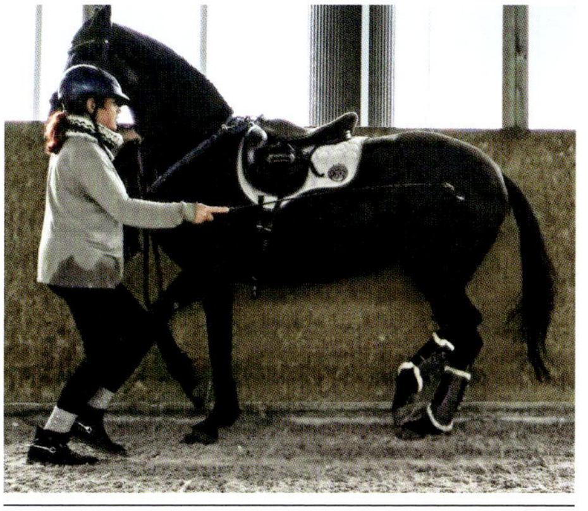

Ziel der Handarbeit ist, die oberen Gelenke so einzurichten, dass der Rumpf des Pferdes perfekt dazwischen ausbalanciert wird. Hier sind Hüft- und Buggelenk nahezu auf derselben Höhe. Deshalb fällt es dem Pferd in dieser Haltung leicht, die Balance zu halten.

ANHEBEN DER WIRBELSÄULE

Haben Sie Ihr Pferd dazu angeregt, sich in der Wirbelsäule zu strecken, ist eine muskuläre Verbindung zwischen der Vor- und der Hinterhand entstanden. Diese Verbindung hat Ihnen ermöglicht, mit Ihren Paraden sowohl die Wirbelsäule als auch die Hinterbeine zu erreichen. Die Bewegungen (treibende Hilfen) gehen also von hinten nach vorne durch das Pferd, während Ihre Paraden (umlenkende Hilfen) von vorne durch die gesamte Wirbelsäule wirken und damit das Hinterbein erreichen. Das ermöglicht Ihnen eine gute Kontrolle über Ihr Pferd. Sobald Sie also die Wirbelsäule Ihres Pferdes derart zu fassen haben, können Sie damit beginnen, diese in der Bewegung anzuheben, um die Abwärtshaltung des Rückens Ihres Pferdes zu reduzieren. Wenn Ihr Pferd tatsächlich, wie oben beschrieben, vorbereitet ist, geht das einfacher, als es sich anhört, und hilft Ihnen auch, z. B. ein Pferd zu bremsen, welches weglaufen möchte. Sie holen dazu den Hals Ihres Pferdes etwas höher und locken die Bewegungen **mit dem Faserverlauf der Muskeln** auf dieser Ebene nach vorne-oben durch seinen Körper. Dazu benötigen Sie als weitere Voraussetzungen eine vernünftige Anlehnung und eine Selbsthaltung in Ihrem eigenen Körper, sodass Sie Ihre eigene Körperspannung auf Ihr Pferd übertragen können. Würde die Longe durchhängen oder würden Sie lose oder verspannt Ihre Paraden geben, würde Ihr Pferd wie ein Kartenhaus in sich zusammenfallen. **Die richtige Halshöhe orientiert sich dabei am Wirbelsäulenverlauf im Rückenbereich. Zeigt Ihr Pferd eine ausgeprägte Abwärtshaltung im Rücken, dürfen Sie den Hals nur so hoch nehmen, dass der Übergang der Hals- zur Brustwirbelsäule gerade noch gestreckt bleibt.** Nehmen Sie den Hals so hoch, dass der Rücken hinter dem Widerrist nach unten geht, ist das deutlich zu viel. Bei sehr tief liegender Wirbelsäule dürfte ein aus dem Halsansatz fast gerade nach vorne laufender Hals ungefähr richtig sein, um ein horizontales Gleichgewicht herzustellen. Eine geringfügig höhere Haltung dürfte also genügen, um die Wirbelsäule im machbaren Bereich anzuheben. Das sind zunächst nur Millimeter. Je weiter sich die Wirbelsäule aber über die Monate und Jahre anhebt, desto weiter können Sie Ihr Pferd damit aufrichten. Insgesamt wer-

Während das Pferd aktiviert wird, lenkt die longenführende Hand die Bewegung nach vorne-oben um.

Die Halshöhe sollte sich am Verlauf der Rückenwirbelsäule orientieren. Um das Pferd langsam etwas mehr aufzurichten, kann man allmählich damit beginnen, den Hals etwas höher nach vorne herauszulocken, als die Halswirbelsäule aus der Brust herauswächst.

den derart gearbeitete Pferde größer. Der Widerrist kann sich um mehrere Zentimeter anheben, wenn sich die Wirbelsäule im Körper vollständig aufgerichtet hat!
Eine vollständige Aufrichtung der Wirbelsäule bedeutet, dass ein Pferd körperlich „fertig" ausgebildet ist. Das dauert bei richtiger Arbeit ungefähr sechs Jahre. Welche Lektionen es damit gehen kann, hängt von seinem Potenzial ab. Ein körperlich fertig ausgebildetes Pferd muss also nicht zwingend alle schweren Lektionen gehen (können). Vielmehr hat es mit seinem Körper eine ideale Balance gefunden.
Wie weit Sie Ihr Pferd in der Wirbelsäule anheben müssen, damit es gesund bleibt, hängt von seiner Konstitution an. **Ein statisch günstig konstruiertes Pferd, welches gute Gene hat, eine ideale Aufzucht genossen hat und stabil ist, ist von Natur aus tragfähig und kann auch ohne diese Arbeit langfristig gesund bleiben. Je mehr ungünstige Faktoren in einem Körper zusammentreffen, desto wichtiger wird der Aufbau der Tragkraft, um das Pferd tragfähig zu machen und zu erhalten.**
Realistisch gesehen macht es bei modernen Pferden durchaus Sinn, ein Leben lang in diese Richtung zu arbeiten. So hat man die beste Chance, dass sie lange gesund und zufrieden bleiben.
Doch ganz so weit sind wir ja noch nicht.
Da Sie die Wirbelsäule anheben möchten und optisch überprüfen müssen, ob IM KÖRPER auch wirklich das passiert, was Sie erreichen möchten, schauen Sie genau auf den tiefsten Punkt des Rückens hinter dem Widerrist. Halten Sie eine positive Spannung und lenken die Bewegungen richtig um, hebt sich die Wirbelsäule genau in diesem Bereich sichtbar an. Zunächst nur ganz wenig, mit der Zeit gut sichtbar.

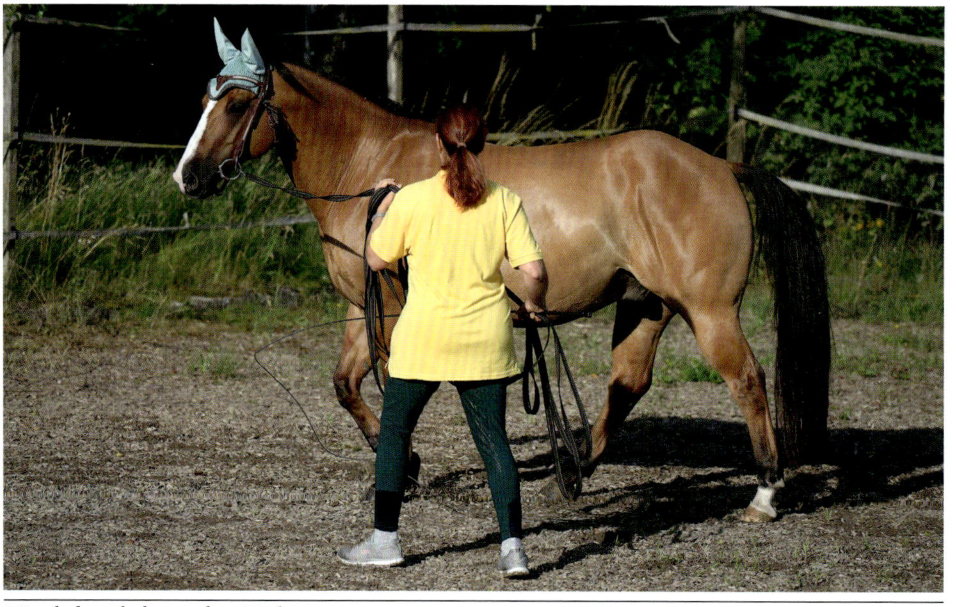

Hier hebt sich der vordere Rücken gut an.

Allerdings nur dann, wenn Sie auch genügend Dynamik im Körper haben. Ein schlapp daherlatschendes Pferd wird sich nie in der Wirbelsäule anheben.

Anfangs kommt die Wirbelsäule oft wie eine Stange hoch; daran können Sie erkennen, dass diese wirklich tief im Körper liegt. Denn wäre sie aufgerichtet, wäre sie auch in dieser Position in Muskeln eingebettet. Gelingt Ihnen das, sollten Sie merken, dass Sie gut zum Treiben kommen. Denn geht ein Pferd im Körper „aufwärts", ist das anstrengend und es hat keinen Grund mehr zu eilen. Sollten Sie merken, dass diese Punkte bei Ihrem Pferd nicht zutreffen, ist vermutlich die Wirbelsäule nicht so aktiv, wie Sie dachten. Eine verkürzte Wirbelsäule anzuheben, wird nicht klappen. Auch wenn Ihr Pferd noch zu stark in die Wendungen kippt, kann sich die Wirbelsäule nicht anheben. Um die Kurvenlage kurzfristig zu reduzieren, können Sie ein paar Schritte parallel zu Ihrem Pferd mitgehen. Ist das Problem damit nicht behoben, sind die Voraussetzungen zum Anheben der Wirbelsäule noch nicht gegeben. Das kann passieren, wenn die Basisübungen nicht richtig gegriffen haben. Es ist aber auch möglich, dass Ihr Pferd extrem schief ist und Sie zusätzliche Bewegungen erlernen müssen, um ihm helfen zu können. Da diese den Rahmen eines Buches bei Weitem sprengen würden, habe ich inzwischen ein umfangreiches Onlineangebot aufgebaut, um Ihnen in solchen Fällen weiterhelfen zu können.

Schon bedeutend früher, noch lange bevor die Wirbelsäule wirklich aktiv ist, können Sie diese Technik nutzen, um ein davoneilendes Pferd zu bremsen, ohne es vorne festhalten zu müssen. Durch das Nach-vorne-oben-Durchlenken der Energie hebt sich der Brustkorb mit den Schultern etwas an. Das erzeugt einen leichten Druck auf das Becken, sodass das Pferd danach trachten wird, sich abzubremsen. Dieselbe Technik ermöglicht Ihnen beim Reiten, ein schneller werdendes Pferd abzubremsen, ohne rückwärts wirken zu müssen.

Ebenso können Sie diese Technik anwenden, um vermehrt zum Treiben zu kommen. Durch das Anheben des Brustkorbs entsteht im vorderen Rumpfbereich auch mehr Raum,

sodass Sie die Hinterbeine viel besser unter den Körper treiben können, als wenn der Brustkorb tief liegt.
Auch das Vorsetzen der äußeren Schulter nach dem Auslösen der Streckung hebt diese Streckung etwas an; allerdings nur kurz. In der weiteren Ausbildungsarbeit können Sie also über das Verkleinern der Kreislinie, was ja im Prinzip aus beständigem leichtem Heraustreiben und Wiedervorsetzen der Vorhand besteht, in Kombination mit der höheren Kopf-Halshaltung sowohl die Wirbelsäule weiter anheben, als auch das innere Hinterbein vermehrt in die Tragkraft schulen.
Auch das Einrichten in all seinen Varianten eignet sich wunderbar dazu, die Rumpfstabilisatoren weiter zu schulen, sodass das Pferd lernt, auch in ganz ruhigen Bewegungen seine Wirbelsäule anzuheben. Gerade im Schritt, der ja keine Schwebephase hat, ist das sonst eher schwer zu erreichen, da Pferde im Schritt zum Loslassen neigen.
Da links die kurze Seite ist, findet ein entscheidender Teil der Tragkrafterhöhung auf dieser Hand statt. **Sobald die Wirbelsäule sich anzuheben beginnt, können Sie als Gegenbewegung damit beginnen, diese auf der rechten Hand in die Mitte zu holen, indem Sie Ihr Vieleck langsam in Richtung einer Kreislinie verfeinern.**
Würden Sie von Ihrem Pferd Stellung und Längsbiegung verlangen, bevor die Wirbelsäule sich anzuheben beginnt, würden Sie diese nur noch weiter im Körper verdrehen. Auch hier müssen Sie also ganz genau hinschauen. **Durch diese Arbeit beginnt sich nun auch die linke, verkürzte Seite immer besser zu dehnen, bis sie sich in der Länge der rechten annähert.**
Seien Sie sich bewusst, dass diese Arbeit niemals abgeschlossen ist bzw. „abgehakt" werden kann. Immer wieder kann es vorkommen, dass Ihr Pferd wieder etwas gekippt ist und Sie zusehen müssen, dass Sie seine Wirbelsäule erneut zu fassen bekommen.

ZUM TREIBEN KOMMEN UND DAS PFERD SCHLIESSEN

So manch einer von Ihnen wird sich wundern, warum das Thema erst an dieser Stelle behandelt wird. Schließlich ist es keine neue Erkenntnis, dass Sie die Hinterhandmotorik Ihres Pferdes nur verbessern können, wenn Sie zum Treiben kommen. Zum Treiben kommen bedeutet nicht, dass Ihr Pferd faul ist und Sie an der Longe „verhungern" lässt, sondern dass es treibende Hilfen richtig umsetzt. **Richtig in diesem Zusammenhang heißt, dass es zunächst vermehrt in die Last, später motorisch vorwärts-aufwärts unter den Körper fußt, also in Richtung tragend-aktiv, sodass sich die schiebende Bewegungsmechanik nach und nach reduziert.** Ihr Pferd soll also beim Treiben

Die schiebende Motorik lässt das junge Pferd im Körper deutlich „abwärts" gehen.

Durch geschicktes Umlenken von Bewegungen läuft das Pferd hier besser „in die Last". Die Motorik hat sich verbessert. Das Pferd geht noch nicht im Körper „aufwärts", ist aber auf dem Weg dahin.

weder schneller werden noch „anschieben", sondern **energisch antreten und die Bewegungen in seinem Körper umsetzen! Es soll kraftvoller und dynamischer gehen, ohne dabei an Tempo zu gewinnen.** Treibende Hilfen sollen eher in Richtung Kadenz führen (durch den Körper aufwärtsgehen) als in Richtung Länge (durch den Körper abwärtsgehen). Eigentlich sollte dieses zum Treibenkommen bereits in der Grundausbildung eines der ersten Ausbildungsziele sein. Mit der Zucht schubstarker, verstärkt abwärtsgehender Pferde wird es aber immer schwieriger, wirklich zum Treiben zu kommen. Motorisch „gute" Pferde (also Pferde, welche ihre unteren Gelenke gut winkeln können) mit starker Abwärtshaltung sind manchmal kaum zu bremsen, was leider oft auf das Temperament oder vermeintliche Gehfreude zurückgeführt wird. Dabei ist das ein Ausdruck puren Stresses. Motorisch schlechtere Pferde, z. B. umgezüchtete Arbeitsrassen, welche ihre unteren Gelenke nicht gerne beugen möchten, neigen dabei eher dazu, immer kürzer und steifer zu werden. Ihnen wird dann oft Faulheit nachgesagt. In beiden Fällen ist die Ursache das Zusammenschieben der Wirbelsäule, was zu Verspannungen führt. Je nach Motorik und Temperament führt

Wird der Hals zur kurzen Seite hin zurückgezogen und verkürzt sich dabei, kann das zunächst durch das Nach-vorne-Locken mit der Longe korrigiert werden. Bevor ein Pferd aber geritten wird, sollte die Korrektur rein über treibende Hilfen erfolgen können.

das zu genervtem Verhalten oder aber zu Trägheit.
Da Sie also bei den einen Pferden zuerst die Motorik so weit verbessern müssen, dass sie ihr Hinterbein einigermaßen kontrollieren können, und bei den anderen, dass sie wieder in der Lage sind, vorwärtszugehen, kommen wir erst an dieser Stelle zu einem Punkt, welcher theoretisch schon früher behandelt werden müsste. Bisher sollten Sie nämlich die Dynamik aus der Hinterhand Ihres Pferdes verwandeln, indem Sie die Bewegungen vorne mit der Longe umlenken. Bei vielen Pferden werden Sie immer wieder an den Punkt kommen, dass sie sich auf der rechten Hand beim Aktivieren im Hals kurz ziehen. Sie nehmen also den Hals rückwärts nach oben und drücken sich dabei in der Wirbelsäulenaufhängung nach unten. Sie werden also immer wieder diese Bewegung nach vorne herauslocken müssen und die Vorhand erst dann vorsetzen können, damit das Pferd sich im Nackenbereich nicht verkürzt. Ursache ist, dass das Pferd eine tief liegende Wirbelsäule hat sowie links kürzer ist. Die tief liegende Wirbelsäule verursacht das Rückwärtshochkommen des Halses. Die Kürze der linken Seite führt dazu, dass der Hals gleichzeitig nach links zurückgezogen wird. Das verschwindet erst, wenn Sie die Wirbelsäule genügend gestreckt und angehoben haben, sodass Sie diese in die Mitte holen können. Dass Ihr Pferd auf diese Weise immer die Neigung behalten wird, zweigeteilt zu bleiben, bzw. dass Sie so nie eine stabile Verbindung von der Hinterhand bis ins Genick bekommen werden, dürfte klar sein.
Als logische Folge werden Sie sich nun bestimmt die Frage stellen, wie Sie dieses Problem dann erst vom Sattel aus lösen können. Denn dann lastet ja auch noch Gewicht in der Wirbelsäulenaufhängung. Spätestens jetzt wird Ihnen klar geworden sein, dass es nicht so bleiben darf, dass Sie Bewegungen schon am Boden – ohne Reitergewicht –

Hier lässt sich das Pferd durch treibende Hilfen nach vorne korrigieren.

ständig nach vorne herauslocken müssen. Ihr Pferd muss also dahingehend geschult werden, dass es Bewegung von hinten nach vorne durch seinen Körper hindurchfließen lässt, ohne dabei schneller zu werden und damit das Gleichgewicht zu verlieren. Wie kann das nun also gelingen? Richtig! Nur, indem Sie immer mehr über die treibenden Hilfen arbeiten und vorne immer weniger machen müssen. Sie müssen also immer mehr zum Treiben kommen, OHNE dass Ihr Pferd das nutzt, um schneller zu werden. **Es muss also durch das Aktivieren seiner Hinterbeine in eine Körperhaltung kommen, in welcher sein Becken trägt und den Rücken so weit anhebt, dass es selbst eine Kontrolle über seine Hinterbeine bekommt. Fehlt diese Eigenkontrolle über die Hinterbeine, ist klar, dass das der Ausbilder übernehmen muss.**

Was würde also passieren, wenn Sie im Sattel sitzen und das Problem von unten noch nicht gelöst haben? Wenn das Pferd unter Ihnen wegeilt und sich nicht mit Ihren Gewichtshilfen bremsen lässt, müssten Sie die Zügel nachfassen und Ihr Pferd würde unweigerlich wieder enger werden. Also ist es für Sie und Ihr Pferd wesentlich einfacher, wenn Sie es bereits an der Longe so weit umgeschult haben, dass Sie vernünftig zum Treiben kommen. Auch wenn Ihr Pferd dann auf der rechten Hand wieder die Tendenz bekommt, seinen Hals nach links zu nehmen und beim Einrichten der Vorhand auf die Hinterhand eine Rückwärtsbewegung zu machen, können Sie nachtreiben, Ihr Pferd also nach vorne an den Zügel herantreiben. Hat Ihr Pferd gelernt, sich so weit auszubalancieren, dass es diese Bewegungen von hinten unten nach vorne oben durch seinen gesamten Körper durchlassen kann, werden Sie die Bewegungen in solchen Situationen einfach nach vorne heraustreiben können und damit das Genick öffnen. Dann sind Sie im Grunde an dem Punkt angekommen, an welchem ein Pferd mit gutem

Schwerpunkt nach wenigen Tagen longieren steht: Sie treiben, und Ihr Pferd streckt sich an die Longe und später an die Reiterhand heran. **Es ist also geschlossen und damit ist eine Verbindung von hinten nach vorne entstanden.** Mit der weiteren Ausbildung wird das Pferd in dieser Geschlossenheit auch durchlässig werden.
Genau genommen haben Sie bis jetzt nur die Voraussetzungen dafür geschaffen, dass sich Ihr statisch verändertes Pferd so bewegen kann, dass Sie es aus biomechanischer Sicht sinnvoll ausbilden können, ohne dass es eine Fehlhaltung nach der anderen einnimmt.

BALANCE UND SELBSTHALTUNG

Balance ist bei modernen, statisch veränderten Pferden eher das Ziel als die Ausgangslage der Ausbildung. Balanceverlust hat dabei vielerlei Gesichter. Pferde können auf die Vorhand kippen und dabei ins Laufen kommen. Sie können sich auch gegen die Schulter blockieren und klemmig werden. Sie können zu einer Seite kippen oder generell nach vorne. Sie können dabei nervös werden oder träge. Auf jeden Fall fühlen sich Pferde mit Balanceverlust nicht wohl in ihrem Körper. Als Fluchttiere sind Pferde auf ein gutes Gleichgewicht angewiesen, das ihnen jederzeit eine zügige Flucht erlaubt. Um zunächst ein horizontales Gleichgewicht herzustellen, in welchem die Abwärtshaltung der Wirbelsäule so weit reduziert wird, dass das Pferd sich ausbalanciert bewegen kann und damit auch psychisch ausgeglichen wird, haben Sie in den letzten Kapiteln einiges an Werkzeug an die Hand bekommen. Es lohnt sich, sich intensiv mit dem Umtrainieren verschleißträchtiger Fehlhaltungen zu beschäftigen.
Bei vielen Pferden reicht aber das horizontale Gleichgewicht nicht aus, um ihre schwachen Wirbelsäulen stabil und damit tragfähig zu machen. Ihr Skelett muss von Grund auf aufgerichtet werden. Diese weiterführende Arbeit können Sie nicht aus einem Buch lernen. Damit aber die Basics überhaupt funktionieren können und Ihr Pferd ein Mindestmaß an Gleichgewicht und Selbsthaltung findet, müssen Sie Ihr Pferd auch entsprechend trainieren. Wie bereits bei der Hilfengebung erwähnt, kann nicht genug betont werden, wie wichtig es ist,

Auf dem langen Weg zur Selbsthaltung unumgänglich: Nach jeder Parade die Finger öffnen, sodass das Pferd die Bewegungen selbständig ausführen muss.

Auch in einer solchen Situation gilt: Bewegung umlenken und Finger wieder öffnen! Damit Bewegungen nicht in der Wirbelsäule stecken bleiben, müssen sie nach vorne herausgelassen werden.

Das Walken eignet sich sowohl dazu, eine vermehrte Streckung auszulösen, als auch die Balance zu überprüfen.

dass Sie Ihr Pferd zwar beständig dazu anhalten, seine Körperhaltung zu verbessern, es in dieser besseren Körperhaltung aber immer wieder einzelne Schritte, Tritte und Sprünge selbstständig arbeiten lassen. Nur so können Tragemuskeln zugeschaltet werden und frei arbeiten. Werden Pferde in einer bestimmten Körperhaltung festgehalten, halten sie auch ihre Muskeln fest, was mit der Zeit zu Muskelverkürzungen und Muskelabbau führt. Das Training kann also nur zur Selbsthaltung führen, wenn Sie Ihr Pferd immer wieder dazu anhalten, Bewegungen selbstständig auszuführen. So wird es auch klug und lernt, seinen Körper selbst zu beherrschen, ohne dass der Reiter ihm ständig helfen muss. **Denken Sie also stets daran: Nach JEDER Parade müssen die Finger der longenführenden Hand geöffnet werden, sodass jede Bewegung durch den Körper fließen kann und nicht im Körper stecken bleibt.**

Darüber hinaus können Sie, sobald Sie die Körperhaltung Ihres Pferdes etwas verbessert haben, immer wieder Reprisen mit freiem Schreiten (Walken) einschalten. Dabei lassen Sie Ihr Pferd immer wieder auf gerader Linie fleißig antreten und gehen an der losen Longe hinter ihm her.

Auch das Anheben der Wirbelsäule sollte, wenn es Ihnen gelungen ist, mit immer leichteren Hilfen möglich sein. **Mit diesem Aussetzen oder Leichterwerden der Hilfen können Sie jederzeit überprüfen, was Ihr Pferd schon alleine kann und wo Sie ihm noch helfen müssen.**

Bitte seien Sie sich bei Ihrer Arbeit mit dem Pferd auch immer bewusst, wie stark Sie auf den Körper Ihres Pferdes einwirken können. Dieses Wissen und Können darf nur zum Wohle seiner Gesundheit eingesetzt werden und nicht, um irgendwelche Lektionen oder gar „Kunststückchen" zu trainieren. Denn unsachgemäße Arbeit kann genauso viel Schaden anrichten wie gute Arbeit nützt.

VON DER VERSAMMLUNG ZUR AUFRICHTUNG

Auch hier muss zwischen statisch für Reitzwecke günstig konstruierten Pferden sowie statisch veränderten Pferden unterschieden werden.
Ein Pferd, bei welchem aufgrund seiner idealen Körperproportionen die oberen Gelenke gut zueinander stehen und welches über eine ausgeglichene Hinterhandmotorik verfügt, hat einen guten Schwerpunkt. Federt es beim Aktivieren seiner Hinterhand vermehrt durch seine Gelenke, wird es alleine dadurch hinten schon kleiner. Reicht das noch nicht, um die auch bei solchen Pferden vorhandene innere Abwärtshaltung (Verlauf des Spinalkanals) auszugleichen, muss man diese versammeln, damit ein horizontales Gleichgewicht entsteht. Versammlung wird im Allgemeinen mit einem vermehrten Setzen der Hinterhand, also einem stärkeren Beugen der großen Gelenke, gleichgesetzt.

Hier setzt sich das Pferd deutlich. Die Hinterbeine fußen dabei viel zu weit nach vorne, sodass das Pferd die Balance verliert.

Je mehr ein Pferd also seine Hinterhandgelenke winkelt, desto kleiner wird es hinten; und das reicht bei gut konstruierten Pferden aus, damit sie ihre Vorhand anheben und frei in Selbsthaltung gehen können. Ist so ein Pferd gut durchtrainiert und kräftig, halten die Gelenke das auch lange Zeit aus. Übertreibt man das Setzen jedoch, können die kleineren Gelenke (Fessel- und Sprunggelenk) sowie die Fesselträger Schaden nehmen. Da im Allgemeinen nur versammelt und nicht gleichzeitig aufgerichtet wird, sind Fesselträgerschäden an den Hinterbeinen sowie Spat zu häufigen Berufskrankheiten von Dressurpferden geworden.
Besser wäre es also auch bei solchen Pferden, sie nicht nur zu setzen, sondern gleichzeitig die Rumpfstabilisatoren dergestalt zu trainieren, dass sie den Brustkorb mit dem vorderen Rücken aufrichten. Aufrichtung bedeutet dabei, dass die Wirbelsäule im Körper maximal aufgerichtet wird, um der Muskulatur ein gutes Gerüst zu bieten. Niemals darf Aufrichtung nur im Hals und Widerrist stattfinden. Der gesamte Brustkorb mit dem vorderen Rücken muss für eine gesunde Aufrichtung mit einbezogen werden. Alles andere schädigt den Rücken! **Werden günstig konstruierte Pferde hinten nur so weit gesetzt, dass sie tragen können, sowie vorne entsprechend aufgerichtet, stellen sich die oberen Gelenke besser hin; der Rücken wird also zwischen diesen Gelenken optimal gestützt.** Und, noch wichtiger: Die unteren Gelenke der Hinterhand, welche schwächer sind als Hüft- und Kniegelenk, brauchen nicht übermäßig gebeugt zu werden, werden also entlastet. So entstehen keine Fesselträgerschäden und auch kein Spat. Werden Pferde mit Spat so umtrainiert, bessert sich dieser auch meistens merklich.
Ganz anders verhält es sich beim typischen modernen Pferd. Das Hüftgelenk steht oft so viel höher als das Buggelenk, dass das

Hier ist der Unterschied nochmal deutlich zu sehen: Dasselbe Pferd: Links in einer gesetzten Piaffe, also in herkömmlicher Versammlung. Das Pferd geht im Körper abwärts; das Hüftgelenk steht deutlich höher als das Buggelenk. Rechts in Aufrichtung. Die oberen Gelenke sind so eingerichtet, dass der Körper dazwischen stabilisiert ist. Die empfindlichen unteren Gelenke sind dabei deutlich entlastet (vor allem die Fesselgelenke)!

einfache Winkeln der Hinterbeine in der Vorwärtsbewegung keineswegs ausreicht, um diese beiden tragenden Gelenke auch nur im Ansatz in ein horizontales Gleichgewicht zu bringen. Würde man also versuchen, diesen enormen Höhenunterschied nur durch Setzen (Versammeln) auszugleichen, müsste so ein Pferd permanent in der Hocke gehen. Das wäre einerseits extrem anstrengend und andererseits auch sehr verschleißträchtig für die Hinterhandgelenke. Insbesondere deshalb, weil viele Pferde mit einer statisch bedingten falschen Beckenstellung die Gelenke auch noch nach hinten herauswinkeln bzw. mit den Hinterbeinen hinter dem Becken laufen. Somit werden diese quasi verkehrt herum belastet.
Leider wurden in den vergangenen Jahren verschiedene Trainingsmethoden als gesund propagiert, welche genau dieses extreme Verwinkeln der Hinterhandgelenke, oft verbunden mit einer absoluten Aufrichtung, in den Vordergrund stellen. Schaut man genau hin, ist leicht zu erkennen, dass solche Ausbildungsmethoden nicht zur Tragfähigkeit führen, wenn ein Pferd keine solche mitbringt. Werden statisch ungünstig konstruierte Pferde so gearbeitet, winkeln ihre Hinterbeine hinter dem Becken. In dieser Position ist der Rücken nicht gestützt und die kleineren unteren Gelenke müssen viel zu viel Körperlast übernehmen. Das ist daran zu erkennen, dass die Gelenke in der Bewegung nachgeben oder deutliche seitliche Ausweichbewegungen machen. Ähnlich wie das Knie beim Menschen in erster Linie zum Beugen und Strecken konstruiert ist, ist das bei den Gelenken der Pferdebeine. Seitliche Bewegung belastet die stützenden Bänder und führt zu Gelenkverschleiß. Kommen genetische Schwächen oder eine schlechte Aufzucht dazu, verkürzt das die Nutzungsdauer eines Pferdes massiv. Deshalb ist es empfehlenswert, genauer hinzusehen, wie eine Trainingsmethode auf den Körper wirkt.
Wie kann man nun solchen Pferden helfen, welche eher überlange Stelzen denn praktische Hinterbeine ihr Eigen nennen? Natürlich müssen diese Pferde lernen, ihre Gelenke zu winkeln. Auch, diese unter den Körper zu winkeln und nicht nur hinter dem Becken. Gleichzeitig müssen sie aber auch aufgerichtet werden, was nur möglich ist, wenn der Rücken in das Bewegungsgeschehen eingeschaltet und längsgedehnt ist. Da der Höhenunterschied zu stark ist, reicht die passive (relative) Aufrichtung aus der konventionellen Versammlung dafür nicht aus; **die Pferde müssen – entsprechend ihrem Wirbelsäulenverlauf – aktiv im gesamten Brustkorb aufgerichtet werden.** Eine anspruchsvolle

Arbeit. Denn eine zu hohe Aufrichtung (absolute Aufrichtung) würde die Wirbelsäule im Übergang der Brust- zur Halswirbelsäule sowie in ihrer Aufhängung hinter dem Widerrist verkürzen. Die reine relative Aufrichtung jedoch, welche entsprechend der Lastaufnahme auf dem Hinterbein entsteht, reicht auch nicht mehr. Der Trainer braucht also eine Menge Feingefühl, um genau an der Grenze zu trainieren, **sodass die Wirbelsäule in ihrer Längsachse gestreckt bleibt und in dieser Streckung angehoben wird.** Je besser das erreicht wird, desto weniger Verschleiß ist das Pferd ausgesetzt. Man muss sich jedoch bewusst machen, **dass das Umtrainieren seine Grenzen in der Dehnfähigkeit der Muskulatur findet. Die Statik kann sicht- und fühlbar verbessert werden; Knochenlängen jedoch lassen sich nicht verändern.**

Zusammenfassend darf festgestellt werden, dass **die Versammlung nicht mit der Aufrichtung gleichzusetzen ist!** Ein Pferd zu versammeln, kann man verhältnismäßig leicht lernen. Das Aufrichten dagegen ist eine Kunst. Bleiben Sie dazwischen stecken, können Sie aber dennoch vielen Pferden noch gut helfen.

Beides können Sie bereits in der Longenarbeit zu guten Teilen erarbeiten. Die Übung „Einrichten" ist ein sehr guter Anfang dafür. Wie Sie bereits früher gelesen haben, ist für das Aufrichten der Wirbelsäule im Körper aber wesentlich, dass die Energie der Hinterbeine so gerade wie möglich in Richtung seiner Schultern geht. Das Becken muss dabei gerade stehen (keine Hüftschiefstellung) und das Pferd darf auch nicht über seine Schultern fallen oder sich darauf abstützen. Die Wirbelsäule sollte also vom Schweifansatz bis zum Widerrist möglichst gerade sein. Da die Aufrichtung also eng mit der Geraderichtung verknüpft ist, werden Sie irgendwann die Longenarbeit mit einem Training unter dem Sattel ergänzen müssen. Denn von oben haben Sie viel mehr Möglichkeiten, Ihr Pferd einzurahmen und zu verhindern, dass es sich der Aufrichtung entzieht. Ist ein Pferd nicht reitbar, werden Sie es nicht vollkommen geraderichten können.

Damit Ihr Pferd sich immer mehr in Richtung Reitpferd verändert, also von hinten unten nach vorne oben in eine aufgerichtete Körperhaltung hinein, müssen Sie mit fortschreitender Ausbildung immer genauer darauf achten, dass die Energie der Hinterbeine so gerade wie möglich in Richtung der Schultern bzw. des Genicks wirkt. Die Aufrichtung sorgt dabei dafür, dass sich das Pferd immer weniger auf seine Schultern schiebt, sondern diese anhebt. Das bedeutet, dass Sie immer wieder dafur sorgen müssen, dass die Schultern gerade vor dem Rumpf bleiben. Bislang hatten Sie das vor allem durch das Vorsetzen der Vorhand (Einrichten der Vorhand auf die Hinterhand) erreicht. Das müssen Sie mit fortschreitender Ausbildung immer weiter verfeinern. Einen Teil dieser Arbeit werden Sie aber wie erwähnt unter dem Sattel machen (müssen).

Sind Pferde problemlos reitbar, sollte die Arbeit unter dem Sattel die Longenarbeit regelmäßig begleiten. Haben Sie aber ein schwaches Pferd, welches den Rücken unter Gewichtsbelastung durchhängen lässt, müssen Sie auf jeden Fall zuerst den Rücken durch den Aufbau kräftiger Tragemuskeln stärken. Setzen Sie sich zu früh auf solche Pferde, schieben Sie diese eher zusammen als ihnen zu helfen. Auch bei Pferden mit Vorschädigungen müssen Sie gut abwägen, wie Sie vorgehen. Das hängt natürlich auch von Ihrem Können als Reiter ab. Vielen Menschen fällt es leichter, ihr Pferd vom Boden aus zu arbeiten. Da Sie Ihr Pferd mit diesem Training sehr weit ausbilden und seine Hinterhand weit in die Last schulen können, können Sie durchaus viel vom Boden aus machen. Auch wenn Sie etwas schwerer sind und ein filigranes Pferd Ihr Eigen nennen, sollten Sie eher viel von unten machen. Bei Schädigungen an den Beinen kann es besser sein, mehr vom Sattel aus zu arbeiten, da solche Pferde nicht zu viel in Wendungen gearbeitet werden sollten, was an der Longe natürlich nicht zu vermeiden ist. Genau das Gegenteil ist der Fall, wenn Ihr Pferd Schädigungen im Rücken hat. Hier tun Sie gut daran, erst Ihr Pferd statisch „umzubauen", bevor Sie es wieder mit Gewicht belasten. Sind Sie leicht, haben ein erstklassiges Gleichgewicht im Sattel und eine hohe Einwirkung und wissen Sie auch noch, was Sie tun, dann können Sie deutlich mehr vom Sattel aus erreichen als an der Longe. Um also zu entscheiden, was und wie viel Sie vom Sattel aus arbeiten, sollten Sie Ihre eigenen Fähigkeiten an der Longe und im Sattel selbstkritisch einschätzen können. Wie auch immer Sie Ihr Training mit Ihrem Pferd gestalten; je besser Sie es geradegerichtet haben, desto gleichmäßiger sollten seine Bewegungen werden. Kürzertreten auf einer Hand oder stärkere Taktunreinheiten sowie diffuse Lahmheiten, für die es keinen klinischen Grund zu geben scheint, sollten mit dem bisherigen Training verschwunden sein. Denn klamme Bewegungen der Vorhand oder Kürzertreten kommt dadurch zustande, dass das Vorderbein durch die zu stark belastete Schulter zu lange am Boden „kleben" bleibt. Dadurch kann das gleichseitige Hinterbein nicht genügend durchschwingen, was die Taktunreinheit augenscheinlich werden lässt. Hat sich durch Ihre Arbeit die Vorhand angehoben, kann diese wieder frei bewegt werden. Bei vielen modernen Pferden finden wir aufgrund des starken Höhenunterschieds der oberen Gelenke das Phänomen des tief liegenden oder gar abgesunkenen Brustkorbs, sodass oft beide Vorderbeine von solchen diffusen Taktstörungen betroffen sind. Je besser Ihr Pferd also gelernt hat, gerade durch seinen Körper zu treten und seine Wirbelsäule anzuheben, desto besser haben Sie diesem modernen Phänomen entgegengewikt. Bitte vergessen Sie dabei nie, dass die geraderichtende Arbeit ein Pferdeleben lang fortgeführt werden muss.

Viele Bewegungen helfen, die Rumpfstabilisatoren anzusprechen: Hier eine Hebeübung, entstanden aus dem Einrichten. Das Pferd versucht, seinen Rücken hochzudrücken und steigt dabei leicht.

PROBLEMLÖSUNGEN AUF EINEN BLICK

OBJEKTIVE BEURTEILUNG DES EIGENEN PFERDES

Da in den Körpern moderner Pferde oft die Wirbelsäulen nicht funktionieren, kann man nie voraussehen, wie sie bestimmte Bewegungen umsetzen können. Pferde sind auch beim Suchen von Ausweichbewegungen sehr individuell. Deshalb finden Sie schon in den Beschreibungen der biomechanischen Zusammenhänge, der Hilfengebung und der Übungen zahlreiche Tipps, wie Sie mit bestimmten Problemen umgehen können. An dieser Stelle finden Sie eine Zusammenfassung für häufig auftretende Schwierigkeiten, damit Sie bei Problemen nicht lange suchen müssen.

Häufig ist es so, dass Sie einen Knopf drücken, und dafür drei andere nicht mehr funktionieren. Bis Sie alle Einzelbewegungen so weit miteinander gekoppelt haben, dass sie zu einem Ganzen werden, kann einige Zeit ins Land gehen. Stoßen Sie aber überall auf neue Schwierigkeiten oder haben das Gefühl, dass Sie im Training nicht weiterkommen, haben Sie die Möglichkeit, Ihre Arbeit im Onlinetraining überprüfen und sich dort individuell beraten zu lassen. So vermeiden Sie viele Fehler, die Sie im Training zurückwerfen oder Ihrem Pferd womöglich schaden könnten.

Bevor Sie nun entscheiden, wie Sie beim Training vorgehen wollen, sollten Sie ganz objektiv den IST-Zustand Ihres Pferdes beurteilen. Denn nur wenn Sie die Probleme Ihres Pferdes kennen, können Sie ihm wirklich helfen. Suchen Sie stets nach den Ursachen der Probleme Ihres Pferdes und lassen Sie sich nicht dazu verleiten, nur Symptome zu bekämpfen. Sie würden damit weder sich noch Ihrem Pferd einen Gefallen tun. Seriöse Arbeit dauert zwar länger, ist dafür aber auch wesentlich nachhaltiger.

Am ehesten zeigt Ihnen Ihr Pferd, wo sein Schuh drückt, wenn Sie es zunächst einmal einfach an der Longe auf beiden Händen in den Grundgangarten bewegen, ohne dabei Einfluss auf das Bewegungsmuster und die Körperhaltung zu nehmen. Da sich das Pferd hierfür völlig frei bewegen können muss, verwenden Sie keine Hilfszügel. Einzig das Tempo sollten Sie bei eilenden Pferden mit der Stimme etwas drosseln, um das Gangverhalten besser beurteilen zu können.

Nun studieren Sie sein Gangverhalten. Geht das Pferd ruhig, gelassen, mit gutem Schwung, tätigem Rücken und aktivem Hinterbein? Fußt es spurtreu? Und wirkt es dabei auch noch zufrieden? Prima. Oder geht es verhalten? Eilt es? Geht es in deutlicher Außenstellung? Zeigen sich Taktfehler in einer oder mehreren Gangarten? Geht Ihr Pferd wie ein „Sterngucker" mit hoch erhobenem Hals? Oder nimmt es seinen Hals so tief, dass es fast über seine eigenen Hufe stolpert? Zeigen sich im Rücken tätige Muskeln oder schwingt dieser lose nach unten bzw. ist er fest? Zeigt das Pferd Schwebetritte? Schleifen die Hinterbeine? Treten sie gleichmäßig vor? Zeigen sich Gangfehler auf beiden Händen gleich ausgeprägt? Ist das Bewegungsmuster schiebend oder tragendaktiv? Wie stark ist die Abwärtshaltung der Rückenlinie und wie wirkt sie sich auf die Wirbelsäulenaufhängung aus?

All Ihre Beobachtungen ergeben ein Bild vom IST-Zustand Ihres Pferdes.

Versuchen Sie, Körper und Gangverhalten Ihres Pferdes unvoreingenommen zu beurteilen. Seien Sie dabei genauso kritisch, wie wenn Sie sich ein wildfremdes Pferd anschauen würden.

Erschrecken Sie nicht, wenn Ihnen ein Pferd, bei dem die Statik nicht umtrainiert wurde, die ungeschminkte Wahrheit „sagt". Diese Erkenntnisse sind absolut nötig und wichtig, damit Sie das weitere Vorgehen auf Ihr Pferd abstimmen und damit einen wirklich großen Schritt weiterkommen können. Versuchen Sie, Körper und Gangverhalten Ihres Pferdes unvoreingenommen zu beurteilen. Seien Sie dabei genauso kritisch, wie wenn Sie sich ein wildfremdes Pferd anschauen würden. Denn vom Schönreden wurde noch kein Pferd besser und nur, wer die Schwächen seines Pferdes erkannt hat, kann diese auch bearbeiten.

Bei den meisten modernen Pferden funktioniert im Körper leider nur wenig. Wird etwas besser, verschlechtert sich etwas anderes wieder. Als Beispiel: Sie möchten Schulterherein auf der linken Hand reiten. Anstatt mit dem linken Hinterfuß in die Last zu treten und damit die linke Schulter anzuheben, drückt Ihr Pferd sich auf seine linke Schulter und drängelt entsprechend nach innen. Eines von vielen typischen Beispielen, was alles im Körper moderner Pferde nicht funktioniert. Fühlen Sie sich bei der Beurteilung Ihres Pferdes unsicher, haben Sie die Möglichkeit, eine Statik- und Bewegungsanalyse erstellen zu lassen, in welcher Ihnen alle Zusammenhänge genau erklärt werden.

Bewegt sich Ihr Pferd dagegen in ruhigem, gelassenem, aktivem und schwungvollem Gang bei elastischer Rückentätigkeit, so dürften Sie das unbeschreibliche Glück haben, ein statisch einwandfreies, stabiles Pferd zu besitzen. So ein Pferd befindet sich im inneren und äußeren Gleichgewicht. Es ist gesund und zufrieden und seine Muskulatur kann entsprechend arbeiten. Geht es dabei ohne Ihr Zutun in aufrechter Körperhaltung und ohne sich in die Kurven zu legen, so können Sie von echter Selbsthaltung sprechen und mit Ihrer bisherigen Ausbildungsarbeit mehr als zufrieden sein.

Bleiben Trainingserfolge aus, treten gröbere Probleme auf, möchten Sie Ihr Pferd weiter ausbilden oder interessieren Sie sich einfach eingehender für die Thematik, so empfehle ich Ihnen, sich gezielt weiterzubilden. Für alle hilfesuchenden Pferdemenschen habe ich in den vergangenen Jahren ein umfangreiches Online-Lernportal aufgebaut, welches von Lernwilligen abonniert werden kann. Dort finden Sie unzählige Stunden an Trainingsvideos sowie wertvolle Tipps aus der Praxis für die Praxis. Zudem können Sie sich individuelle Unterstützung im Onlinetraining holen.

EILIGER GANG

Eiliger Gang ist ein Zeichen von nicht vorhandenem oder verlorenem Gleichgewicht. Oft resultiert das aus einem schiebenden Bewegungsablauf, verbunden mit einer verstärkten Abwärtshaltung des Rückens, was den Schwerpunkt nach vorne verlagert. Eilen Pferde, laufen sie quasi ihrem Schwerpunkt hinterher. Dabei fallen sie (noch mehr) auf ihre Vorhand, schieben sich in ihrer Wirbelsäulenaufhängung zusammen und werden dadurch noch schiefer. Auch wenn Sie zum Treiben kommen möchten, gibt es Phasen in der Ausbildung, wo es sinnvoller ist, passiv zu werden. Nämlich dann, wenn Sie merken, dass Ihr Pferd Dynamik nicht im Körper umsetzen kann.
Allgemein sind eilige Pferde aufgeregt und somit nicht nachhaltig lernfähig. Gelegentlich versuchen Pferde auch, sich durch Weglaufen Ihrer Einwirkung zu entziehen. Sie werden also ungefragt „aktiv", wenn sie das Gefühl haben, dass Sie etwas von ihnen wollen. Meistens gibt sich das, wenn die Pferde verstanden haben, was von ihnen erwartet wird. In beiden Fällen soll nach Möglichkeit zuerst das Tempo reduziert werden. Speziell unsichere, hektische, nervöse oder sonst unausgeglichene Pferde sollten zunächst in etwas ruhigerem Tempo gearbeitet werden, bis sie sich dort ausbalancieren können. Achten Sie dabei aber dennoch auf eine positive Körperspannung und erhöhen Sie dosiert die Dynamik, sobald Ihr Pferd das zulässt. Ihr Pferd zeigt Ihnen dabei ganz genau an, wie viel Energie es gerade in seinem Körper umsetzen kann.

VERHALTENER GANG

Verhaltenes Gehen ist ein Hinweis darauf, dass die Energie aus der Hinterhand in der Wirbelsäule stecken bleibt. Das Pferd bleibt also fest und „blockiert" sich in der Bewegung. Meistens haben sich solche Pferde in ihrer Wirbelsäulenaufhängung zusammengeschoben. Man hält sie für vermeintlich „faul", doch ihr Problem ist ihre Statik, welche sie auf ihre Schultern bzw. insgesamt auf ihre Vorhand schiebt. Sie bekommen also ihre Vorderbeine nicht frei nach vorne. Ihr Brustkorb hängt tief und bietet damit auch den Hinterbeinen nicht mehr den Raum, frei nach vorne durchzuschwingen. Man hat also vorne das Gefühl, dass die Bewegungen gebunden sind. Und hinten

Eilen Pferde, laufen sie ihrem Schwerpunkt hinterher. Dabei fallen sie (noch mehr) auf ihre Vorhand und schieben sich in ihrer Wirbelsäulenaufhängung zusammen. Dadurch verstärkt sich die Schiefe.

Hier ist die Ursache für den verhaltenen Gang, dass der Brustkorb des Pferdes viel zu tief liegt. Durch die enge Einstellung und das Hintendagegen-Treiben bleibt den Hinterbeinen kein Raum, nach vorne unter den Rumpf zu treten.

Das Pferd streckt den Hals zwar aktiv nach unten, kippt dabei aber. Aufgrund der verkürzten Rückenmuskulatur „hebt" die Hinterhand dabei ab und der Rücken überspannt, anstatt sich wie gewünscht zu dehnen.

„läuft der Motor" nicht. Deshalb bleiben die Bewegungen kurz und unelastisch. Zwingt man solche Pferde, vorwärtszugehen, zeigen sie oft spannige Schwebetritte, weil ihr Rücken fest ist. Ein verhalten gehendes Pferd lässt die Bewegungen nicht durch seinen Körper und vermeidet echte Dehnung, da diese in diesem verkürzten Muskelzustand unangenehm wäre.

Hier sind alle Übungen wertvoll, die den Rücken und die Hinterhand aktivieren. Verbessern Sie durch vorsichtiges Nachtreiben den Bewegungsfluss. Danach versuchen Sie, durch geschmeidiges Navigieren und viele Übergänge die Muskulatur zu lösen. Sobald das Wirkung zeigt, können Sie das Pferd zwischendurch immer wieder frisch ins Vorwärts aktivieren, bis Sie das Gefühl haben, dass die „Handbremse" sich gelöst hat.

TIEFES STRECKEN DES HALSES, VERBUNDEN MIT STEIFEN HINTERBEINEN

Haben Sie durch Ihre Arbeit ein Streckbedürfnis ausgelöst, neigen besonders Pferde mit langen Hälsen durch das Übergewicht vorne dazu, sich extrem tief zu strecken. Oft ist dabei das Nackenband aktiv, vermag jedoch nicht ins Rückenband zu greifen und den Rücken richtig vorzuziehen. Dies ist im Grunde ein statisches Problem. Bei einem statisch günstig konstruierten Pferd werden auch in der tiefen Streckung über den Zug des Rückennackenbandes die Hinterbeine unter den Körper gezogen und winkeln sich dadurch besser. Dieser erwünschte und posi-

tive Effekt tritt leider bei statisch veränderten Pferden sowie in der Oberlinie verkürzten Pferden nicht oder nur ungenügend in Kraft. Trifft ein langer Hals auf einen kurzen Rücken, dehnt sich oft nur das Nackenband. Der vordere Rücken bleibt entweder „hängen" oder der Zug am Becken führt dazu, dass das Pferd sein Becken nach oben nimmt und seine Hinterbeine steif stellt. Deshalb fallen solche Pferde über kurz oder lang in der Streckung auf die Vorhand. Die Streckung ist also nötig, um die Wirbelsäule in ihrer Längsachse zu dehnen und damit gerade zu bekommen, führt aber bei statisch veränderten Pferden auch immer zum Kippen.
Ob die Streckung in die Tiefe noch akzeptabel ist oder das Pferd „hochgetrieben" werden muss, hängt von seiner Balance ab. Arbeiten die Hinterhandgelenke noch unter dem Rumpf oder geringfügig hinter dem Becken, bleibt das Pferd gut im Tempo und Schwung und drückt sich in der Wirbelsäulenaufhängung nicht nach unten, kann man es ruhig einen Augenblick so „einlaufen" lassen. Stellt das Pferd seine Hinterbeine jedoch steif und schiebt sich sichtbar auf die Vorhand, sollten Sie versuchen, es hochzutreiben. Da Pferde in der Streckung so lange schlecht lenkbar sind, wie ihre Hinterbeine unzureichend gymnastiziert sind, müssen Sie zunächst die Longe etwas durchrutschen lassen, damit Ihr Pferd sich nicht an Ihnen festhalten kann. Dann warten Sie einen Augenblick ab, bis Ihr Pferd nicht mehr an Ihnen zieht. Jetzt können Sie es unter dem Sprunggelenk – mit einer Bewegung von hinten unten nach vorne oben – aktivieren (also hochtreiben) und sofort mit einer Parade nach vorne oben herauslocken. Hatte sich Ihr Pferd richtig gestreckt, wird es sich hochtreiben lassen. War es nur kopflastig und hing dabei auf der Vorhand, kann es gut sein, dass Sie Ihre Paraden ein paar Mal wiederholen müssen. Hüten Sie sich davor, zu versuchen, den Hals hochzuziehen; beim Seilziehen werden Sie den Kürzeren ziehen und Ihr Pferd lernt, sich an Ihnen festzuhalten. Dieses Problem lässt sich leichter lösen, wenn Sie ein gutes Timing entwickeln und in Ihrer Einwirkung geschickter werden.

ABKNICKEN DES HALSES

Fehlt die Streckung in der Wirbelsäule, knicken Pferde oft einfach mit dem Hals seitlich ab, wenn Sie die Vorhand auf die Hinterhand einrichten möchten. Das Pferd entzieht sich dabei komplett Ihren Hilfen, da Sie so weder die Wirbelsäule bewegen noch die Hinterbeine kontrollieren können. Abhilfe schafft also, zunächst die Streckung wiederherzustellen. In diesem Fall werden Sie dazu in aller Regel Ihr Pferd wieder einige Male gezielt nach außen von sich wegtreiben und ermuntern, dabei die Longe zu spannen. Sobald Sie fühlen, dass sich Ihr Pferd wieder an die Longe herandehnt, sollte das Vorsetzen der Vorhand wieder klappen, ohne dass Ihnen nur der Hals entgegenkommt.

Bitte erschrecken Sie nicht, wenn Sie mit gewissen Pferden immer wieder an den Punkt kommen, an dem Sie wieder in eine aktive Streckung zurückgehen müssen. Besonders Pferde mit einer losen Wirbelsäulenaufhängung sind zweigeteilt und werden deshalb die Streckung immer wieder aufgeben wollen. Das sind auch die Pferde, welche beim Reiten nie richtig ans Gebiss treten möchten. Sie müssen also konsequent dazu ermuntert werden, an die Hand heranzutreten. Denn das benötigen Sie später zum Reiten, wenn Sie nicht auf einer losen Wirbelsäule sitzen möchten, die bei nächster Gelegenheit (wieder) nach unten durchfällt!

VERWERFEN IM GENICK

Ist Ihre Einwirkung gefühlvoll und lassen Sie nach jeder Parade die Longe etwas durchrutschen, sodass das Pferd in keiner Bewegung festgehalten wird, ist das Verwerfen im Genick ein Hinweis darauf, dass das Pferd in seinem ganzen Körper extrem schief ist. Oft lassen einen solche Pferde fast verzweifeln, weil man das Gefühl hat, dass sie bei jeder Korrekturmaßnahme noch schiefer werden.
Die Ursache dürfte in den meisten Fällen sein, dass bereits hinten das Becken schief steht, weil vor allem das linke Hinterbein steif ist und der Beugung konsequent ausweicht. So kann natürlich auch keine Dynamik durch die Wirbelsäule nach vorne übertragen werden, sodass diese in sich gerader werden könnte. Hier müssen Sie also versuchen, die Motorik zu verbessern, damit Sie beide Hinterbeine einigermaßen zu fassen bekommen. **Nur wenn die Hinterbeine vermehrt und gleichmäßiger in die Last treten, wird auch das Becken gerader werden. Damit kann die Streckung auch die gesamte Wirbelsäule erreichen** und das Pferd wird über die Zeit von hinten nach vorne in sich gerader werden.

Früher ein Zeichen von Verspannungen: Das Verwerfen im Genick. Bei unseren hypermobilen, zweigeteilten Pferden nur noch eine von vielen Auswirkungen der Schiefe, welche Ausweichbewegungen aller Art Tür und Tor öffnet. Hier kommt beim Aktivieren des inneren Hinterbeines die Parade nicht ganz durch; das Pferd kommt an der Seite vorbei. Auch deshalb ist es wichtig, nach jeder Parade die Finger zu öffnen, dann aber mit der nächsten durchzukommen!

SCHIEF GEHALTENER HALS

Hüten Sie sich also davor, diesen Werdegang abkürzen zu wollen, indem Sie einen schief gehaltenen Hals oder ein schiefes Genick durch Manipulationen am Gebiss zu korrigieren versuchen. Das würde die Wirbelsäule dahinter nur noch mehr verdrehen. **Ihr Pferd zeigt Ihnen vorne lediglich an, was hinten nicht stimmt!**
Versuchen Sie auch nie, ein Pferd mit Gewalt in die Wendungen zu zwingen. Wenn sein Hinterbein zu steif ist, um die Körperlast abzufedern, wird es immer Wege finden, um auszuweichen. Am Ende erziehen Sie sich womöglich ein ungehorsames Pferd, das ständig versucht, jede Anstrengung zu meiden. Wenn Sie Ihr Pferd gut beobachten, wird es Ihnen anzeigen, zu was es in der Lage ist und was es (noch) nicht schafft.
Gelegentliches Entziehen durch Herumwerfen des Halses korrigieren Sie, indem Sie etwas Aktion ins Hinterbein bringen und die Kreislinie dabei etwas vergrößern. So stellen Sie die Anlehnung wieder sicher. Erst wenn das Pferd den Hals wieder gerade vor seinem Körper trägt, können Sie die Kreislinie wieder verkleinern.
Verkantet sich das Pferd ohne ersichtlichen Grund, überprüfen Sie Ihre Handeinwirkung. Weiche, gefühlvolle Paraden, verbunden mit einer Reduktion des Tempos zur Wiederherstellung der Balance und gegebenenfalls leichtes Vergrößern der Kreislinie lösen dieses Problem meist recht schnell.

Weil die Bewegung nicht richtig in die Lendenwirbelsäule greift, schiebt die Hinterhand in Richtung der kurzen Seite. Sie können versuchen, über Schultervor zu korrigieren. Klappt das nicht, kann es sein, dass Ihr Pferd das Gewünschte im Körper noch nicht richtig umsetzen kann. Dann müssten Sie die Anforderungen reduzieren.

AUSWEICHEN DER HINTERHAND

Wenn Ihr Pferd mit seiner Hinterhand ausweicht, so geht es schief. Drängelt die Hinterhand nach innen (meist auf der linken Hand), sollten Sie die Kreislinie vergrößern. Hilft das nicht, können Sie bei einem weiter ausgebildeten Pferd durch Einrichten der Spur oder das Drehen in der Bewegung (Viertelvorhandwendung) die Vorhand nach innen und die Hinterhand nach außen korrigieren. Stehen Sie am Anfang des Umtrainierens oder gelingt das nicht, sollten Sie in Richtung Vieleck ausweichen, Ihr Pferd also immer wieder einige Schritte geradeaus gehen lassen und dann sehr vorsichtig die Vorhand wieder auf die Kreislinie zurückholen. Würden Sie die Vorhand zur Korrektur nach innen ziehen, würden Sie die Wirbelsäule schief ziehen oder weitere Ausweichbewegungen provozieren. Passen Sie also die Größe der Kreislinie immer dem an, was Ihr Pferd schaffen kann.

Weicht die Hinterhand nach außen aus, weicht das Pferd seitwärts aus, anstatt nach vorne zu gehen. In diesem Fall sollten Sie Ihr Pferd von hinten einrahmen und durch Nach-vorne-Treiben in sich schließen, bis es wieder geradeaus geht. Dazu müssen Sie gegebenenfalls auch weiter nach hinten gehen. Drängelt die Hinterhand stark nach außen, müssen Sie gegebenenfalls die Kreislinie verkleinern, um Ihr Pferd von hinten einrahmen zu können. Weicht Ihr Pferd gerne auf diese Weise aus, nutzen Sie eine längere Peitsche.

AUSBRECHEN ÜBER DIE ÄUSSERE SCHULTER

Das Ausbrechen des Pferdes über die äußere Schulter ist ebenfalls eine Folge der Schiefe oder der Versuch, sich der Arbeit zu entziehen. Ein in sich geschlossenes Pferd bricht nicht in der Schulter weg; folglich muss als Korrekturmaßnahme wieder mehr Streckung in die Wirbelsäule gebracht werden. Auf der linken Hand dürfte das in der Regel über ein Vieleck zu bewerkstelligen sein. Also dosiertes Aktivieren in eine gerade Linie hinein, wobei Sie die Longe entsprechend durchrutschen lassen. Danach ganz sachtes Vorsetzen der Vorhand, wobei Sie peinlichst genau darauf achten müssen, nicht nur den Hals herumzuziehen. Die Verbindung muss dabei ganz leicht sein, bis Sie fühlen können, dass sich Ihr Pferd im Körper wieder durchstreckt. Die Größe der Kreislinie orientiert sich daran, wo Sie die Vorhand noch vorgesetzt bekommen, ohne mit Ihrem Pferd kämpfen zu müssen.

Auf der rechten Hand ist das Ausbrechen über die äußere Schulter wesentlich seltener. Hier genügt es meist, die Kreislinie etwas zu vergrößern, damit das Pferd sie besser bewältigen kann.

Zur Korrektur hartnäckiger Fälle kann es sinnvoll sein, wenn Sie eine Weile auf einem abgegrenzten Zirkel (Longierhalle, Roundpen) longieren oder sich auf dem Reitplatz einen Übungszirkel abgrenzen. Das kann durch Stangen, Bänder und Ähnliches geschehen. Achten Sie beim Abstecken eines Übungszirkels darauf, dass sich weder das Pferd noch Sie verletzen können.

Ihr Pferd möchte über die äußere Schulter ausbrechen? Nicht vorne herumziehen, sondern energisch nach vorne durchtreiben und dann mit ebensolchen Paraden die Vorhand auf die Kreislinie zurückholen.

AUF DIE INNERE SCHULTER FALLEN

Klebt Ihr Pferd auf seiner inneren Schulter und balanciert sich mit seiner Balancierstange Hals nach außen aus, ist es ebenfalls schief. Die meisten Pferde fallen gerne in ihre lose (längere) Seite hinein, also auf die rechte Hand.

Hier sind einerseits Pferde mit träger Motorik betroffen. Bei diesen hilft es meist, mehr Dynamik in die Hinterhand zu bringen und diese nach vorne oben umzulenken. Andererseits schieben sich auch hoch motorisierte Pferde mit stark schiebender Bewegungsmechanik oft sehr stark auf die innere Schulter. Sie schieben sich ja zum einen auf ihre Vorhand und zum anderen verstärkt in die Schiefe; in der Wendung also meist auf ihre innere Schulter. Hier müssen Sie die Dynamik so dosieren, dass Sie die Bewegung nach vorne oben durch den Pferdekörper umlenken können, damit die Energie aus dem Motor das Pferd nicht noch verstärkt auf seine Vorhand drückt. Das Umlenken der

Die „alte Variante": Das Pferd fällt in seine lose rechte Seite hinein und hängt dort auf seiner Schulter.

Energie ist nötig, damit die Energie der Hinterhand die Schulter so weit anhebt, dass sich das Pferd eben nicht auf diese schiebt. Ist Ihr Pferd weiter geschult und Sie haben es gut am Hinterbein, können Sie es alternativ im Einrichten hinten setzen (also die Hinterbeine anziehen und winkeln lassen) und vorne aufrichten, bis die Energie es vorne in der Schulter etwas anhebt. So wird diese wieder frei. Geraten Pferde nur zwischendurch leicht in Schieflage, können Sie auch einfach ein paar Schritte geradeaus mitgehen, um diese zu korrigieren. Die Dynamik wird dann vor dem nächsten Vorsetzen der Vorhand einfach wieder nach vorne oben herausgelenkt. Bei vielen modernen Pferden treffen Sie das Problem in verstärkter Form an, wann immer Sie das Hinterbein bearbeiten möchten: Diese Pferde werden von ihren schiebenden Hinterbeinen manchmal so stark auf ihre innere Schulter geschoben, dass sie sich auf diese drehen und dabei stark nach innen fallen. Das sind Pferde mit sehr hochstehendem Becken oder „umgedrehtem" Becken. **Da dieses generell schiebt und das Pferd sich durch jede zusätzliche Dynamik gegen seine Schultern blockiert, wäre es falsch, hinten „Dampf" zu machen.** Denn das Auf-die-innere-Schulter-Drücken zeigt ja bereits an, dass es die derzeitige Dynamik im Körper nicht umsetzen kann. Hier brauchen Sie Fingerspitzengefühl. Einmal müssen Sie Ihrem Pferd schon klarmachen, dass es Ihnen nicht auf die Füße zu treten hat. Allerdings muss Ihnen auch klar sein, dass das Pferd das aus statischen Gründen tut und nicht, um Sie zu ärgern. Hier können Sie die Peitsche umdrehen und direkt mit dem Knauf die innere Schulter nach außen weisen. Dabei müssen Sie sofort Longe geben, dabei aber die Führung behalten. Bleiben Sie ruhig, egal was passiert. Ihr Pferd hat schon genug mit seinem eigenen Körper zu tun. Es wird nur nachdenken können, wenn Sie Ruhe bewahren und es sicher und gefühlvoll navigieren.

Die „moderne Variante": Das Pferd zieht zwar sein Becken an und winkelt sein Hinterbein, schiebt sich dabei aber derart auf die linke Schulter, dass das Bein weit bis unter den Rumpf zurückgezogen wird.

Da die URSACHE für das Auf-die-innere-Schulter-Fallen das nicht tragende Hinterbein ist, bringt nur die Umschulung der Motorik nachhaltigen Erfolg bei der Korrektur. Sobald Ihr Pferd also wieder nach außen geht, arbeiten Sie wie gewohnt über das Aktivieren der Hinterhand, damit es lernt, diese selbst zu kontrollieren.

TRÄGE ODER SCHLEPPENDE HINTERHAND

Schlechtes Untertreten, mangelhaftes Durchfedern der Hankengelenke, ungenügendes Vorfußen und Ähnliches geht immer Hand in Hand mit einer mangelhaften Rückentätigkeit, einem schiebenden Bewegungsablauf und meist auch mit einem tief liegenden Brustkorb. Diese Dinge bedingen sich bei statisch veränderten Pferden ohnehin gegenseitig. **Anfangs kann es hilfreich sein, das Pferd einfach immer wieder frisch antreten zu lassen. Danach werden Sie passiv, warten, bis Ihr Pferd sich abbremst, und lassen es erneut energisch nach vorne antreten. Dies tun Sie so lange, bis Ihr Pferd genügend „go" entwickelt hat, dass Sie die Bewegungen nach vorne oben durch den Körper umlenken können. Denn nur, wenn das Pferd in der Bewegung den Brustkorb nach oben nimmt, wirkt die Energie aufrichtend auf das Skelett. So stellen Sie zunächst sicher, dass die Bewegung aus der Hinterhand überhaupt durch den gesamten Körper hindurchfließen kann, ohne im Rücken steckenzubleiben.**
Treiben Sie und überlassen Ihrem vorderlastigen Pferd, wie es diese Dynamik umsetzt, wird es sich immer mehr zusammenschieben und immer klemmiger werden. Für eine nachhaltige Korrektur des Bewegungsmusters muss auch hier eine Umschulung der Motorik und die Aufrichtung des Brustkorbs angestrebt werden.

MÄNGEL IN DER RÜCKENTÄTIGKEIT

Das Aktivieren der Wirbelsäule ist das A und O, wenn Sie Ihr Pferd langfristig gesund trainieren möchten. Bei stabilen Pferden kann man zwar einige Zeit um die Wirbelsäule herum arbeiten, aber bei instabilen Pferden rächt sich das ganz schnell. Die Tatsache, dass viele Pferde nur eine lose im Körper abwärts schwingende Wirbelsäule haben und die meisten gar keine Rückentätigkeit, zeigt, dass das Einschalten oder Aktivieren der Wirbelsäule in einem statisch veränderten Pferd nicht ganz so leicht zu erreichen ist. Deshalb an dieser Stelle noch einmal ein paar Tipps.
Hat Ihr Pferd einen festen, eher unbeweglichen Rücken, hat sich die Wirbelsäule bereits zusammengeschoben. Bei den jüngeren Jahrgängen kann das aufgrund der Instabilität sogar bereits beim ungerittenen Jungpferd der Fall sein. Ihr Pferd ist also im Rücken verkürzt, sodass Sie weiter an der Längsdehnung arbeiten sollten. **Um die kleinen Muskeln seitlich der Wirbelsäule möglichst schnell zu aktivieren, eignen sich kleine, feine Navigierbewegungen. Sie treiben also Ihr Pferd immer wieder leicht von sich weg nach außen, um es zur Streckung anzuregen, und holen die äußere Schulter wieder zu sich, um die Vorhand auf die Hinterhand einzurichten.**
Je geschmeidiger es Ihnen gelingt, die Longe nachzufassen und wieder durchrutschen zu lassen (Longe justieren), desto besser wird Ihr Pferd seine Muskeln „aufmachen", sie also dehnen können. Kommen Ihre Paraden ruckartig, halten Sie das Pferd fest, sind Sie in sich fest oder lassen die Longe nach dem Aktivieren der Hinterhand nicht etwas durchrutschen, wird es eher Muskeln spannen als bewegen. **Die Energie werden Sie aufgrund der tief liegenden, zusammengeschobenen Wirbelsäule vorsichtig dosieren müssen. Ihr Pferd zeigt Ihnen**

Passt das Bewegungsmuster nicht zur Rückenlänge, kann keine richtige Rückentätigkeit entstehen.

ganz genau an, was es im Körper umsetzen kann. Übertreiben Sie es also nicht. Hängt der Rücken nach unten durch, hat er nach unten, also in Richtung der Schwerkraft, losgelassen. Das kann passieren, wenn Pferde über Jahre immer wieder in die Verkürzung gearbeitet werden. Aber auch, wenn sie eher weich im Rücken sind und der Ausbilder es nicht geschafft hat, die oberen Gelenke richtig hinzustellen, sodass sie den Rücken stabilisieren können. **Da diese Rücken ebenfalls verkürzt sind, müssen auch diese Pferde in die Längsdehnung gearbeitet werden.** Da bei ihnen aber regelmäßig das Becken nach hinten-oben steht und damit das Kreuzdarmbeingelenk, welches ja für die Schubübertragung vom Becken in den Rücken zuständig ist, abwärts steht, können sie meist kaum Schub nach vorne übertragen. Solche Pferde gehen meist hinten kurz, ziehen die Beine nach hinten hoch, wackeln mit dem Becken nach oben und können mit den Hinterbeinen nicht nach vorne durchschwingen. Auch hier wäre es falsch, sie auf Teufel komm raus vorwärtszuschicken. Hilfreicher ist meist, erst nur wenig Energie in ihre Hinterbeine zu bringen und mit sanften Navigierbewegungen die kleinen Muskeln links und rechts der Wirbelsäule zu dehnen. Je besser das gelingt, desto schneller kann die Energie hoch dosiert werden. Pferde mit einer so tief liegenden Wirbelsäule zeigen Ihnen jederzeit sehr genau an, wie viel Energie sie im Körper umsetzen können. Halten Sie sich daran, werden Sie am schnellsten Erfolg haben. Übertreiben Sie es, wird Sie das im Training zurückwerfen.

Zeigen hoch motorisierte Pferde mit viel Raumgriff eine schlechte Rückentätigkeit, liegt ihre Wirbelsäule ebenso tief. Da viele Reiter aber einen schiebenden Bewegungsablauf mit nach hinten hochfedernden Gelenken fälschlicherweise für einen schwungvollen Bewegungsablauf halten, wird das oft erst als Problem erkannt, wenn sich die Wirbelsäule bereits so deutlich verkürzt hat, dass das einst elastische Pferd steif geworden ist.

Deshalb müssen Sie wissen, dass bei unseren modernen Pferden immer eine verstärkte Abwärtshaltung der Wirbelsäule vorliegt. Ergo liegt diese immer zu tief im Körper und hat die Neigung, sich in ihrer Aufhängung nach unten in den Körper zu schieben sowie zu verkürzen. Zweifeln Sie also an der Rückentätigkeit, sehen Sie ganz genau hin. **Stimmt das Bewegungsmuster der Beine nicht mit der Rückenlänge überein, kann der Rücken Ihres Pferdes nicht im physiologischen Sinn tätig sein. Anders ausgedrückt: Der Raumgriff muss der Rückenlänge entsprechen.** Andernfalls laufen alle Bewegungen außerhalb des Rückens ab. **Ein solcher Rücken ist genauso funktionell eingeschränkt wie einer, der sichtbar in einer Hohlkreuzposition ist.**
Die Korrektur erfolgt in diesem Fall ebenfalls in ruhigeren Bewegungen, um Muskeln in den Bewegungsablauf einzuschalten. Danach muss das Bewegungsmuster der Rückenlänge angepasst werden. Zu lange und flache Bewegungen müssen also kürzer und erhabener werden. Dazu eignen sich alle Übungen, welche die Motorik verbessern und das Pferd im Brustkorb anheben.

DER „STERNGUCKER"

Gleicht Ihr Pferd einem Sterngucker, so ist dies ein Ausdruck seiner Balanceprobleme und meist auch starker Verspannungen. Die Ursache ist, wie so oft, die Motorik der Hinterhand, welche die Oberlinie verkürzt hat. Schiebt sich ein Pferd auf die Vorhand, muss es mit seiner Balancierstange Hals gegenbalancieren. Deshalb macht es rein gar keinen Sinn, daran zu arbeiten, dass das Pferd seinen Hals fallen lässt. Sinnvoller ist es, die Motorik nach und nach umzutrainieren und die Wirbelsäule zu aktivieren. Damit verlieren sich der feste Rücken und die falsche Halshaltung von alleine und Ihr Pferd bekommt auch noch eine muskulöse Oberlinie.

TAKTFEHLER

Echte Lahmheiten gehören selbstverständlich in die Hände eines sachkundigen Tierarztes. Allerdings zeigen extrem viele Pferde leichte bis mittlere Taktfehler, die aus Mängeln in der Rückentätigkeit und der unkorrigierten Schiefe herrühren. Werden sie nicht schnells-

Das Pferd fällt auf seine innere Schulter und balanciert mit seinem Hals dagegen.

tens richtig bearbeitet, können sich daraus aber echte Schäden entwickeln! Sie zu ignorieren und zu hoffen, dass sie von selbst wieder verschwinden, ist sinnlos.

Da heute viele Pferde einen tief liegenden Brustkorb haben, ist es zunächst nötig, alle Bewegungen so durch den Körper zu bringen, dass sie störungsfrei durch die gesamte Wirbelsäule fließen. Nur so können Sie damit beginnen, Bewegungen umzulenken und damit den Brustkorb anzuheben.

Damit wird zunächst einmal Druck von der Vorhand genommen, was Ihnen Zeit verschafft, die wahren Ursachen zu bearbeiten. Auch hier wird sich nur dann ein nachhaltiger Erfolg einstellen, wenn Sie die Motorik Ihres Pferdes verbessern, die Wirbelsäule aktivieren und damit den Brustkorb so weit anheben, dass sich die Wirbelsäule im Körper aufrichtet. **Ist die Wirbelsäule aufgerichtet, sind sämtliche Gelenke nur noch ihrer physiologischen Belastung ausgesetzt.** Mehr können Sie für Ihr Pferd nicht tun. Sind nicht bereits deutliche Schädigungen vorhanden, hilft das aber in aller Regel, um solche Pferde über viele Jahre symptomfrei reiten zu können.

AUSSENSTELLUNG

Auch die Außenstellung zeigt Ihnen, dass Ihr Pferd schief und unausbalanciert ist und seinen Hals zum Gegensteuern braucht. Schaut es nach außen, hängt es also auf seiner inneren Schulter. Sind Sie in der Rückendehnung bereits fortgeschritten, kann es gut sein, dass Ihnen folgendes Phänomen begegnet: Ihr Pferd zeigt vor allem auf der rechten Hand mehr oder weniger starke Außenstellung. Manche Pferde beginnen geradezu mit Macht, ihren Hals nach links zu ziehen. **Sobald also der Rücken sich zu dehnen beginnt, zeigt das Pferd genau an, zu welcher Seite seine Wirbelsäule schief ist und wie sie im Körper liegt. Die meisten Pferde werden aufgrund ihrer muskulären Verkürzung der linken Seite auf der rechten Hand nach links zurückgezogen.** Zur Korrektur darf das Pferd nicht einfach nach rechts gebogen werden. Vielmehr muss die Wirbelsäule zunächst durch aktive Streckung des Pferdes in ihrer Längsachse möglichst gerade gemacht werden. Erst dann kann sie angehoben werden, sodass sich die beiden Seiten einander angleichen.

Das Pferd zeigt eine aktive Streckung und wird dabei nach links – in seine kurze Seite hinein – zurückgezogen.

Weder Ungehorsam noch Head-Shaking: Das Pferd ist auf die Vorhand gefallen, was die Wirbelsäulenaufhängung nach unten drückt. Bei manchen Pferden zieht sich dabei der Hals nur leicht zurück, so dass die Rückwärtsbewegung leicht übersehen wird. Hier zieht er sich deutlich sichtbar zurück, was dem Pferd Stress bereitet.

UNGEHORSAM

Zunächst gilt auch im Falle eines Ungehorsams, dass dieser immer einen Grund hat, z. B.:

- Unklare Kommunikation seitens des Menschen;
- unklare Aufgabenstellung;
- falsche oder unsensible Hilfengebung;
- Überforderung;
- Unterforderung;
- ungeklärte Rangordnung;
- Unfähigkeit des Pferdes aufgrund statischer, psychischer oder physischer Voraussetzungen den Wünschen des Longenführers nachzukommen (z. B. Blockaden, Verspannungen etc.).

All diese Faktoren führen beim Pferd zu Stress oder Angstgefühlen, die sich sowohl in Meideverhalten als auch in Ungehorsam äußern können. Wird das Verhalten des Pferdes missverstanden und reagiert der Trainer falsch darauf, kann das im schlimmsten Fall zur Revolte führen. Besser ist es also, zu lernen, Zusammenhänge zwischen dem Verhalten und psychischen sowie physischen Eigenheiten zu verstehen und diese in der Arbeit zu berücksichtigen.
Oft ist es im Augenblick nicht möglich, für jedes Fehlverhalten sofort die Ursache zu finden. Zumal das Beheben der Ursache durchaus eine langwierige Angelegenheit sein kann. Ist sie statischer Natur, wird sich das Verhalten bessern, wenn Sie die Ursache ernsthaft bearbeiten.

Zeigt das Pferd in Ihren Augen ein Fehlverhalten, so versuchen Sie nach Möglichkeit, dieses einfach in die richtigen Bahnen zu lenken. Dies bedeutet, dass Sie versuchen, aus einem „Fehler" etwas Sinnvolles zu machen. Sie versuchen also am besten, es so zu korrigieren, dass Ihr Pferd gar nicht merkt, dass es etwas „falsch" gemacht hat. **Gerade in diesem Training gibt es eigentlich kein „falsch". Denn Ihr Pferd zeigt Ihnen mit seinen Reaktionen ja nur, was es körperlich kann und wo es noch Probleme hat.** Trabt Ihr Pferd also zum Beispiel ständig an, wenn Sie den Schritt aktivieren wollen, liegt das an seiner tief liegenden Wirbelsäule, welche die Schubübertragung stört. Trotzdem kann das lästig sein, weil Ihr Pferd ja auch schnell merkt, dass es sich mit dem Antrotten dem aktiven Schritt entziehen kann. Also schauen Sie dem ein paar Mal zu und sagen dann zu Ihrem Pferd: Okay, Trab ist auch in Ordnung. Aber in dem Fall bitte fleißigen Trab! So wird Ihr Pferd nach kurzer Zeit damit aufhören, sich in den Trab zu entziehen, weil dieser ja genauso anstrengend ist wie aktiver Schritt. Es wird also nur noch antraben, wenn es die Bewegung im Schritt in seinem Körper wirklich nicht umsetzen kann oder Sie es wirklich aktiv antreten lassen. **Diese Art der Problemlösung ist für Ihr Pferd stressfrei und lässt es zufrieden aus der Arbeit gehen. Denn Sie nehmen Rücksicht auf seinen Körper und auf das, was es leisten kann, und zwingen es nicht, eine Fehlhaltung einzunehmen,** nur damit es gehorsam im Schritt bleibt, um beim Beispiel zu bleiben. Zeigen sich Pferde in der Arbeit aggressiv, können sie „gekippt" sein. Dann haben sie sich so in ihrer Wirbelsäulenaufhängung zusammengeschoben, dass sie massiven Druck empfinden und auf diesen elektrisch reagieren. Oder aber es ist in der Vergangenheit etwas vollkommen falsch gelaufen. Versuchen Sie, zunächst Druck wegzunehmen und einen verständnisvollen Zugang zu Ihrem Pferd zu finden, bis es wieder motiviert mitarbeitet. Und suchen Sie sich Hilfe bei einem erfahrenen Trainer, bevor die Situation womöglich eskaliert. Pferde zu korrigieren, die herausgefunden haben, dass sie stärker sind als der Mensch, oder die sogar Menschen gezielt angreifen, ist nämlich weder einfach noch angenehm.

Versuchen Sie, wenn immer möglich, aus einem Ungehorsam etwas Positives zu machen. Hier drängelt das Pferd stark nach vorne weg. Also lenke ich die Bewegung um, sodass anstelle der geplanten Piaffe passageartige Bewegungen entstehen.

UMSETZEN DER LONGEN-ARBEIT BEIM REITEN

VON DER LONGE IN DEN SATTEL

Optimal wäre Ihr Pferd aufs Anreiten vorbereitet, wenn es sich ohne Reitergewicht in sicherer Balance, schwungvoll und mit tätigem Rücken in natürlicher Haltung tragen würde.
Da die jungen Pferde der letzten Jahrgänge aber immer mehr statische Schwächen und damit einhergehend einen vorgelagerten Schwerpunkt mitbringen, wird es trotz dieses Trainings beim Einreiten noch nicht alle diese Punkte erfüllen. Wichtig ist für ein erfolgreiches Anreiten aber, dass Sie den Rücken bereits gut längsgedehnt haben und Ihr Pferd ohne Reitergewicht eine vernünftige Balance erlangt hat. Wird es bei jedem Antraben schnell oder bremst, sobald es seinen Hals fallen lässt, ist es für das Reitergewicht zu früh. Im ersten Fall müssten Sie viel zu viel mit dem Zügel anfassen, im zweiten zu viel treiben. So würde die Ausbildung von Anfang an falsch laufen.
Da Sie für das Verlagern des Schwerpunkts nach hinten eine Formgebung benötigen, können Sie Ihr junges Pferd parallel zur Ausbildung an der Longe anreiten, sofern es sich ruhig und berechenbar verhält. **Testen Sie dies jedoch gründlich im Vorfeld. Sie müssen Ihr Pferd genau kennen und abschätzen können, wie es beispielsweise reagiert, wenn ein Traktor vorbeifährt. Zeigt Ihr Pferd noch gelegentlich unberechenbares Verhalten, sollten Sie vom Boden aus weiter an der Rückendehnung arbeiten, bis es ruhiger und verlässlicher wird.**
Ähnliches gilt für Pferde, welche mit diesem Training regeneriert oder korrigiert werden sollen. Lässt sich ein solches Pferd reiten, können Sie parallel zur Longenarbeit beginnen, zu reiten. Allerdings erst, wenn Sie den Rücken gut längsgedehnt haben. Ohne diese Längsdehnung würde Ihr Pferd unter Ihrem Gewicht seine Muskeln festhalten, sodass es kein sinnvolles Training gibt.
Der Vorteil der Arbeit vom Sattel aus ist, dass Sie wesentlich mehr Einwirkungsmöglichkeiten haben als an der Longe. So können Sie viel leichter beide Hinterbeine kontrollieren, die Schultern gerade vor die Hinterhand stellen und durch das Aufrichten des Brustkorbs den Schwerpunkt nach hinten verlagern. Vorausgesetzt natürlich, dass Sie Ihren eigenen Körper beherrschen.

Damit das Pferd vorne „herauskommen“ kann, muss in einem guten Rahmen geritten werden. Nur so hat auch dieses Pferd mit seinem vorgelagerten Schwerpunkt die Chance, nicht über seinen Ellbogen schieben zu müssen.

Unter dem Sattel gelten dieselben Prinzipien wie an der Longe: Sie müssen das Streckbedürfnis Ihres Pferdes fördern, sodass es seine Wirbelsäule streckt und seine Tragemuskeln frei bewegt. Anschließend müssen Sie die Motorik verbessern, die Streckung anheben und Ihr Pferd geraderichten.
Das Reiten mit engem Rahmen ist für das Skelett des Pferdes überaus schädlich. Die Anlehnung muss entstehen, weil das Pferd seine Wirbelsäule streckt und die darüber liegenden Muskeln den Zug zur Reiterhand suchen.
Damit der Umstieg von der Longenarbeit in den Sattel klappt, finden Sie nachfolgend noch einige Tipps zu wesentlichen Themen.

DER SITZ

Gehört Ihr Pferd zu den zahlreichen, welche in ihrer Wirbelsäulenaufhängung tief liegen und/oder schwach sind, erschweren Sie ihm mit einem tiefen Dressursitz das Anheben derselben. Denn bei solchen Pferden sitzen Sie nicht auf dem Rücken, sondern im Hohlkreuz. Man könnte sogar sagen, Sie sitzen ihm im Nacken. Denn eine stark abwärts weisende Wirbelsäule lässt nur allzu oft auch den Sattel wie auf einer Rutschbahn nach vorne auf den Widerrist und die Schultern rutschen. Je besser Sie sich also selbst trainieren und lernen, die Schiefe und Abwärtshaltung Ihres Pferdes nicht nachzuahmen bzw. Ihr Pferd im positiven Sinn zu stören, desto besser können Sie ihm helfen. Dazu benötigen Sie selbst ein hohes Maß an Selbsthaltung, Aufrichtung, Körperbeherrschung und Balance.
Je stärker die Abwärtshaltung des Rückens ist, desto tiefer sitzen Sie dort. Die Kruppe steht also bei vielen Pferden höher als der Reiter sitzt. So kann sich natürlich kein Pferd im Brustkorb anheben. Am besten können Sie Ihrem Pferd helfen, wenn Sie lernen, Ihren eigenen Körper in seiner Wirbelsäule nach oben durchzuspannen, sodass Sie aufgerichtet, aber dennoch beweglich, auf Ihr Pferd einwirken können. Sie sollten auf Pferden mit einer schwachen Wirbelsäulenaufhängung nicht fest einsitzen, sondern sich eher vorstellen, dass Sie „aufwärts sitzen“. Regelrecht „Gift“ ist es, im Schiebesitz zu sitzen, wie das viele Dressurreiter heutzutage tun. Da bei modernen Pferden der Schwerpunkt weit nach vorne verlagert ist, tun Sie Ihrem Pferd auch keinen Gefallen, wenn Sie einfach in den leichten Sitz wechseln. **Besser können Sie Ihrem Pferd helfen, wenn Sie seine Wirbelsäulenaufhängung frei machen, indem Sie Ihren eigenen Rumpf immer wieder nach oben anziehen, sich also auch selbst gezielt aufrichten. Stellen Sie sich also vor, Sie geben dem vorderen Rücken Ihres Pferdes RAUM, sich NACH OBEN aufzuwölben.** Wie ausgeprägt Sie das tun möchten, hängt natürlich von Ihnen ab. Bei vielen Pferden reicht es auch, etwas aufrechter in guter Körperspannung und Körperhaltung zu sitzen.

Zu losgelassenes Sitzen zieht den Reiter in die Abwärtshaltung des Pferderückens und die Schiefe hinein. Je instabiler das Pferd, desto sichtbarer die Folgen. Hier ist die Kruppe des Pferdes so hoch wie das Gesäß der Reiterin. So wird es problematisch, die ohnehin tief liegende Wirbelsäule nach oben aufzudehnen.

☞ BEISPIELE

Hier läuft die Kruppe des Pferdes sogar höher als das Becken der Reiterin sitzt. Wie sollte das Pferd so seinen Rücken nach oben aufdehnen? Hier tief einzusitzen schiebt den Brustkorb des Pferdes zusätzlich nach unten.

Bei instabilen Pferden sollten Sie versuchen, „aufwärts" zu sitzen. Selbst wenn Sie gesundheitlich angeschlagen sind, versuchen Sie, Ihrem Körper so viel Selbsthaltung und Balance wie möglich abzuringen, um Ihrem Pferd zu helfen.

Scheuen Sie sich nicht, sich ein Aufsteigriemchen in den Sattel zu schnallen. Im Gegensatz zum leichten Sitz sollten Sie bei Pferden mit vorgelagertem Schwerpunkt versuchen, mit möglichst geradem Oberkörper aufzustehen und ebenso gerade wieder in den Sattel zurückzukommen. Auch beim Absitzen halten Sie die Spannung, lassen sich also nicht ins Pferd sinken. Das erfordert in der Bewegung ein hohes Maß an Balance und Körperspannung, hilft Ihnen aber auch, aufgerichteter zu reiten.

HILFENGEBUNG

Als Kommunikationsmittel mit dem Pferdemaul dient Ihnen auch beim Reiten am besten eine einfache Wassertrense. An dieser Stelle ein Wort zu den Zügelhilfen. Die meisten Reiter nehmen die Zügel an, um Paraden zu geben. Das wirkt aber rückwärts, also verkürzend auf die Muskulatur. Was bei stabilen Pferden tolerierbar ist, schiebt instabile sehr schnell zusammen. Gewöhnen Sie sich also an, Ihre Hände ruhig zu halten. Brauchen Sie mehr Rahmen, verlängern Sie die Zügel. Möchten Sie Ihr Pferd vermehrt in die Aufrichtung hineinreiten (also vom langen Rahmen in die Dehnung vorwärts-aufwärts), verkürzen Sie die Zügel (selbstverständlich erst, nachdem Sie Energie in die Hinterhand gebracht haben). Niemals aber nehmen Sie Ihre Hände zurück, wenn Sie Paraden geben möchten. Sie arbeiten also, wie schon an der Longe, mit einem Nachziehen und Durchrutschenlassen der Zügel. So wird sich Ihr Pferd viel lieber an Ihre Hand herandehnen. Möchten Sie es bremsen und das Pferd schafft das noch nicht ganz aus seiner Hinterhand, geben Sie einfach weniger nach. Notfalls können Sie auch die Zügel nachfassen und etwas gegenhalten, ohne aber dabei mit der Hand rückwärts zu Ihrem Körper zu reiten. Sobald Ihr Pferd eine Reaktion zeigt, öffnen Sie bereits wieder Ihre Finger, sodass die Muskeln Ihres Pferdes genau wie an der Longe frei arbeiten können. **Generell ist wichtig, dass Sie immer mit Ihrem Sitz zum Zügel reiten und nicht umgekehrt.** Soweit immer möglich, reiten Sie Ihr Pferd also „am Hinterbein". Stellen Sie sich dazu vor, dass Sie Ihr Pferd **von hinten unten nach vorne oben unter Ihrem Sitz hindurchtreiben**. Also genau wie an der Longe: immer von hinten nach vorne an Ihre Hand heran. So wird Ihr Pferd immer wieder dazu angeregt, mit seinen Hinterbeinen unter sein Becken zu treten, seine Wirbelsäule unter Ihnen aufzurichten und so mit einem guten Rahmen nach vorne an Ihre Hand heranzutreten.

Vor allem aber kann Ihr Pferd so frei atmen und seine Muskeln bewegen, wie es das bereits an der Longe gelernt hat. Um diese Muskeltätigkeit zu fördern, sollten Sie auch von einem zu stark anliegenden, ständig treibenden Schenkel Abstand nehmen. Ihr Schenkel darf leicht am Pferdeleib „mitatmen", ohne dabei zu klemmen. Sie können sich auch vorstellen, dass Sie um Ihr Pferd herum stehen und die Steigbügel der Fußboden sind. Bekanntermaßen ist der Dressursitz ein Stehsitz. Ist Ihr Sitz korrekt, stehen Sie sicher auf dem Boden, wenn man Ihnen das Pferd unter dem Gesäß wegnimmt. Haben Sie diese Balance auf dem Pferd, werden Sie auch seine Abwärtshaltung nicht nachahmen und können positiv auf es einwirken.

„Entgleitet" Ihnen Ihr Pferd, versuchen Sie immer, von hinten nach vorne zu korrigieren. Stellen Sie sich dabei vor, dass Sie Ihr Pferd von hinten unten nach vorne oben unter Ihrem Sitz hindurchtreiben.

Soll Ihr Pferd langsamer gehen, sitzen Sie die langsameren und kürzeren Schritte, Tritte oder Sprünge, welche Sie haben möchten. Sie fangen also Ihren eigenen Rumpf auf und ziehen Ihre Wirbelsäule noch oben an, ohne sich dabei festzuhalten. Ihre Paraden bestehen zu einem großen Teil aus Gewichts- und Kreuzhilfen. Schenkel und Zügel helfen mit, so viel wie nötig ist. Denken Sie daran, dass, wenn Ihr Pferd unter Ihnen eilig wird, die Ursache verloren gegangenes Gleichgewicht und ein nach vorne verlagerter Schwerpunkt sind. Kippt Ihr Pferd also immer wieder, arbeiten Sie weiter daran, seinen Schwerpunkt nach hinten zu verlagern. Dazu muss Ihr Pferd wie an der Longe sein Becken anziehen. So können Sie es bremsen, ohne zu viel am Zügel manipulieren zu müssen, und kommen über kurz oder lang auch dazu, Ihr Pferd in die Last zu treiben.

Soll Ihr Pferd aktiver gehen, tippen Sie es am besten leicht mit der Gerte an und lenken die Bewegungen mit Ihrem Sitz nach vorne oben um. Bleiben Ihr Bein und Ihr Sitz dabei leicht, sodass das Pferd atmen und seine Muskeln frei bewegen kann, wird es diesen sehr feinen Hilfen gerne folgen, sofern es diese körperlich umsetzen kann. Touchieren Sie Ihr Pferd aus lockeren Handgelenken, sodass es wirklich ein Antippen und kein Klopfen oder Schlagen ist. Fühlt sich Ihr Pferd immer noch klemmig an, liegt seine Wirbelsäulenaufhängung noch zu tief. Es gibt Pferde, die es mit einer tief liegenden Wirbelsäulenaufhängung nur sehr schwer schaffen, einen Reiter anzuheben und mit ihm flüssig vorwärtszugehen. Diese müssen entsprechend weiter trainiert werden als Pferde, welchen das keine Mühe bereitet. Auf keinen Fall dürfen Sie Klemmigkeit mit Faulheit verwechseln und versuchen, Ihr Pferd zum Vorwärtsgehen zu zwingen. Es würde Ihnen mit seinem Hals rückwärts entgegenkommen und sich in seiner Wirbelsäulenaufhängung herunterdrücken.

Würden Sie die Gerte zu grob einsetzen, käme früher oder später die Kruppe hoch und Ihr Pferd könnte im schlimmsten Fall anfangen zu bocken.

Leider meinen zahlreiche Trainer, man müsste solche Pferde nur genügend anfassen; Sie müssten lernen, die treibenden Hilfen anzunehmen und vorwärtszugehen. Es ist manchmal auch erstaunlich, mit wie tiefem Rücken manche Pferde es tatsächlich noch schaffen, sich vorwärtszubewegen. Viele Pferde schaffen das aber nicht, weil sie den Rücken so einfach nicht hochbekommen. Lässt man sie mit tiefem Rücken laufen, verschleißt dieser munter weiter. Also sollte man niemals den Rücken ausschalten, nur um das Pferd vorwärtszubekommen. Viel besser ist es, **die Wirbelsäulenaufhängung so weit anzuheben, dass das Pferd in der Lage ist, ÜBER DEN TÄTIGEN RÜCKEN vorwärtszugehen.**

Versuchen Sie, immer „leicht“ und aufwärts zu sitzen, die Schenkel weich mitatmen zu lassen und möglichst mittig zu sitzen. Das ist vor allem wichtig, wenn Ihr Pferd versucht, Sie schief hinzusetzen!

AUSLÖSEN EINER AKTIVEN STRECKUNG DER WIRBELSÄULE

Genau wie an der Longe soll Ihr Pferd auch unter dem Reitergewicht mit einem guten Rahmen, dem sogenannten „**Reck**“, gehen. **Darunter versteht man die kräftig aus dem Widerrist herausdrückende Nackenmuskulatur als sichtbare Verlängerung der gedehnten Rückenlinie. Diese zeigt an, dass im Pferdekörper der Übergang der Hals- zur Brustwirbelsäule gestreckt ist und sich die gesamte Wirbelsäule so weit anhebt, dass der Brustkorb frei beweglich ist (horizontales Gleichgewicht). In dieser Haltung sind auch alle Muskeln frei für eine gesunde Muskeltätigkeit.** Mit der Aufrichtung des Brustkorbes hat das allerdings noch nichts zu tun. Denn bevor ein Pferd aufgerichtet werden darf, muss die Wirbelsäule in ihrer Längsachse gestreckt sein.

Oft ist die Ausgangslage eine ganz andere. Wenn Sie sich auf das Pferd setzen, wächst meist schon der Hals nicht in gerader Linie aus dem Widerrist heraus. Bei manchen Pferden zeigt der gesamte Hals nach links. Bei anderen sieht der Hals aus wie eine verbogene Schlange. Auch nicht selten sind Beulen auf einer Halsseite in Höhe des zweiten und dritten Halswirbels, verbunden mit einem zur anderen Seite gebogenen Genick. Dass die Wirbelsäule unter und hinter dem Sattel dabei kaum besser aussehen dürfte als das, was Sie vor sich sehen, ist anzunehmen. Um also die Wirbelsäule in sich gerader zu bekommen, sollten Sie als Erstes unter dem Sattel dafür sorgen, dass Ihr Pferd seine Muskeln so frei bewegt, wie es das (hoffentlich) bereits an der Longe gelernt hat. Denn

Zunächst soll das Pferd im Schritt in einem guten Rahmen geritten werden. Es soll also lernen, sich aktiv zu strecken und an die Reiterhand heranzutreten. Hier wird mehr Rahmen angeboten als das Pferd „abnimmt“. Deshalb wird es im Hinterbein aktiviert.

viele Pferde halten sich mit Sattel und Gurt gerne wieder in sich fest. Kommt das Reitergewicht dann noch hinzu, werden sie wieder statisch und müssen zunächst dazu ermuntert werden, ihre Muskeln zu bewegen. **Erst wenn das Pferd sich IM KÖRPER bewegt** (und nicht nur mit seinen Beinen von A nach B läuft), **können Sie eine aktive Streckung der Wirbelsäule erarbeiten.** Das Vorgehen ist ähnlich wie an der Longe: Sie bringen Energie in die Hinterhand Ihres Pferdes, und zwar **möglichst gerade von hinten nach vorne.** Ihr Pferd darf dabei weder mit den Hinterbeinen noch mit seinen Schultern seitlich ausweichen. Die Dynamik aus der Hinterhand würde sonst seitlich in Richtung einer der Schultern verpuffen. Fühlen Sie nach jedem Aktivieren deutliche Muskelbewegungen unter dem Sattel und einen geschmeidigen Muskelzug aus dem Widerrist an Ihre Hand heran, ist das sehr gut. Bei den meisten Pferden werden Sie aber ein paar Mal kurze Reprisen mit solider Arbeit im Schritt benötigen, bis dieses sich frei unter Ihnen bewegt. Sie merken das auch daran, dass Ihr Pferd regelmäßig atmet, abschnaubt und sich gut auf Sie konzentriert. Fühlt sich das Pferd im Rücken spannig an, ist nervös oder unkonzentriert, hält sich fest, ist klemmig oder Ähnliches, können Sie versuchen, das zu verbessern, indem Sie selbst bewusster atmen, sich geschmeidig bewegen (nicht herumhampeln und das Pferd noch mehr aus dem Gleichgewicht bringen), Ihre Gelenke locker schütteln und Ähnliches. Hilft das nicht, ist es Ihnen vermutlich am Boden nicht gelungen, die Wirbelsäule aktiv zu bekommen. Dann sollten Sie am Boden noch einmal nacharbeiten und es nach ein, zwei Wochen noch einmal vom Sattel aus versuchen. Es kann auch sein, dass Sie am Boden gut gearbeitet haben, Ihr Pferd aber in der Wirbelsäulenaufhängung noch zu tief liegt. Oft gehen solche Pferde im Schritt noch frei und geschmeidig, klemmen aber beim Antraben,

Hier wird der Rahmen besser ausgefüllt. Das Pferd spannt also den Zügel, ohne darauf zu liegen.

weil sie das Reitergewicht einfach nicht über den Rücken angehoben bekommen. Oder sie fühlen sich spannig an, weil der Rücken einfach noch zu tief liegt. Da Sie nie davon ausgehen dürfen, dass alles, was ohne Reitergewicht gut klappt, **auch mit Reitergewicht** sofort funktioniert, dürfen Sie sich und Ihrem Pferd auch etwas Eingewöhnungszeit zugestehen. Haben Sie aber nach jedem Reiten das Gefühl, dass Ihr Pferd an der Longe schlechter geht, läuft etwas grundlegend falsch. **Das Training unter dem Sattel soll das Training an der Longe ergänzen und unterstützen.** Denn wir wollen im Endeffekt ein tragfähiges Reitpferd, nicht ein rückenschwaches Longierpferd!
Haben Sie also die erste Hürde geschafft und fühlen, dass Ihr Pferd beginnt, die treibenden Hilfen durch seinen Körper nach vorne umzusetzen, können Sie etwas gezielter daran arbeiten, eine aktive Streckung zu erzeugen. Um einem nicht tragfähigen Pferd die Streckung zu erleichtern, richten Sie sich nach dem Aktivieren auf und spannen Ihren

Streckung beginnt immer im Hals. Dieser sollte gerade aus dem Widerrist nach vorne „herauswachsen" und von der Schulter zum Hals muskulär gut ausgefüllt sein.

eigenen Rumpf nach oben durch. Dabei sollte unter Ihrem Gesäß etwas Freiraum entstehen, sodass das Pferd seinen vorderen Rücken zunächst strecken und dann auch anheben kann. Ihr Zügelmaß ist dabei so lang wie möglich, aber auch so kurz wie nötig. Leider suchen Pferde das Gebiss an einem überlangen Zügel nicht, wenn ihnen die entsprechende Balance und Streckung der Wirbelsäule fehlen. Also ist es besser, mit größtmöglichem Rahmen eine leichte Verbindung zum Pferdemaul aufzunehmen und nach jedem Aktivieren und Freigeben der Wirbelsäulenaufhängung die Finger etwas zu öffnen und zu fühlen, ob Ihnen das Pferd ein paar Millimeter oder gar Zentimeter Rahmen „abnimmt". Denn Ihr Pferd muss die Streckung aktiv suchen und darf sich nicht passiv hängen lassen. So würde zwar der Hals auch lang werden, aber der Rücken durchhängen. Sobald Sie fühlen, dass Ihr Pferd eine Verbindung zu Ihrer Hand sucht, können Sie bei entsprechendem Aktivieren der Hinterhand den Zügel etwas nachfassen, sodass sich die Balance etwas von hinten unten in Richtung vorne oben verlagert.

Stark im Rücken verkürzte Pferde brauchen mitunter Wochen bis Monate konsequenter Arbeit, bis ihre zusammengeschobenen Wirbelsäulen wirklich längsgedehnt sind. Trotzdem sollten Sie bei jeder Reiteinheit zumindest kleine Fortschritte in der Streckung erzielen. Bleibt Ihr Pferd in sich fest, sollten Sie wieder einige Trainingseinheiten an der Longe zwischenschalten, welche Sie gezielt zum Verbessern der Streckung nutzen. Von oben können Sie nur versuchen, das Pferd vermehrt zur Streckung einzuladen, indem Sie die beschriebenen Bewegungen durch Ihre Gummiarme nach vorne durchlassen bzw. zusätzlich eine kleine Bewegung durch Ihre Arme nach vorne machen. Das hilft dem Pferd, zu verstehen, dass es sich lang machen soll. Da es dabei aber auch nicht auseinanderfallen soll, braucht es dazu auch stets die richtige Aktion in der Hinterhand, also Energie. Denn lose Pferde werden auch gerne lang; allerdings im negativen Sinn! Macht sich Ihr Pferd in der Halsbasis oder im Unterkiefer fest, können Sie auch die Hand seitlich öffnen und den Zügel mit dem Ringfinger etwas seitlich bewegen. Damit bewegen Sie den Gebissring etwas seitlich, ohne dabei rückwärtszuwirken. Allerdings unterstützen diese Hilfen das Herantreten an die Reiterhand wenig, sodass sie möglichst schnell durch die erstbeschriebene Übung abgelöst werden sollten.

Rollt sich Ihr Pferd gerne ein, so trägt es in seiner Hinterhand zu wenig, um seinen Hals richtig tragen zu können. Da hilft es weder, die Zügel wegzuwerfen, noch, diese einfach so kurz zu fassen, bis Sie eine Anlehnung fühlen. Die Anlehnung muss also immer aus der Streckung der Wirbelsäule entstehen. Würden Sie eine Anlehnung durch Rückwärtswirken erzwingen, würden Sie die Muskulatur verkürzen. Also müssen Sie lernen, Ihr Pferd so unter Ihrem Sitz hindurch nach vorne oben zu aktivieren, dass es weder kippt und wegläuft, noch klemmt oder sich einrollt. Gestaltet sich das unter Ihrem Gewicht schwierig, hilft es auch hier, einige Longiereinheiten zwischenzuschalten, welche Sie in diesem Fall zur Verbesserung der Hinterhandmotorik verwenden. Tragen die Hinterbeine besser, kann das Pferd auch seinen Hals besser selbst tragen. Funktioniert die Arbeit am Boden gut und Sie können diese nur unter dem Sattel schlecht umsetzen, können Sie sich auch von jemandem an der Longe unterstützen lassen. Das ist allemal besser, als wieder in alte Muster zu verfallen. Gerade bei klemmigen Pferden kann es Wunder wirken, wenn Sie jemand vom Boden aus unterstützt und Sie sich darauf konzentrieren können, die Wirbelsäulenaufhängung frei zu machen.

Da jedes Pferd, bei welchem der Schwerpunkt zu weit vorne liegt, dazu neigt, in der Streckung zu kippen, kann es passieren, dass Ihnen Ihr Pferd schnell unter dem Sattel wegläuft. Oft haben Sie das Gefühl, dass, sobald die Bewegungen ungehemmt von hinten nach vorne durch den Körper gehen und das Pferd sich frei bewegt, es auch schon etwas kippt und tendenziell wegzulaufen beginnt. Passiert das, sitzen Sie langsamer und vermehrt nach oben, um es zu bremsen. Je nach Bedarf können Sie auch die Zügel etwas nachfassen und leicht gegenhalten, ohne aber rückwärtszuarbeiten. Der Rahmen darf sich dadurch nicht verkürzen! Schaffen Sie es, den Brustkorb damit etwas anzuheben, wird Ihr Pferd sich abbremsen. Wirkt die Parade rückwärts und Ihr Pferd drückt sich in seiner Wirbelsäulenaufhängung nach unten, wird es weiterlaufen oder damit anfangen, mit dem Hals rückwärtszukommen.

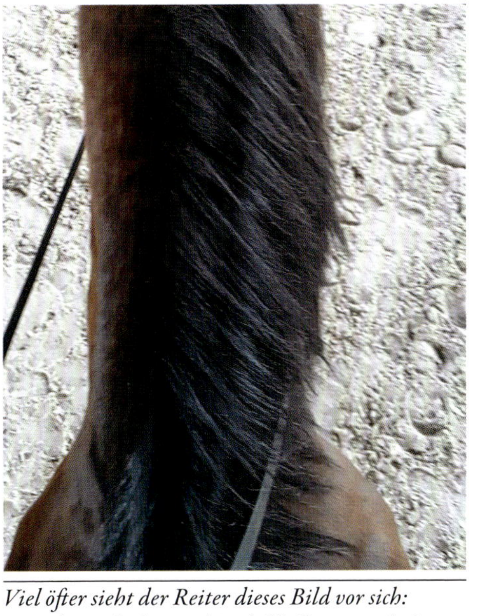

Viel öfter sieht der Reiter dieses Bild vor sich: Zwischen Schulter und Hals klafft ein muskuläres Loch. Außerdem ist der Hals im Bereich des Genicks breiter als in seiner Basis. Das zeigt an, dass der Übergang der Brust- zur Halswirbelsäule verkürzt ist und das Pferd stark auf seiner Vorhand geht.

Im konventionellen Reitunterricht wird meist gelehrt, tief im Pferd zu sitzen. Da die Pferde in aller Regel in einer schlechten Körperhaltung gehen, lernen die Reiter auf solchen Pferden, ihre Paraden rückwärtszugeben; die Pferde sind ja nicht dahingehend geschult, mit tragender Hinterhand unter das Reitergewicht zu treten, sodass die Hand mehr oder weniger unnötig wird. Werden leichte Hilfen geschult, handelt es sich oft um „untertourig" gerittene Pferde, welche auf der Vorhand gehen und froh sind, wenn sie aufhören dürfen zu laufen. Deshalb ist es für viele Umsteiger eine große Herausforderung, zu lernen, **ein Pferd dynamisch „am Hinterbein" zu reiten und sich selbst dabei unabhängig von der Körperhaltung des Pferdes auszubalancieren.** Lassen Sie sich dabei nicht unter Druck setzen und auch nicht von Besserwissern mürbe machen. Werden Sie auch nur zehn Prozent besser in Ihrem Sitz und Ihrer Einwirkung, hilft das Ihrem Pferd schon eine Menge! Also üben Sie in Ruhe und Ihr Pferd wird es Ihnen danken.

ANHEBEN DER STRECKUNG DURCH WENDUNGEN

Gelingt es Ihnen, auch unter dem Sattel gezielt so viel Streckung in die Wirbelsäule zu bringen, dass Ihr Pferd sich mit Ihrem Gewicht frei bewegen kann, können Sie anfangen, Wendungen zu reiten, um diese Streckung etwas anzuheben. Dazu reiten Sie verschiedene Wendungen (Achten, Schlangenlinien und ähnliche Hufschlagfiguren bieten sich hier an) und achten bei jedem Handwechsel darauf, dass Sie Ihr Pferd gut geraderichten. Nehmen Sie sich dazu ruhig mehrere Pferdelängen Zeit. Stellen Sie Ihr Pferd beim Handwechsel zunächst schon auf der Geraden an die neuen äußeren Hilfen. Wenn Sie z. B. von rechts nach links wenden, reiten Sie zunächst ca. zwei bis drei Pferdelängen geradeaus und reiten Ihr Pferd dabei gut an den rechten Zügel heran. Sollte Ihr Pferd dabei nach rechts wegkippen wollen, rahmen Sie es zusätzlich mit Ihrem verwahrenden rechten Schenkel ein, bis Sie fühlen, dass es in sich gerade wird. Wenn Sie nun die Wendung nach links einleiten, steht Ihr Pferd schon am äußeren Zügel und Sie können das innere Hinterbein aktivieren, ohne dass es über die äußere Schulter ausbricht und ohne dass es sich diesem Aktivieren des linken Hinterbeins allzu leicht entziehen könnte. So bringen Sie Ihrem Pferd allmählich die diagonalen Hilfen näher und vor allem machen Sie es in sich schon mal deutlich gerader.

Aufgrund der verstärkten Schiefe moderner Pferde werden Sie vor allem zu Beginn des Trainings unter dem Sattel immer wieder Schwierigkeiten haben, Ihr Pferd sicher am äußeren Zügel zu führen. Auf der linken Hand werden Sie vermutlich relativ schnell einigermaßen problemlos mit Ihrem rechten Zügel die Vorhand nach innen bringen können, wenn Sie den Zügel in dem Augenblick einsetzen, in welchem die rechte Schulter nach vorne geht. Dabei können Sie den äußeren Zügel mit Ihrem äußeren, einrahmenden Schenkel unterstützen. Sobald Sie Ihr Pferd so in die Wendung gebracht haben, kann der innere Schenkel

Haben Sie Ihr Pferd in eine gute Streckung gebracht, können Sie diese in jeder Wendung durch das Einrichten der Vorhand auf die Hinterhand etwas anheben. Das reicht zwar noch lange nicht, um Ihr Pferd aufzurichten, bringt es aber schon in ein besseres Gleichgewicht.

Vor allem auf der linken Hand sollten Sie gut darauf achten, dass Sie innen zum Nachgeben kommen und ein eventuelles Drücken auf die linke Schulter durch das Aktivieren des linken Hinterbeines korrigieren.

seine Aufgabe übernehmen. So kommen Sie auf der linken Hand verhältnismäßig leicht dazu, die diagonalen Hilfen einzusetzen. Ganz anders verhält es sich meist auf der rechten Hand. Viele Pferde werden von ihren verkürzten Muskeln auf der linken Rumpfseite nach links gezogen. Würden Sie nun also den linken Zügel so kurz nehmen, dass Sie damit führen können, würden Sie den Hals des Pferdes verkürzen und nach außen stellen. Das würde zudem die linke Schulter blockieren, welche durch die verkürzte linke Seite ohnehin gerne zurückgezogen wird. Um die linke Seite dehnen zu können, muss die linke Schulter in der Wendung gut nach vorne treten. Also werden Sie hier eine leichte Führung am rechten Zügel aufnehmen müssen, welche aber den Hals nicht verkürzen darf. Keine Angst, diese blockiert das innere Hinterbein nur dann, wenn Sie damit rückwärtswirken. Haben Sie Ihr Pferd aber von hinten nach vorne in der Streckung, können Sie den inneren Zügel auch mal nutzen, um Ihr Pferd in die Rechtswendung zu führen. Dazu können Sie den Zügel seitwärts weisend einsetzen, wie man das bei Jungpferden oft tut. Der linke Zügel kann bei Bedarf ebenfalls etwas breiter geführt werden, um auch hier eine leichte Führung zu bekommen. Ziel ist hierbei, erst einmal den Hals gerade aus dem Brustkorb herauszubekommen, sodass Sie zu einer normalen Zügelführung übergehen können. Dann wird es auch leichter, beide Hinterbeine in Richtung der jeweiligen Gebissringe zu aktivieren. Reiten Sie dabei konsequent von hinten nach vorne an die Hand heran, wird die Wirbelsäule auf diese Weise in sich immer gerader werden, was Sie am Gangmuster auch fühlen können.

GERADERICHTEN

Solange Ihr Pferd aber noch weitgehend in seiner schiebenden Motorik unter Ihnen geht, werden Sie noch einiges an der Schiefe zu bearbeiten haben. Kippt Ihr Pferd in die Wendungen hinein, wird es von seinen Hinterbeinen auf seine jeweils innere Schulter geschoben. Deshalb sollten Sie jeden Handwechsel so vorbereiten, dass Sie Ihrem Pferd seine Aufgabe möglichst erleichtern. Das Geraderichten über mehrere Pferdelängen erleichtert Ihrem Pferd diese Aufgabe genauso wie das sehr sanfte Einleiten jeder Wendung. Vermeiden Sie zunächst enge Wendungen und zackiges Abwenden. Neigt Ihr Pferd dennoch dazu, in jede Wendung hineinzukippen, muss Ihr Sitz natürlich Ihre Hilfengebung unterstützen. Schiebt sich Ihr Pferd also auf seine innere Schulter, nützt es nichts, wenn Sie zum inneren Hinterbein sitzen, nur weil das so in der Reitlehre steht. Denn Ihr Pferd zeigt ja deutlich an, dass es die Wendung so nicht richtig bewältigen kann. Solange sich Ihr Pferd durch den Schub auf seine innere Schulter drückt, sitzen Sie also besser zum äußeren Hinterbein. Erst wenn Sie fühlen, dass die Dynamik des Hinterbeines die innere Schulter nach oben drückt, sodass diese in der Bewegung frei wird, sollten Sie auch zum inneren Hinterbein sitzen. Bei statisch günstig konstruierten Pferden sollte die Vorhand von Anfang an frei sein. Bei ungünstig konstruierten Pferden erreichen Sie mit dem Nach-innen-Sitzen eher, dass Ihr Pferd mit seinem inneren Hinterbein seitlich ausweicht, anstatt unter den Schwerpunkt zu treten. Orientieren Sie sich also bei Ihrer Hilfengebung an Ihrem Pferd.

Drückt Ihr Pferd auf seine linke Schulter, aktivieren Sie sein linkes Hinterbein. Fällt es auf seine rechte Schulter, ist es das rechte Hinterbein, welches ausweicht. Generell sollten Sie danach trachten, die beiden Hinterbeine Ihres Pferdes so gerade wie immer möglich in Richtung des gleichseitigen Zügels zu treiben. Fühlen Sie, dass Ihr Pferd versucht, seitlich über eine seiner Schultern wegzulaufen, ist es der gleichseitige Zügel, welcher diese wieder vor das Hinterbein platziert. Sie versuchen also immer, die Vorhand auf die Hinterhand Ihres Pferdes einzurichten und schieben nicht die Hinterhand hinter die Vorhand. Halten Sie sich an diese Richtlinien, wird die Wirbelsäule Ihres Pferdes in seiner Längsachse immer gerader werden.

Haben Sie ein statisch etwas günstiger konstruiertes Pferd, haben Sie es mit dieser Vorarbeit nun so weit gebracht, dass es sich gut an die Hand herandehnt. Wenn Sie seine Hinterbeine aktivieren, tritt es gerade durch seine Wirbelsäule nach vorne, ohne mit den Hinter- oder Vorderbeinen seitlich auszuweichen. Weicht es aus, ist die Wirbelsäule noch nicht richtig aktiviert. Funktioniert diese im Körper, verschwindet die „Einzelradaufhängung“ zugunsten eines koordinierten Bewegungsablaufs. Durch das Reiten der vielen Wendungen haben Sie auch diese Streckung der Wirbelsäule bereits etwas anheben können.

Bestimmt haben Sie beim Reiten der Wendungen bereits damit begonnen, das Zügelmaß jeweils den Anforderungen anzupassen. Soll Ihr Pferd in einen gewissen Rahmen hineinlaufen, müssen Sie die Zügellänge entsprechend wählen. **Wie Sie ja inzwischen gelernt haben, hat der Rahmen weniger mit der Halslänge zu tun, als mit der Streckung der Wirbelsäule im Bereich des Brustkorbs. Zu erkennen ist der Rahmen entsprechend an der darüber liegenden Oberlinienmuskulatur.** Geht Ihr Pferd dabei in einer eher gestreckten Tragehaltung, ist das Zügelmaß deutlich länger als in hoher Aufrichtung. Immer da, wo das Pferd sich selbst in sicherer Balance trägt, können Sie mit Ihren Zügelhilfen aussetzen. Bedenken Sie, dass das Gehen am langen

Zügel eine hohe Tragfähigkeit des Rückens erfordert. Soll der Rücken also bei großem Rahmen durchgespannt bleiben, braucht Ihr Pferd enorm viel Kraft. Deshalb ist es für viele Pferde erst mal viel leichter, bei etwas kürzerem Rahmen zu gehen. Kürzer bezieht sich niemals auf die Streckung der Wirbelsäule, sondern auf die Körperhaltung. Gerade der „Reck“ vor dem Widerrist ist ein gutes Indiz dafür, ob der Rahmen stimmt oder das Pferd zu eng wird. Durch das Verkürzen der Zügel verändert sich die Kopf-Hals-Haltung automatisch etwas in Richtung vorwärts-aufwärts. So kann das Pferd sein horizontales Gleichgewicht besser halten.

Aktivieren Sie dazu die Hinterhand und richten Sie sich auf, um die Wirbelsäulenaufhängung frei zu machen, sodass der Brustkorb nach oben kommen kann. **Anstatt nun diese Bewegung in die Streckung nach vorne herauszulassen, können Sie in diesem Augenblick den Zügel etwas nachfassen, um dem Hals eine Form in Richtung vorwärts-aufwärts zu geben. Fühlen Sie, dass der Brustkorb sich etwas anhebt und Ihr Pferd seine Nackenmuskeln vor dem Widerrist dehnen möchte, sind Ihre Finger bereits wieder offen und der Zügel rutscht etwas.** Das können zwei Zentimeter sein, wenn Sie in der Aufrichtung mehr Rahmen benötigen, oder aber zehn, wenn Sie Ihr Pferd gezielt in die Streckung arbeiten. Aus diesem Verlängern und Verkürzen des Rahmens, mit welchem eine

Dieses Pferd geht in einer bereits etwas angehobenen Streckung. Der Rahmen verkürzt sich mit zunehmender Aufrichtung. Dabei zeigt die kräftig aus dem Widerrist herausdrückende Nackenmuskulatur, dass die darunter liegende Wirbelsäule im Körper gestreckt ist.

entsprechende Veränderung der Körperhaltung einhergeht, können Sie nun auch die Schritte, Tritte und Sprünge Ihres Pferdes verkürzen bzw. verlängern. So können Sie beginnen, Tempounterschiede in Ihr Training mit einzubauen. Also z. B. Mittelschritt, versammelter Schritt, aus dem versammelten Schritt aktivieren in den versammelten Trab, daraus wieder zurück in den Mittelschritt und so weiter. Wie an der Longe, gilt auch hier: Sie aktivieren den Schritt in die Last und entwickeln so den Trab. Verschlechtert sich die Körperhaltung im Trab, gehen Sie in den Schritt zurück und aktivieren diesen wieder, bis Ihr Pferd wieder mit aktivem Hinterbein in die Last antrabt. So schulen Sie auch unter dem Sattel weiter die Motorik, bis Ihr Pferd darin sicher wird. Verbinden Sie nun diese Grundübungen in Ihrem täglichen Training, haben Sie die wichtigsten Werkzeuge in der Hand, um die Grundausbildung Ihres Pferdes erfolgreich zu meistern. Sie können damit jederzeit die Wirbelsäule Ihres Pferdes in seiner Längsachse strecken, es schon mal rudimentär geraderichten, den Rahmen und die Haltung verändern und so Gangarten und Tempi auf- und ausbauen.

Auch verschiedene Lektionen lassen sich mit diesen Grundbausteinen erarbeiten. Bitte achten Sie aber stets darauf, dass sich viele Lektionen dazu benutzen lassen, um die Körperhaltung Ihres Pferdes zu verbessern. Sie sollten sich aber davor hüten, Lektionen um ihrer selbst Willen zu erarbeiten. So verlockend es sein mag, mit seinem Pferd spektakuläre Lektionen vorzuführen. Kann ein Pferd eine Lektion nicht in einer guten Körperhaltung ausführen, trägt diese zum körperlichen Abbau bei. Aus diesem Grund sackt bei so vielen S-Dressurpferden die Wirbelsäule ab; und das dürfte keinesfalls so sein!

In den folgenden Unterkapiteln gehe ich nun noch genauer auf einige wichtige Details für die weiterführende Arbeit ein.

DIE KONTROLLE DER SCHULTERN UND DER HINTERBEINE

Genau wie beim Longieren ist für den Erfolg Ihrer Arbeit im Sattel die zuverlässige Kontrolle der vier Pferdebeine nötig. Bei einem stabilen Pferd ist diese gar nicht so kompliziert, wenn man sich bewusst macht, welche Aufgaben die Reiterhände und Schenkel haben. **So kontrolliert die linke Hand die linke Pferdeschulter und die rechte Hand die rechte Schulter. Der linke Reiterschenkel kontrolliert das linke Hinterbein des Pferdes, der rechte Schenkel das rechte Hinterbein. Die Kontrolle über eine Extremität haben Sie immer dann, wenn diese sich in der Luft befindet, wobei die Hilfengebung schon in der Phase des Abfußens einsetzt.** Da instabile Pferde mit nicht richtig funktionierender Wirbelsäule eher eine „Einzelradaufhängung“ als koordinierte Bewegungsabläufe zeigen, ist die Arbeit mit diesen deutlich anspruchsvoller. Bei solchen Pferden benötigen Sie wirklich ein enormes Maß an Gefühl und Körperbeherrschung, um sie zu stabilisieren, sodass sich auch ihre Bewegungen koordinieren. Beachten Sie bitte bei den nachfolgenden Ausführungen, dass ich das rechtshändige (also links hohle) Pferd als Beispiel wähle, da aufgrund der kurzen linken Seite die meisten Pferde entsprechende Symptome ihrer Schiefe zeigen, welche aber jederzeit variieren oder sich verändern können. Möchten Sie Ihr rechtshändiges Pferd also nach links abwenden und es läuft zunächst geradeaus weiter, so „klebt“ es auf seiner rechten Schulter. Es läuft dieser also nach. Das passiert besonders gerne, wenn Sie von der Bande abwenden möchten, weil sich Pferde gerne mit ihrer äußeren Schulter an dieser anlehnen. Da sich die Balancesituation mit dem Reitergewicht verändert hat, ist dies normal, solange die Hinterbeine in

Hier wird das Pferd gut mit den äußeren Hilfen eingerahmt.

Das stabile Pferd lässt sich leicht zwischen den diagonalen Hilfen ausbalancieren.

der Motorik noch nicht genügend umgeschult sind, dass Sie Ihr Pferd „am Hinterbein" haben. Um das Pferd nun zu wenden, legen Sie den rechten Zügel an den Hals an und begrenzen somit die rechte Schulter bzw. führen diese ganz leicht nach innen ins Schultervor. Denken Sie dabei daran, dass Sie die äußere Schulter in der Bewegungsphase, in welcher das Pferd diese Gliedmaße nach vorne führt, nach innen bringen und nicht den Hals nach außen ziehen. Dabei fußt das innere Hinterbein zwischen den Vorderbeinen, während das äußere in die Spur des äußeren Vorderbeines tritt. Der verwahrende äußere Schenkel unterstützt und holt bei Bedarf auch das rechte Hinterbein unter den Schwerpunkt. Sie können so die Kontrolle über die rechte Schulter erlangen und abwenden, ohne Gefahr zu laufen, durch eine fehlerhafte Einwirkung am inneren Zügel das innere Hinterbein daran zu hindern, unter den Schwerpunkt zu fußen. Unterstützt wird die Schulterkontrolle durch Ihren Sitz. Auf der rechten Hand möchte Ihr Pferd vermutlich nach innen in seine lose Seite, also auf seine rechte Schulter, drängeln. Also aktivieren Sie das rechte Hinterbein und treiben es zum leicht anstehenden rechten Zügel, damit Ihr Pferd mit dem Hinterbein auch wirklich gerade zum Zügel hintreten muss. Der linke Zügel sorgt derweil dafür, dass der Hals gerade vor Ihnen bleibt. Sobald Sie fühlen, dass die rechte Schulter gerader vor dem Pferd bleibt, öffnen Sie schon wieder Ihre Finger und kontrollieren, ob Ihr Pferd Ihnen etwas mehr Streckung abnimmt. **Sobald Sie vom Pferd etwas mehr Streckung bekommen, beginnen Sie damit, es immer mehr an den äußeren Zügel heranzutreiben. Das Pferd muss aber wirklich aktiv zu diesem hintreten, weil Sie sonst Gefahr laufen, links den Hals kurz zu ziehen, wenn Sie ohne diese Streckung versuchen, mit dem äußeren Zügel zu führen.**

Auf Dauer ergibt es auf der rechten Hand keinen Sinn, nur die innere Schulter geradezustellen und diese getrennt von der Wirbelsäule zu bewegen, weil Sie ohne diagonale Hilfengebung Ihr Pferd nie wirklich geraderichten können. Nur die Streckung der Wirbelsäule erlaubt Ihnen, den Brustkorb mit der Zeit so weit anzuheben, dass wirklich beide Schultern in der Bewegung frei werden. Das Reiten im Schultervor kann aber bei statisch ungünstig konstruierten Pferden anfangs die Tendenz, auf die innere Schulter zu fallen, verstärken. Also ergibt es in dieser Ausbildungsphase auf der rechten Hand wenig Sinn. Sie werden auf diese Lektion aber später für das weitere Geraderichten Ihres Pferdes sicherlich gerne zurückgreifen. Dann nämlich wenn die Motorik begonnen hat, die Schultern anzuheben.

DIE WEITERE GERADERICHTUNG

Haben Sie Ihr Pferd mit Ihrer Vorarbeit so weit umgeschult, dass es sich im horizontalen Gleichgewicht befindet, wird es Zeit, es vermehrt unter den Schwerpunkt treten zu lassen. Hierzu eignen sich vorerst alle Übungen, bei denen Sie die Hinterbeine Ihres Pferdes einzeln gymnastizieren können. Unter dem Sattel werden Sie vermutlich zunächst das Schultervor intensiver nutzen, um Ihr Pferd vor allen Ecken und Wendungen und falls nötig auch auf der Geraden geradezurichten. Die Hilfen werden im Prinzip gleich gegeben, wie wenn Sie Ihr Pferd in eine normale Wendung führen, nur dass Sie im Schultervor zusätzlich die äußere Schulter leicht nach innen führen. Falls nötig,

Bei den meisten Pferden möchte das linke Hinterbein weniger tragen. Um es beugefähiger zu machen, muss es auch mobilisiert werden. Dazu eignen sich einfachere Übungen wie das Schenkelweichen nach rechts.

Ein gelungenes Schulterherein hebt die innere Schulter an. Statisch veränderte Pferde schieben sich dabei eher auf ihre Schultern. Deshalb sollten Sie genau fühlen, was Ihr Pferd unter Ihnen macht, wenn Sie es in Seitengängen arbeiten möchten.

unterstützt der innere Zügel die Stellung. Besser ist natürlich, wenn das Pferd am inneren Schenkel bleibt.
Da bei den meisten Pferden vor allem das linke Hinterbein stark dazu neigt, sich der Beugung zu entziehen, müssen Sie immer wieder dafür sorgen, dass Sie dieses unter Kontrolle bekommen. Sie können dazu auch Lektionen wie Schenkelweichen oder Schrittpirouetten nutzen. Achten Sie jedoch immer darauf, dass es nicht um die Lektion an sich geht, sondern darum, diese zu nutzen, um die Körperhaltung Ihres Pferdes zu verbessern. Drückt sich Ihr Pferd im Schulterherein auf seine innere Schulter, trägt das linke Hinterbein zu wenig. Sie sollten also die Lektion nicht durchdrücken, sondern sich überlegen, wie Sie eine bessere Kontrolle über das linke Hinterbein erlangen können. Eine gute Übung dafür ist z. B. eine Schrittpirouette nach rechts mit falscher Stellung (also gegen die Bewegungsrichtung), weil Sie dabei mehr Kontrolle über das linke Hinterbein bekommen. Richtig ausgeführt, müssten Sie das linke Hinterbein bereits unter Kontrolle haben. Da Pferde sehr individuelle Ausweichmanöver finden, sollten Sie immer gut überlegen, mit welcher Lektion Sie entgegenwirken können. Besonders bei statisch anspruchsvollen Pferden muss man situationsbezogen individuelle Korrekturen einsetzen. Entscheidend ist stets das Verbessern der Körperhaltung.
Da gerade instabile Pferde sehr geschickt ausweichen können, ist die Arbeit mit Seitengängen zwar durchaus hilfreich, jedoch nur dann, wenn Sie Ausweichbewegungen sicher fühlen und korrigieren können. Bedenken Sie: **Ihre Aufgabe ist, den Halteapparat Ihres Pferdes zu kräftigen und zu stabilisieren. Das tun Sie, indem Sie dafür sorgen, dass die Hinterbeine Ihres Pferdes möglichst gerade unter dem Becken tragen.** Weichen die Hinterbeine Ihres Pferdes ständig seitlich oder nach hinten aus, destabilisiert das den Halteapparat Ihres Pferdes eher, als dass es ihm hilft.
Diese Arbeit wird Sie über viele Jahre begleiten. Möchten Sie Ihr Pferd weiter ausbilden oder haben Sie ein statisch anspruchsvolles Pferd, muss die weitere Ausbildungsarbeit immer präziser werden. Fehlt Ihnen selbst die Erfahrung, ein Pferd weiter auszubilden, empfehle ich Ihnen, das mit kompetenter Unterstützung anzugehen. Es lohnt sich allemal, einiges Geld in den richtigen Aufbau Ihres Pferdes zu stecken, weil Sie dadurch frühzeitige Schädigungen besser vermeiden können. Dadurch sparen Sie sich später nicht nur Kosten für den Physiotherapeuten und Tierarzt, sondern auch ständige Sattelanpassungen, die immer dann nötig werden, wenn Ihr Pferd sich im Körper abwärts bewegt und dadurch abbaut.

Das A und O der Tragkrafterhöhung ist, dass beide Hinterbeine das Becken und somit den Rücken stabilisieren. Dazu sollen sie so gerade wie möglich in Richtung des gleichseitigen Zügels treten. In der weiteren Ausbildung ergeben sich dadurch Lektionen in hoher Versammlung und Aufrichtung.

WANN SIE SICH FACHKUNDIGE HILFE HOLEN SOLLTEN

ATROPHIERTE (VERKÜMMERTE) MUSKELN

Es ist erschreckend, wie viele Pferde – oft unerkannt von ihren Besitzern, Trainern und sogar Tierärzten – völlig verkümmerte Muskeln haben. Ganz besonders häufig sind der Trapezmuskel und/oder der lange Rückenmuskel betroffen. Pferde mit völlig falscher oder verkümmerter Muskulatur sind heute ganz normal geworden; niemand scheint sich daran noch zu stören. In dem Irrglauben, dass das gar nicht so schlimm sei, werden diese Pferde munter geritten, als wäre alles in Ordnung, und leiden dabei still vor sich hin. Denn diese verkümmerten Muskeln sind oft schmerzend und viel zu schwach entwickelt, um dem Pferd zu erlauben, einen Reiter gesundheitserhaltend zu tragen. Das bedeutet, dass das Reiten solcher Pferde ein Raubbau an deren Gesundheit ist.

Tatsache ist, dass verkümmerte Muskelstrukturen immer über längere Zeit hinweg an ihrer physiologischen Tätigkeit gehindert wurden. Mögliche Ursachen sind ein unpassender Sattel, Blockaden, Muskelverklebungen und Ähnliches, starke Verwurmung oder falsche Ernährung (diese führt zu Blähungen sowie chronischen Darmleiden und dadurch zum anhaltenden Festhalten des Rückens sowie einer Mangelsituation, die den Muskelaufbau verhindert), die fehlende Möglichkeit, sich zu bewegen,

Die gesund entwickelte Muskulatur eines dreiwöchigen Fohlens

Stark atrophierte Rückenmuskulatur. Bei solchen Pferden liegt immer ein grundlegendes Problem vor. Ein solcher Rücken sollte auch nie mit Gewicht belastet werden!

oder falsche Ausbildungsarbeit, bei der sich das Pferd nicht über den Rücken bewegt. In den letzten Jahren kam ein neues Phänomen dazu: Züchterisch in ihrer Statik stark veränderte Pferde schieben sich in ihrer Wirbelsäulenaufhängung zusammen und bauen deshalb Muskeln ab, oder aber gar nie auf. Aufmerksame Besitzer solcher Pferde haben oft eine wahre Odyssee hinter sich. Trainer, Sattler und Therapeuten geben sich die Klinke in die Hand. In solchen Fällen ist es wichtig, zu verstehen, wie sich die Statik auf die biomechanischen Vorgänge im Pferdekörper auswirkt. Dann, und nur dann, kann ein Umtrainieren erfolgreich durchgeführt werden.

Leider ist dieses Phänomen mit seinen weitreichenden Auswirkungen derzeit bei Fachleuten noch nicht wirklich angekommen; und das, obwohl fast alle modernen Pferde auf die eine oder andere Weise davon betroffen sind. Ob nun der Sattel wie auf einer Rutschbahn nach vorne rutscht, die Hufe wie Teller aussehen oder der Stoffwechsel verunglückt ist; ob das Pferd schlecht Muskulatur aufbaut, sich verschleißträchtig bewegt oder unrittig ist, ob es ständig lahmt oder ein explosives Verhalten an den Tag legt: All diese Probleme haben mehr mit der Statik und ihren Auswirkungen zu tun, als offizielle Seiten zugeben möchten.

Ist also auch Ihr Pferd von mangelhafter Muskelbildung betroffen, wird sich dies nur ändern, wenn es Ihnen gelingt, das Bewegungsmuster so weit zu verbessern, dass sich die Wirbelsäulenaufhängung anhebt und die darüber liegenden Muskeln frei arbeiten können. Normalerweise benötigen Sie bei diesem Training keine Unterstützung durch manuelle Therapeuten. Denn das Training wirkt Verspannungen entgegen. Fehlt Ihnen jedoch die Erfahrung, kann es als unterstützende Maßnahme sinnvoll sein, das Pferd durchchecken zu lassen. Können sich alle Gelenke frei bewegen, sollte Ihnen und Ihrem Pferd das Training leichter fallen.

Bei Pferden, welche noch nie wirklich gut bemuskelt waren, dauert der Muskelaufbau immer länger als bei gesunden Pferden. Früher bauten Pferde innerhalb von 3 – 6 Monaten eine ordentliche Muskulatur auf. Bei stark statisch veränderten Pferden, welche eine massive Abwärtshaltung im Rücken haben, dauert der Aufbau kräftiger Tragemuskeln meist zwischen 6 und 12 Monaten; vorausgesetzt, Sie schaffen es, die Wirbelsäule aktiv zu bekommen und die Hinterhandmotorik umzuschulen. Denn solange Ihr Pferd sich überwiegend in Fehlhaltungen bewegt, können auch nicht die richtigen Muskeln arbeiten. Beschäftigen Sie sich neu mit dem Thema, werden Sie sicherlich wesentlich länger brauchen; denn dann müssen Sie ja beide noch viel lernen. Setzen Sie sich also nicht unter Druck und machen Sie einen Schritt nach dem anderen. Wichtig ist nur, dass Sie beginnen.

TAKTFEHLER UND LAHMHEITEN

Pferde mit Bewegungsstörungen und Taktfehlern sind für einen wenig erfahrenen Longenführer schwierig zu korrigieren. Treten durch die Fehlbelastungen bereits Lahmheiten auf, sollten Sie sich beim Training unterstützen lassen, wenn Sie nicht bereits einschlägige Erfahrung mitbringen. Denn hierbei handelt es sich ja immer um Pferde, welche sich durch ihre schlechte Körperhaltung bereits gesundheitlich geschädigt haben. Sie benötigen ein sicheres Auge für Bewegungsabläufe und ein gutes Feingefühl für die richtige Hilfengebung. Erfahrung mit der Korrektur gesundheitlich geschädigter Pferde wäre ebenfalls hilfreich. Denn gerade solche Pferde sind Individualisten und Profis im Finden von Ausweichbewegungen; oft noch viel ausgeprägter als gesunde Pferde.

Für solche Pferde empfehle ich zumindest eine engmaschige Betreuung im Onlinetraining, falls keine Möglichkeit besteht, das Pferd direkt zur Umschulung zu geben. Oft muss man bei vorgeschädigten Pferden einen Wettlauf gegen den Verschleiß antreten. Herumzuspielen kosten also wertvolle Zeit, während der Fehlhaltungen weiter Raubbau an der Gesundheit des Pferdes treiben.

Ein gezieltes, den statischen Eigenheiten des jeweiligen Körpers angepasstes Aufbau- oder Rehatraining hält den Bewegungsapparat am ehesten gesund. Diese Stute ist 24 Jahre alt.

SERVICE

— *zu guter Letzt*

DIE AUTORIN UND IHRE ARBEIT

Kirsten Jung widmet sich seit vielen Jahren hauptberuflich Pferden und ihren Reitern. Ihr Hauptanliegen ist die Förderung einer gesundheitserhaltenden Arbeitsweise, welche die anatomischen und biomechanischen Grundsätze in die altüberlieferten Ausbildungssysteme einbezieht.

In jüngsten Jahren hat sich zudem der züchterische Einfluss auf die statischen Eigenschaften der Pferde derart gravierend ausgewirkt, dass die natürliche Tragfähigkeit der meisten Pferde verloren gegangen ist. Deshalb hat sich Kirsten Jung in den vergangenen Jahren intensiv mit diesen Zusammenhängen und den daraus resultierenden veränderten Anforderungen an die Reitpferdeausbildung beschäftigt. Dieses Rüstzeug kommt ihr nun vor allem auch im Training gesundheitlich vorgeschädigter Pferde zugute. Sie arbeitet mit Sport- und Freizeitpferden aller Rassen sowie interessierten Pferdemenschen aller Ausbildungsrichtungen.

Da sich statische Schwächen vor allem auf die Muskeltätigkeit auswirken und diese eine Vielzahl von gesundheitlichen Abläufen im Pferdekörper beeinflusst, kann das Aufbautraining nahezu alle gesundheitlichen Probleme positiv beeinflussen. Auch und gerade alte oder gesundheitlich vorgeschädigte Pferde können nur davon profitieren, wenn ihre Muskeln zur Tätigkeit angeregt werden. Der körperliche Aufbau umfasst also vor allem die Rücken-, Bewegungs- und Balanceschulung der Pferde an der Longe und unter dem Sattel, da die meisten gesundheitlichen Probleme und nahezu alle Rittigkeitsstörungen auf Schwächen in diesen Bereichen zurückzuführen sind. Ziel der Arbeit ist es, ein Training für das Pferd zusammenzustellen, welches Verschleiß vorbeugt, seine Gesundheit fördert und auch bis ins hohe Alter erhält.

Die Autorin therapiert seit mehreren Jahrzehnten erfolgreich Pferde mit Rückenproblemen, Taktstörungen und schlechter Balance. Sie unterstützt die Besitzer bei der Umstellung auf physiologisches Longieren und Reiten und erteilt den dazu nötigen Unterricht. Auf ihrer großzügigen Anlage bietet sie Beritt sowie Trainingsaufenthalte an. Ergänzend finden Sie jetzt auch umfangreiche Weiterbildungsmöglichkeiten im Onlinebereich, sodass nun auch weiter entfernt lebende Reiter und ihre Pferde von ihrem Wissen profitieren können. Lehrgänge, Analysen, Standortbestimmungen und Beratungen rund ums Pferd runden das Angebot ab.

Falls Sie Interesse an ihren Dienstleistungen haben, finden Sie auf ihrer Homepage **www.pferde-gesund-reiten.com** alle wichtigen Informationen.

Bei Fragen wenden Sie sich bitte direkt an die Autorin.

Kirsten Jung
Stall Rückengut
Siedlung im Stein 6
D-79395 Neuenburg am Rhein
e-mail: kirsten.jung@gmx.ch
Mobile / WhatsApp : 0049-171-2801220
www.pferde-gesund-reiten.com
shop/pferde-gesund-reiten

Auf Facebook finden Sie auf „Kirsten Jung Pferdetraining" eine kostenlose Aufklärungsseite zum Thema Statik und deren Auswirkungen auf die Pferdegesundheit. Die Onlinetraining-Lerngruppe mit unzähligen Stunden Lernvideos und vielen Tipps aus der Praxis für die Praxis können Sie als ergänzendes Lehrmittel kostenpflichtig abonnieren.

ZUM WEITERLESEN

Baumert, Beth: **Dressurdynamik,** Zwei Pferdekörper in Harmonie; KOSMOS 2021
Wie schaffen wir es, dass sich zwei Körper in absoluter Harmonie bewegen? Dieses Buch liefert den Schlüssel zum besseren Reiten und erklärt Ihnen, wie Sie als Reiter Gleichgewicht entwickeln und Ihr Gefühl und Timing verfeinern. Lernen Sie so die Energie Ihres Pferdes zu leiten und zu formen.

Beran, Anja: **Aus Respekt!,** Reiten zum Wohle des Pferdes; Edition WuWei bei KOSMOS 2017
Mit diesem Buch ist Anja Beran ein grundlegendes Werk gelungen. Ob Anfänger oder fortgeschrittener Dressurreiter – hier findet jeder unverzichtbares Basiswissen, angefangen vom mentalen und körperlichen Rüstzeug für den Reiter bis hin zur pferdegerechten Ausbildung. Auch als E-Book erhältlich.

Bethge, Andrea: **Auf dem Weg zur Piaffe;** KOSMOS 2021
Ein Pferd, das sich wohlfühlt, entwickelt Freude am Training. Darum hat Grand-Prix-Reiterin und Dressurausbilderin Andrea Bethge eine Trainingsweise entwickelt, bei der sich das Pferd mit seiner ganzen Persönlichkeit als gleichwertiger Partner einbringt. In ihrem Buch gibt sie einen tiefen Einblick in ihre klassische, faire und gesunde Art der Ausbildung. Wer offen ist für eine Reitweise von innen heraus statt von oben herab, den erwarten völlig neue Erfahrungen: ein Reiten im harmonischen Dialog mit dem Pferd.

Heuschmann, Dr. med. vet. Gerd / von Ziegner, Kurd Albrecht: **Die kommentierte H.Dv.12;** Edition WuWei bei KOSMOS 2017
Die Heeres-Dienstvorschrift von 1912 ist der Ursprung der heutigen Richtlinien für das Reiten und Fahren. Oberst a. D. Kurd Albrecht von Ziegner und Dr. Gerd Heuschmann ergänzen das Regelwerk der Reitkultur mit neuesten Erkenntnissen und ihrem Erfahrungsschatz. 15 Filmaufnahmen von Gesprächen der beiden namhaften Autoren bilden eine aufschlussreiche und wertvolle Ergänzung zu diesem unentbehrlichen Werk.

Katzenberger-Schmelcher, Dr. Ruth / Katzenberger, Yvonne: **Mehr Körpergefühl für mein Pferd,** Ergotherapie im Pferdetraining; KOSMOS 2020
Wenn Pferde ein auffälliges Verhalten zeigen, wird als Grund meist Ungehorsam oder unpassende Ausrüstung angenommen. Dabei liegen die Ursachen oft bei den drei Basissinnen des Pferdes: Tast-/Berührungssinn, Gleichgewichtssinn oder die Tiefenwahrnehmung sind gestört. Hier setzt die Pferdeergotherapie mit Übungen und sinnvollem Training an. Sie bietet praktische Hilfestellungen und verbessert die Körperwahrnehmung – eine Wohltat für jedes Pferd.

Klimke, Ingrid / Klimke, Reiner: **Grundausbildung des jungen Reitpferdes,** Dressur, Springen, Gelände; KOSMOS 2019
Der Name Klimke steht für eine pferdegerechte und vielseitige Ausbildung. Die ersten Monate und Jahre unter dem Sattel legen den Grundstein für die Zukunft eines Reitpferdes. Jedes Pferd, ob es im Sport eingesetzt oder in der Freizeit geritten wird, braucht eine solide und fundierte Grundausbildung, damit es seine Aufgaben unter dem Reiter zuverlässig, motiviert und bei bester Gesundheit erfüllen kann. Kein Buch beschreibt die Grundausbildung junger Reitpferde so fundiert wie dieser Klassiker.

Klimke, Ingrid: **Reite zu Deiner Freude,** Grundsätze meiner Pferdeausbildung; KOSMOS 2021
Bei Ingrid Klimke haben Pferd und Mensch Freude am Training. Kernpunkte ihrer pferdefreundlichen Trainingsphilosophie

sind Cavaletti-Arbeit, Dressur, Springen und Reiten im Gelände. Am Beispiel ihrer eigenen Pferde gibt sie wertvolle Tipps zur Förderung des jeweiligen Pferdecharakters.

Klimke, Ingrid: **Cavaletti – Aufbauten und Abmessungen,** KOSMOS 2021
Für Ingrid Klimke ist das Reiten über Cavaletti fester Bestandteil des täglichen Trainings. Sehr wichtig sind hierbei die richtigen Abstände zwischen den Cavaletti, die korrekten Aufbauten und Abmessungen. Nur dann erzielt Cavaletti-Arbeit den gewünschten Trainingseffekt. Dieser Ratgeber bietet einen schnellen Zugriff auf alle wichtigen Aufbauten und Abmessungen.

Masterson, Jim / Hughes, Coralie: **Besser reiten mit der Masterson-Methode;** Lösende Massage-Techniken für freie Bewegungen; KOSMOS 2021
Die Masterson-Methode, eine leicht zu erlernende Massage-Technik für Pferde, wird immer beliebter. In diesem Buch konzentriert sich Jim Masterson auf die Herausforderungen der Dressurlektionen. Detailfotos und Schritt-für-Schritt-Anleitungen ermöglichen dem Reiter, die „Problemzonen“ an seinem Pferd selbst zu entdecken und mit geeigneten Massagetechniken zu bearbeiten. Das Lösen der körperlichen und seelischen Spannungen fördert die Pferdegesundheit und ermöglicht eine spürbare Leistungssteigerung.

Nölke, Marc: **Neuroathletik für Reiter;** Das Neuro-Rider-Trainingsprogramm; KOSMOS 2022
Jede Bewegung beginnt im Gehirn! Mit Neuroathletik verbesserst du dein Reiten durch Übungen, die gezielt jene Gehirnareale ansteuern, die für Stabilität, Rhythmusgefühl, Bewegungspräzision, Atmung und die Sehzentrale zuständig sind. So werden Beweglichkeit und Körperhaltung verbessert, Muskelprobleme gelöst, die Konzentrationsfähigkeit gestärkt und sogar Ängste und Traumata leichter überwunden. Durch regelmäßiges Training fühlst du dich auf dem Pferderücken leichter, folgst den Bewegungen selbstverständlicher und wirst effektiver und entspannter reiten.

Roida, Kathrin: **Gymnastizieren an der Hand;** KOSMOS 2021
Die Arbeit an der Hand fördert Konzentration, Körpergefühl, Selbstbewusstsein und Gesundheit der Pferde. Kathrin Roida zeigt, wie man Jungpferde, gesunde Reitpferde, Korrektur- und Rehabilitationspferde typ- und altersgerecht trainiert. Wichtige Lektionen werden von einer Osteopathin beurteilt, die biomechanische Zusammenhänge erklärt.

Rolmanis, Debbie: **Biomechanik für den Reiter;** Gute Bewegungen für gutes Reiten; KOSMOS 2022
Haben Sie mit Rückenschmerzen, mangelnder Beweglichkeit oder einer Reithaltung zu kämpfen, die sich nicht verbessern will? Dieser Ratgeber zeigt Ihnen, was Ihre Steifheiten verursacht und durch welche Bewegungsabläufe Sie diese Unanehmlichkeiten hinter sich lassen können. Durch die Arbeit mit der menschlichen Körpermechanik bauen Sie einen nachhaltig gesunden und funktionalen Körper auf, damit Sie bequem, kraftvoll und ausbalanciert reiten können.

Von Neindorff, Egon: **Die reine Lehre der klassischen Reitkunst;** KOSMOS 2021
Das Vermächtnis des großen Reitmeisters: Egon von Neindorff folgte sein Leben lang seiner Berufung, der klassischen Reitkunst treu zu bleiben und sie an seine Schüler weiterzugeben. Mit diesem Buch hinterlässt der große Reitmeister das Grundwissen der naturgemäßen Pferdeausbildung, so wie er es zu Lebzeiten gelehrt hat.

REGISTER

A

B

D

E

F

G

H

BILDNACHWEIS

222 Farbfotos wurden von Horst Streitferdt / KOSMOS für dieses Buch aufgenommen. Weitere Farbfotos von Archiv Kirsten Jung (92): S. 4, 6 li., re., 7 li., re., 10, 12, 13, 14, 15 (2), 17 li., 19 o., 20 (2), 21 (4), 22 u., 23 (2), 24 u. (2), 27, 29 u. (2), 31, 33, 34, 35, 36 li., 37, 40 u. re., 42, o. re., 43 o. mi., o. re., u. li., 44, 45 o. li., 45 u., 47, 48 u., 49 u. re., 51 o. li., o. re., 52 o. re., 53 o. re., 56, 61 (6), 63 o. re., 64 u., 66, 68 o. (3), 103, 110 u. (2), 111 re., 113, 115, 116 li., 117 li., 118 u., 119, 120, 123, 124 u., 136 li., re., 137 li., re., 138 li., re., 142 re., 149, 151, 155, 165 li., re., 166, 171 o., 173, 181 o.li., 183, 198; Archiv Ulrike Paulus (18): S. 10 (3), 21 (2), 25 o., 33 o. re., 36 o. li., 42 o. li., 43 u. re., 53 u., 57 mi., 58 o. (2), 60 o., mi. li., 159 (2)

IMPRESSUM

Umschlaggestaltung von GRAMISCI Editorial Design, Isabelle Fischer München unter Verwendung von 2 Farbfotos von Horst Streitferdt / KOSMOS

Mit 332 Farbfotos und 3 Farbillustrationen.

Gedruckt auf chlorfrei gebleichtem Papier

ISBN 978-3-440-17470-8
Redaktion: Alexandra Haungs
Gestaltungskonzept: Peter Schmidt Group GmbH, Hamburg
Gestaltung und Satz: Atelier Krohmer, Dettingen/Erms
Produktion: Claudia Frank
Druck und Bindung: Westermann Druck Zwickau GmbH, Zwickau
Printed in Germany / Imprimé en Allemagne

FSC
www.fsc.org
MIX
Papier aus verantwortungsvollen Quellen
FSC® C110508

Locker, beweglich — gesund

240 Seiten, € (D) 38,–

Wie schaffen wir es, dass sich zwei Körper in absoluter Harmonie bewegen? Dieses Buch liefert den Schlüssel zum besseren Reiten und erklärt Ihnen, wie Sie als Reiter Gleichgewicht entwickeln und Ihr Gefühl und Timing verfeinern. Lernen Sie so die Energie Ihres Pferdes zu leiten und zu formen.

Die Arbeit an der Hand fördert Konzentration, Körpergefühl, Selbstbewusstsein und Gesundheit der Pferde. Kathrin Roida zeigt, wie man Jungpferde, gesunde Reitpferde, Korrektur- und Rehabilitationspferde typ- und altersgerecht trainiert. Schritt-für-Schritt-Erklärungen veranschaulichen sowohl die einzelnen Lektionen als auch die Positionierung des Ausbilders. Wichtige Lektionen werden von einer Osteopathin beurteilt, die biomechanische Zusammenhänge erklärt.

160 Seiten, € (D) 28,–

kosmos.de